Christof Vieweg

Sternstunden der Technik

Mercedes-Benz

Faszination Mercedes-Benz

Sternstunden der Technik

Alles über die
Mercedes-Personenwagen

HamppVerlag

Sternstunden der Technik
Alles über die Mercedes-Personenwagen
2., aktualisierte und überarbeitete Auflage

In Zusammenarbeit mit DaimlerChrysler AG, Stuttgart
Globale Produktkommunikation Mercedes-Car Group (COM/MB)
www.media.daimlerchrysler.com

Gesamtherstellung: Hampp Media GmbH, Stuttgart
Redaktion: Christof Vieweg, Figino
Grafik und Herstellung: Petra Kita, Angela Renner, HamppMedia GmbH, Stuttgart
Repro: Repromayer, Reutlingen
Druck und Bindung: Egedsa, Sabadell (Barcelona)

Printed in Spain

ISBN 3-930723-75-1

Beschreibungen und Daten dieses Buches gelten für das internationale Modellprogramm der Marke Mercedes-Benz. Aussagen über Grund- und Sonderausstattungen, Motorvarianten, technische Daten und Fahrleistungen gelten für Deutschland. Länderspezifische Abweichungen sind möglich. Änderungen in Konstruktion und Lieferumfang bleiben vorbehalten. Alle Angaben ohne Gewähr.

Stand per Redaktionsschluss Mitte Juli 2004

TRENDSETTER MERCEDES-BENZ

KAROSSERIETECHNIK

SICHERHEIT

INNENRAUMTECHNIK

ELEKTRONIK

ANTRIEBSTECHNIK

FAHRWERKSTECHNIK

Trendsetter Mercedes-Benz – Erfindungen, Patente, Innovationen

UNTERWEGS IN DIE ZUKUNFT

Traditon und Gegenwart:
Der erste Mercedes von 1901
(rechts) und der SLR McLaren,
aus dem Jahre 2003 –
Technologieträger auf Rädern.

S LR 722

Der Sicherheit fühlt sich Mercedes-Benz seit jeher besonders verpflichtet und schuf mit vielen wegweisenden Erfindungen die Grundlage für den vorbildlichen Insassenschutz moderner Personenwagen. Schon in den fünfziger Jahren fanden bei Mercedes-Benz die ersten regelmäßigen Crashtests statt. Heute stehen im Mercedes-Benz Technology Center täglich zwei bis drei Aufprallversuche auf dem Programm – hoher Aufwand, der die Bedeutung dieses Themas bei der Entwicklung der Mercedes-Personenwagen dokumentiert.

03 SW 07
NR.1

Mit der Glührohrzündung und dem ersten schnelllaufenden Viertaktmotor – der so genannten „Standuhr“ – schufen Gottlieb Daimler und Wilhelm Maybach 1883/1884 wichtige Voraussetzungen für den späteren Siegeszug der Auto-Mobilität. Bei 600/min leistete der Motor rund ein PS – der Achtzylinder des Mercedes-Benz SLR McLaren entwickelt 460 kW/626 PS.

Glührohr
Brenner

SLR

Man schreibt den 22. Dezember 1900: In Cannstatt bei Stuttgart gehen fünf fabrikneue Automobile der Daimler-Motoren-Gesellschaft (DMG) auf eine lange Reise per Eisenbahn. Ihr Ziel ist das südfranzösische Nizza, wo sie schon seit Wochen voller Ungeduld erwartet werden: von Emil Jellinek, 47-jähriger Geschäftsmann und Autoliebhaber aus Österreich mit Zweitwohnsitz in Nizza.

Seit einigen Jahren verdient Jellinek mit dem Auslandsvertrieb der Daimler-Wagen sein Geld. Nizza erweist sich dafür als die richtige Adresse, denn an der Côte d'Azur lebt die Kundschaft, die sich den Luxus eines eigenen Automobils leisten kann. Allein im Jahre 1900 hatte der geschäftstüchtige Österreicher schon 28 Daimler-Wagen verkauft – das war fast ein Drittel der damaligen DMG-Jahresproduktion.

Doch die fünf Autos, die das Stuttgarter Unternehmen kurz vor Weihnachten des Jahres 1900 nach Südfrankreich liefert, sind etwas Besonderes. Jellinek hatte ihre Entwicklung aktiv beeinflusst und Chefkonstrukteur Wilhelm Maybach überzeugt, etwas wirklich Neues auf die Räder zu stellen: Wenigstens 35 PS Leistung, leichterer Motor, niedrigerer Schwerpunkt – das waren die Eckdaten, die Jellinek vorgab. Kurzum: „Leicht, schön und schnell" soll er sein. Und der neue Wagen sollte unter dem Namen „Mercedes" von Jellinek verkauft werden; so heißt die damals zehnjährige Tochter des Geschäftsmanns.

Wilhelm Maybach, der begnadete technische Kopf der DMG, erkannte sofort, dass für den verlangten Wagen nur eine weitgehende Neukonstruktion in Frage kam. Er begann seine Aufgabe beim Motor: Den Hubraum des bisherigen Vierzylinder-Phönix-Motors vergrößerte er auf knapp sechs Liter, das Kurbelgehäuse ließ er aus Aluminium gießen, und für die Hauptlager verwendete Maybach Magnalium, eine spezielle Aluminium-Magnesium-Legierung. Die bisher automatisch durch den Unterdruck im Motor öffnenden Einlassventile steuerte erstmals eine Nockenwelle. Die Auslassnockenwelle bediente auch die Niederspannungs-Magnetzündung, die neuartige Wasserpumpe und den Kühlerventilator. Pro Zylinderpaar gab es – auch das war neu – je einen Spritzdüsen-Vergaser. Alle diese Verbesserungen erbrachten eine völlig neue Qualität der Motorcharakteristik, die bis dato kaum jemand für möglich gehalten hatte.

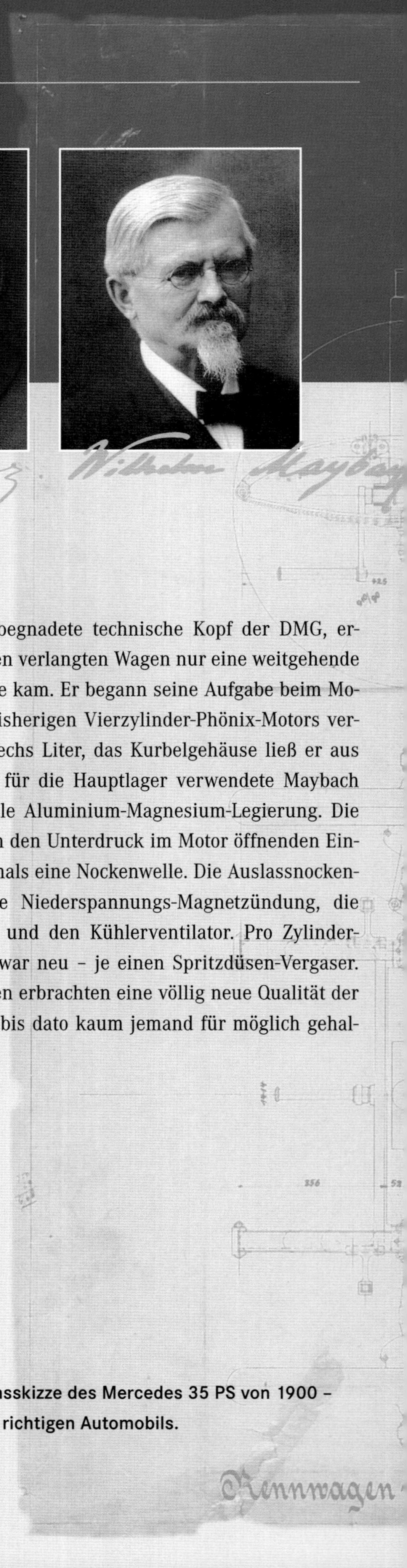

Das Original: Konstruktionsskizze des Mercedes 35 PS von 1900 – Geburtsschein des ersten richtigen Automobils.

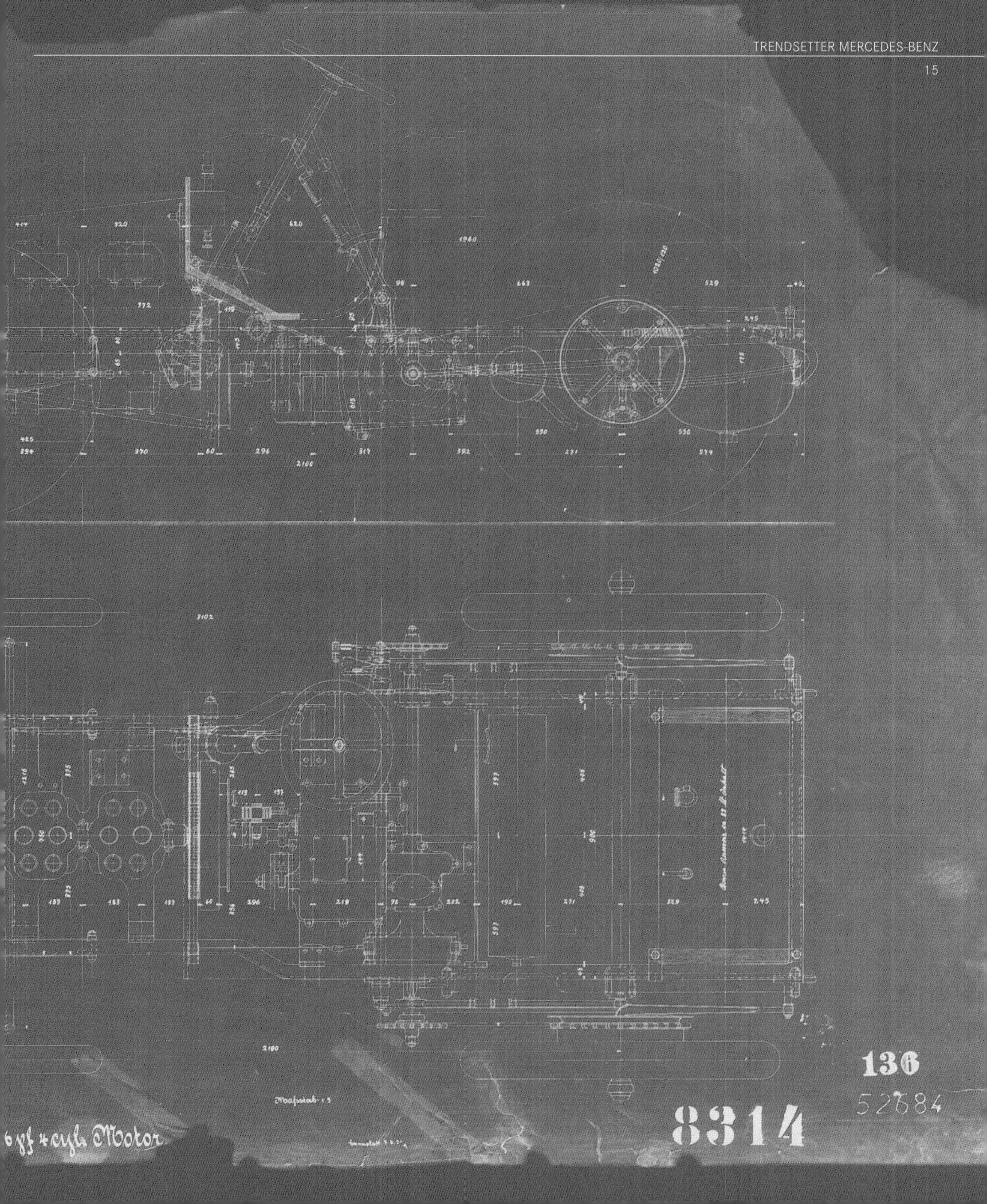
136
52684
8314

Eine der sensationellsten und bis heute in der Grundsubstanz unveränderten Erfindungen war der so genannte „Bienenwabenkühler“. Üblich waren bis dato Rohrschlangenkühler, die allerdings den hohen Wasserverbrauch der damaligen Automobile kaum eindämmen konnten. Maybach erkannte: Kleine Röhrchen mit quadratischem Querschnitt ermöglichen einen höheren Luftdurchsatz und damit bessere Kühlung. Aus insgesamt 8070 solcher quadratischen Röhrchen mit jeweils sechs Millimeter Seitenlänge ließ er einen völlig neuartigen, rechteckigen Kühler samt kleinem oberem Vorratsbehälter zusammenlöten. Die Folge: Der Wasserinhalt sank auf neun Liter. Der Verbesserung der Kühlleistung bei langsamer Fahrt diente erstmals ein Ventilator hinter dem Kühler. Der Bienenwabenkühler war geboren – und mit ihm das bisherige automobile Kühlproblem ad acta gelegt.

Für den Einbau des Antriebsaggregats in das Chassis verzichtete Maybach auf den bis dahin üblichen Hilfsrahmen. Er verengte einfach den vorderen Rahmenteil und schraubte den Motor direkt auf die erstmals aus Stahlblech gepressten Längsträger. So sparte er nicht nur Gewicht, sondern erreichte auch den angestrebten tieferen Schwerpunkt.

Die Premiere: Beim Bergrennen von Nizza nach La Turbie ging der erste Mercedes an den Start – ein Motorsportsieg als Signal für die Serienproduktion. Das Prinzip des von Wilhelm Maybach entwickelten Bienenwabenkühlers (links) ist noch heute aktuell.

Immer wieder erkundigte sich Jellinek nach dem Fortgang der Arbeiten, schickte Telegramme und kam schließlich sogar selbst nach Cannstatt, um zu sehen, wie weit sein „Mercedes“ gediehen war. Maybach erläuterte, erklärte und zeichnete in rastloser Arbeit an diesem Auto, das so ganz anders werden soll als alles bisher Bekannte. Dabei ließ der Konstrukteur wirklich kein Detail aus. Die ersten Probeläufe absolvierte der neue Wagen am 22. November 1900. Vier Monate später standen fünf Wagen bei der Rennwoche von Nizza am Start - und dominierten mit einer Höchstgeschwindigkeit von bis zu 86 km/h den gesamten Rennverlauf. Beim Bergrennen von Nizza nach La Turbie steigerten die deutschen Automobile das bisherige Durchschnittstempo von 31,3 auf 51,4 km/h. Publikum und Fachwelt waren begeistert. Der Generalsekretär des Automobilclubs von Frankreich, Paul Meyan, gab später voller Bewunderung zu Protokoll: „Nous sommes entrés dans l'ère Mercedes“ - „Wir sind in die Ära Mercedes eingetreten“.

Das Erscheinungsbild dieses ersten „richtigen“ Automobils der Geschichte war schon nach kurzer Zeit für die übrige Automobilindustrie richtungweisend und löste einen konstruktiven „Erdrutsch“ aus. Gestreckte Silhouette, hohe Leistung, Bienenwabenkühler, niedrige Motorhaube, langer Radstand, Kulissenschaltung, schräg stehende Lenkung, fast gleich große Räder an beiden Achsen und niedriges Gewicht galten und gelten fortan als automobiltechnische Zutaten, die sozusagen „verbindlich“ sind.

Mit dem 35-PS-Wagen war die Marke Mercedes geboren. Und mit ihr ein Trendsetter auf dem Gebiet der Automobiltechnik. Denn der Erfindergeist Gottlieb Daimlers und Wilhelm Maybachs, die Begeisterung für Visionen, die Lust am Tüfteln und die Leidenschaft für das Automobil sind bei der Stuttgarter Automobilmarke noch immer lebendig - und führen noch heute zu wichtigen Neuentwicklungen, die das Autofahren sicherer, komfortabler und erlebnisreicher machen. Mit anderen Worten: Innovationen gehören bei Mercedes-Benz seit jeher zur Markenphilosophie.

SICHERHEIT: PIONIERARBEIT SEIT ÜBER 50 JAHREN

Zum Beispiel auf dem Gebiet der Sicherheit, einer Entwicklungsdisziplin mit vielen Facetten, der sich Mercedes-Benz in ganz besonderem Maße verpflichtet fühlt. Mit der Erfindung der Knautschzone schuf die Automarke im Jahre 1952 eine wichtige Grundlage der modernen Pkw-Sicherheitstechnik und revolutionierte den Karosseriebau. Im Jahre 1959 ging dieses wegweisende Konstruktionsprinzip mit den Modellen 220, 220 S und 220 SE erstmals in Serie. Ihm folgten weitere zukunftsweisende Mercedes-Entwicklungen, die den Insassenschutz kontinuierlich verbesserten: Airbag, Gurtstraffer, Gurtkraftbegrenzer, Side- und Windowbag sowie das neuartige vorausschauende Schutzkonzept PRE-SAFE. Zu diesen und anderen Genie-Streichen darf freilich auch das Sandwich-Konzept der A-Klasse gerechnet werden, das es zum ersten Mal ermöglichte, ein kompaktes Auto mit vorbildlicher, Mercedes-typischer Sicherheits-Charakteristik zu konstruieren.

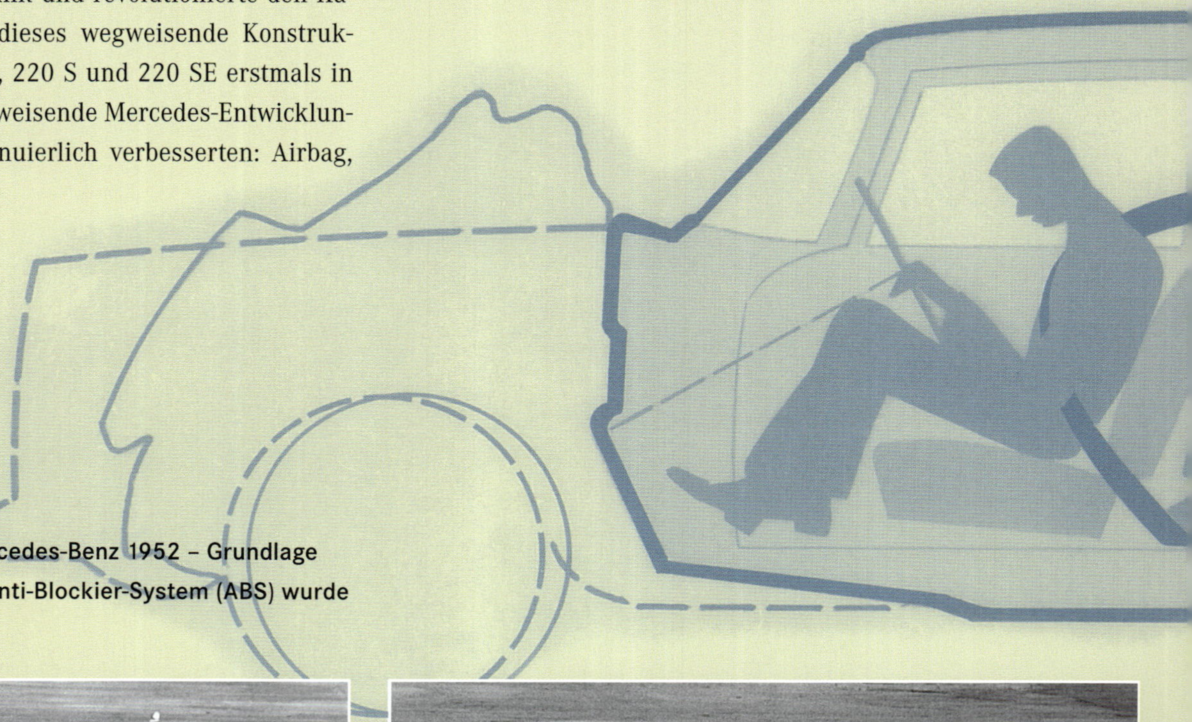

Das Prinzip:
Die Knautschzone (oben) erfand Mercedes-Benz 1952 – Grundlage der modernen Pkw-Sicherheit. Das Anti-Blockier-System (ABS) wurde erstmals 1970 präsentiert (unten).

Ebenso konsequent und erfolgreich verwirklichten die Ingenieure der Stuttgarter Automarke technische Meilensteine der aktiven Sicherheit, die das Fahrverhalten der Automobile sicherer machen und Unfälle vermeiden. Das Anti-Blockier-System (ABS), das Mercedes-Benz 1970 erstmals präsentierte und das 1978 in Serie ging, ist dafür nur ein Beispiel. Auch die Antriebs-Schlupf-Regelung (ASR), das elektronische Stabilitäts-Programm (ESP®), der Brems-Assistent und das aktive Fahrwerk Active Body Control (ABC) sind – neben einer Vielzahl anderer Entwicklungen – wegweisende Mercedes-Innovationen für mehr Fahrsicherheit.

Unfallvermeidung lautet das wichtigste Ziel des Mercedes-Sicherheitskonzeptes. Und die Stuttgarter Fachleute wissen: Unfallvermeidung beginnt beim Menschen. Denn nicht nur das Auto muss in kritischen Situationen Höchstleistungen vollbringen, sondern vor allem auch der Fahrer.

Deshalb hat sich Mercedes-Benz zum Ziel gesetzt, durch intelligente Automobilkonzeption und -technik die Kondition des Fahrers zu erhalten und teilweise sogar zu verbessern, sodass er stets in einer guten physischen und psychischen Verfassung ist, um die Fahraufgaben sicher und souverän zu bewältigen. Dieser Anspruch prägt eine spezielle Entwicklungsdisziplin der Mercedes-Personenwagen: die Konditionssicherheit.

Mit diesem Begriff beschreiben die Ingenieure ein weites, interdisziplinäres Aufgabenfeld innerhalb der Pkw-Entwicklung. Es beginnt bei Fragen der Maßkonzeption des Innenraums, umfasst alle Aspekte des Federungs-, Klima-, Sitz- und Geräuschkomforts und beinhaltet überdies die Entwicklung intelligenter Assistenzsysteme, die während der Fahrt bestimmte Aufgaben übernehmen. Entscheidend ist jedoch das perfekte Zusammenspiel dieser und anderer Einzelmaßnahmen mit dem Ziel, den Autofahrer zu entlasten und seine Leistungsfähigkeit zu erhalten. Das erfordert langjährige Erfahrung und große Kompetenz auf dem Gebiet der Gesamtfahrzeug-Konzeption – eine Aufgabe, der man sich bei Mercedes-Benz seit jeher mit großem Engagement widmet. So wurden messbare Ergebnisse erzielt, die sich beispielsweise durch herausragenden Langstreckenkomfort und hohe Fahrsicherheit bemerkbar machen und zum typischen Charakterbild der Automobile mit dem Stern beitragen.

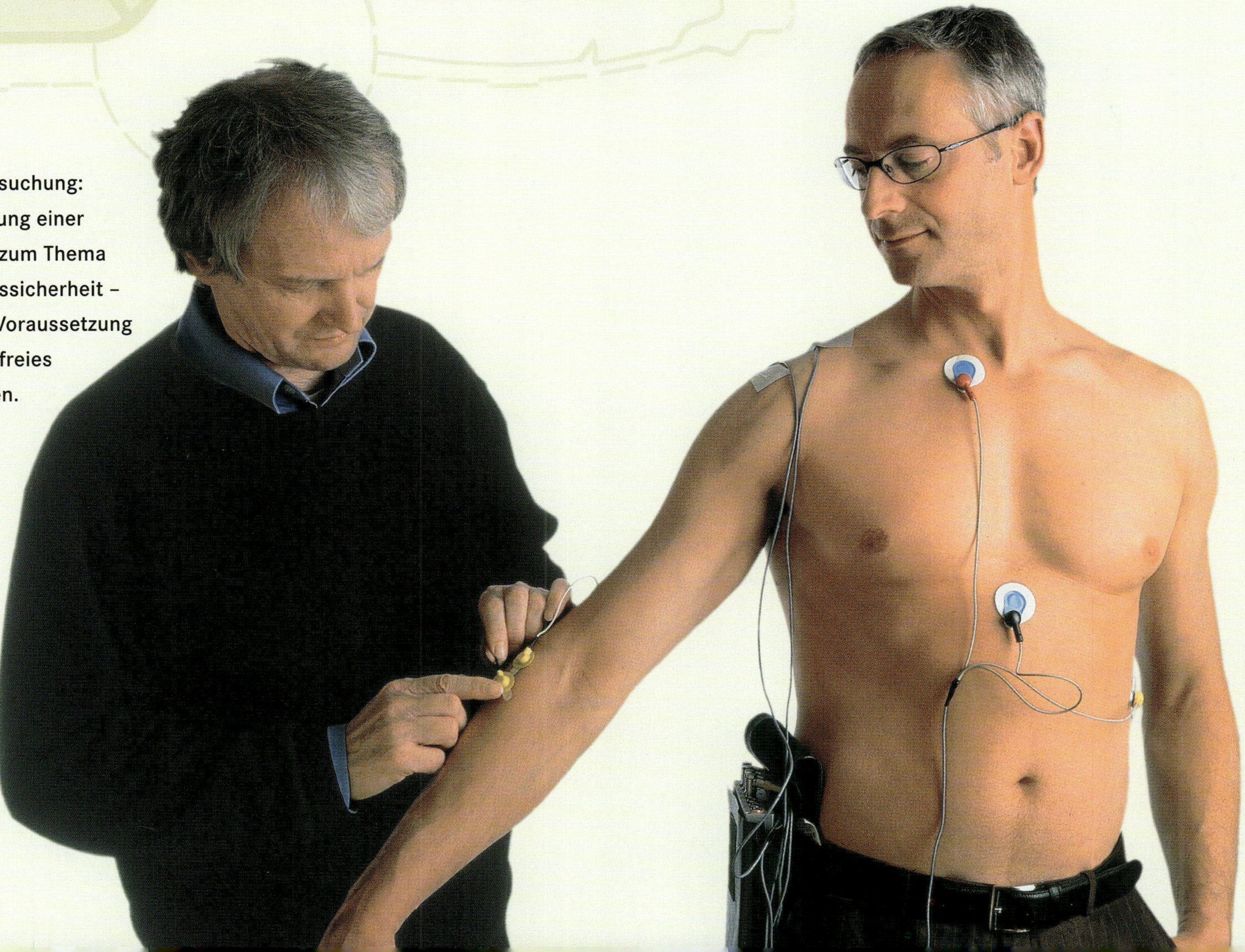

Die Untersuchung: Vorbereitung einer Testfahrt zum Thema Konditionssicherheit – wichtige Voraussetzung für stressfreies Autofahren.

ANTRIEBE: INNOVATIONEN UNTER DER MOTORHAUBE

Erfolgreich engagiert sich Mercedes-Benz auch auf dem Gebiet des Umweltschutzes. So wurden beispielsweise mit der Entwicklung der Diesel-Direkteinspritzung nach dem CDI-Prinzip und dem TWINPULSE-System der neuen Vierzylinder-Benzinmotoren nennenswerte Fortschritte bei der Verringerung des Kraftstoffverbrauchs und der Abgas-Emissionen erzielt. Der Begriff TWINPULSE beschreibt die intelligente Kombination verschiedener Technologien wie Kompressor-Aufladung, Ladeluftkühlung, variabel verstellbarer Nockenwellen, Vierventiltechnik und Lanchester-Ausgleichswellen. Mit ihrer Hilfe verringerte sich der Kraftstoffverbrauch der Vierzylindermodelle in der C-, E- und CLK-Klasse um bis zu elf Prozent.

Leistung, Drehmoment, Verbrauch, Komfort und Abgas – das sind auch die Aufgabengebiete, in denen die Mercedes-Ingenieure im Jahre 2004 mit einer neuen Generation V-Motoren Akzente setzen. Der Sechszylinder mit 200 kW/272 PS Leistung und 350 Newtonmetern Drehmoment zählt zu den stärksten Motoren seiner Hubraumklasse und zeichnet sich ebenfalls durch ein einzigartiges Technologiepaket aus. Es beinhaltet – erstmals bei einem V6-Motor – eine variable Nockenwellenverstellung für die Ein- und Auslassseite, die Leistung und Drehmoment steigert und gleichzeitig zur Kraftstoffersparnis beiträgt. Ein zweistufiges Saugrohr, so genannte Tumble-Klappen in den Einlasskanälen und ein intelligentes Wärmemanagement sind weitere technische Besonderheiten des Sechszylinders.

Die Premiere: Start des weltweit ersten Pkw-Dieselmotors im Jahre 1936 bei Mercedes-Benz – Beginn einer großen Karriere.

Nicht minder erfolgreich waren die Stuttgarter Ingenieure bei der Weiterentwicklung der Dieselmotoren. 1936 stellten sie den weltweit ersten Diesel-Personenwagen vor, 1993 entwickelten sie die Vierventiltechnik für Selbstzünder-Triebwerke und 1997 lösten sie mit dem Serienstart der Common-Rail-Direkteinspritzung eine weitere wichtige Initialzündung aus. Denn im Vergleich zu den früheren Vorkammermotoren ermöglicht diese Technik eine Kraftstoffersparnis von bis zu 15 Prozent und eine beachtliche Verringerung der Abgas-Emissionen.

Umweltverträglichkeit, Komfort, Sicherheit, Zuverlässigkeit, Fahrspaß – das sind heute die Grundwerte der Stuttgarter Marke, die den einzigartigen Charakter der Automobile mit dem Stern prägen. Intelligent kombiniert, bildet eine Vielzahl von Einzelmaßnahmen das „Erbgut" eines Mercedes-Benz und macht ihn unverwechselbar.

Jedes Gen dieses „Erbguts" ist das Resultat einer langjährigen automobiltechnischen Evolution. Intensive Forschungs- und Entwicklungsarbeit ermöglicht den technologischen Vorsprung von Mercedes-Benz und begründet seit den Pioniertaten Gottlieb Daimlers, Wilhelm Maybachs und Karl Benz' die Trendsetterrolle der Stuttgarter Traditionsmarke.

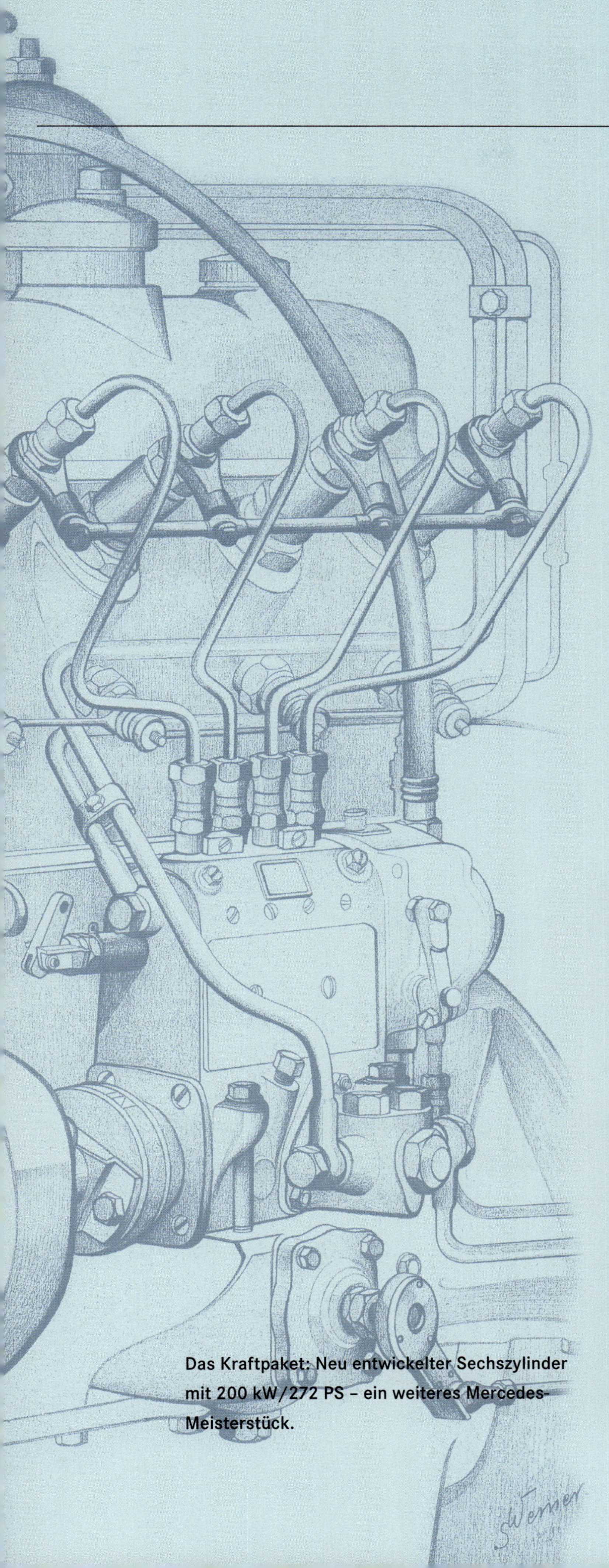

Das Kraftpaket: Neu entwickelter Sechszylinder mit 200 kW/272 PS – ein weiteres Mercedes-Meisterstück.

MERCEDES-CHRONIK

Sternstunden der Pkw-Technik

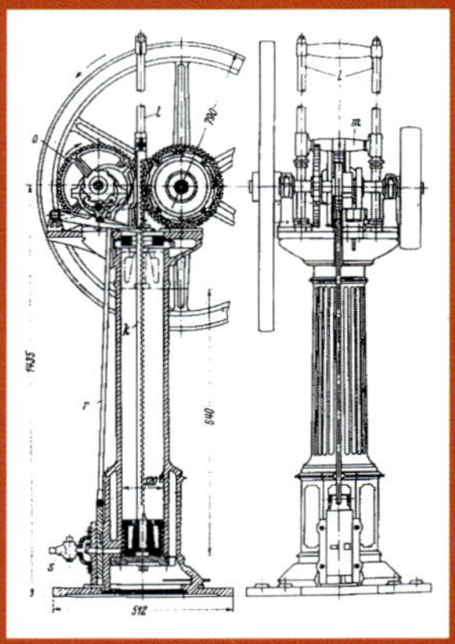

1884 „Standuhr“

1886 Daimler-Motorkutsche

1900 Erster Mercedes

1883 Gottlieb Daimler und Wilhelm Maybach entwickeln die Glührohrzündung.

1884 Die von Daimler und Maybach entwickelte „Standuhr“, der erste schnelllaufende Viertaktmotor mit stehendem Zylinder, ist einsatzbereit.

1886 Der Viertaktmotor wird erstmals in eine Kutsche eingebaut, folglich spricht man von „Motorkutsche“. In Mannheim meldet auch Karl Benz ein „Fahrzeug mit Gasmotorenbetrieb“ zum Patent. Damit eröffnen Daimler, Maybach und Benz das riesige Potenzial der individuellen, motorisierten Fortbewegung.

1889 Auf der Pariser Weltausstellung wird Daimlers „Stahlradwagen“ präsentiert, ein leichtes Vierrad-Automobil mit Zweizylinder-V-Motor und Zahnradgetriebe.

1900 Nach dem Tod Daimlers (6. März 1900) beginnt Wilhelm Maybach, die Automobilkonstruktion grundlegend zu überarbeiten und konstruiert den Mercedes 35 PS, der als erstes modernes Automobil in die Geschichte eingeht.

1906 Präsentation eines neuen Hochleistungsmotors mit sechs Zylindern, gedrehten Stahlzylindern und oben liegender Nockenwelle.

1911 Der Typ 37/90 PS ist der erste Mercedes mit Dreiventiltechnik und Doppelzündung.

1923 Mercedes-Benz präsentiert die ersten Serien-Personenwagen mit Kompressormotoren.

1926 Die Daimler-Motoren-Gesellschaft und die Mannheimer Firma Benz & Cie. fusionieren. Aus Mercedes wird Mercedes-Benz.

1933 Premiere der Doppelquerlenker-Vorderachse mit Einzelradaufhängung im Mercedes-Benz 380.

1936 Mercedes-Benz präsentiert den weltweit ersten Diesel-Personenwagen.

1939 Der erste Prototyp eines Personenwagens mit stabilem Flankenschutz, extrem steifer Bodengruppe und dreigeteilter Lenksäule entsteht.

1947 Der vom Mercedes-Ingenieur Béla Barényi entwickelte Prototyp „Terra Cruiser“ ist das erste Automobil mit Sicherheitslenkung.

1949 Das neu entwickelte, patentierte Sicherheitszapfenschloss verhindert, dass bei einem Unfall die Türen aufspringen.

1952 Béla Barényi

1953 Typ 180 mit selbst tragender Karosserie

1954 300 SL

1951 Mercedes-Benz meldet die weltweit erste Sicherheitskarosserie mit gestaltfester Fahrgastzelle und definierten Knautschzonen zum Patent an. Sie geht 1959 in Serie.

1952 Mercedes-Ingenieur Béla Barényi erhält das Patent für die erste Sicherheitskarosserie mit Knautschzone. Erstmals wird die Benzin-Direkteinspritzung in einem Rennwagen (300 SLR) eingesetzt.

1953 Der Typ 180 ist der erste Mercedes-Personenwagen mit selbst tragender Karosserie.

1954 Die neu entwickelte Eingelenk-Pendelachse kommt im Mercedes-Benz 220 erstmals zum Serieneinsatz. In New York feiert der Flügeltürer-Sportwagen 300 SL Weltpremiere.

1957 Mercedes-Benz bietet für seine Personenwagen auf Wunsch erstmals Beckengurte für die Vordersitze an.

1958 Das von Mercedes-Benz entwickelte Keilzapfen-Türschloss mit zwei Sicherheitsrasten wird zum Patent angemeldet.

1959 Die Mercedes-Modelle 220, 220 S und 220 SE sind die ersten Serienautos mit der von Béla Barényi entwickelten Sicherheitskarosserie und „entschärftem“ Innenraum. Im Mercedes-Werk Sindelfingen finden erste Crashtests statt.

1961 Schrägschultergurte werden anstelle der bisherigen Beckengurte als Sonderausstattung für die Mercedes-Modelle angeboten. Alle Mercedes-Personenwagen verfügen serienmäßig über Verankerungspunkte für Sicherheitsgurte. Der Mercedes-Benz 300 SE ist serienmäßig mit Zweikreis-Hydraulik-Bremsanlage und Scheibenbremsen an Vorder- und Hinterrädern ausgerüstet.

1963 Der Mercedes-Benz 230 SL ist der erste Sportwagen mit Sicherheitskarosserie.

1967 Die Sicherheitslenkung mit Teleskop-Lenksäule und Pralltopf-Lenkrad gehört zur Serienausstattung aller Mercedes-Modelle. Die Entwicklung des Airbags beginnt.

1968 Vorstellung der von Mercedes-Benz entwickelten Sicherheitskopfstützen. Dreipunkt-Statikgurte sind erstmals auf Wunsch lieferbar.

1970 Mercedes-Benz präsentiert das Anti-Blockier-Bremssystem (ABS) der ersten Generation in einer Versuchsausführung.

1980 Weltpremiere des Airbags und des Gurtstraffers

1986 Allradantrieb 4MATIC

1971 Der neue 350 SL ist mit zahlreichen Sicherheitsinnovationen ausgestattet: Das Gurtschloss ist erstmals am Sitzrahmen befestigt, der Tank liegt kollisionsgeschützt vor der Hinterachse und das Vierspeichen-Sicherheitslenkrad mit großflächiger Prallplatte bietet bestmöglichen Schutz. Auf Wunsch sind Dreipunkt-Automatikgurte lieferbar. Mercedes-Ingenieure melden den Airbag zum Patent an.

1973 Dreipunkt-Automatikgurte und Kopfstützen für Fahrer und Beifahrer gehören zur Serienausstattung aller Mercedes-Personenwagen. Erstmals werden Kinderrückhaltesysteme auf Wunsch angeboten.

1976 Die Sicherheitslenkung mit Wellrohr geht als Weltneuheit in Serie.

1979 Die Mercedes-Personenwagen werden serienmäßig mit Sicherheitsgurten an allen äußeren Sitzplätzen ausgestattet. Die S-Klasse ist weltweit das erste Automobil, das dank Gabelträger-Struktur gezielt auf den Offset-Frontalaufprall ausgelegt ist. Die vorderen Sicherheitsgurte der neuen Limousine sind höheneinstellbar.

1980 Weltpremiere des Fahrer-Airbags und des Gurtstraffers (auf der Beifahrerseite) in den Limousinen und Coupés der S-Klasse.

1991 C112

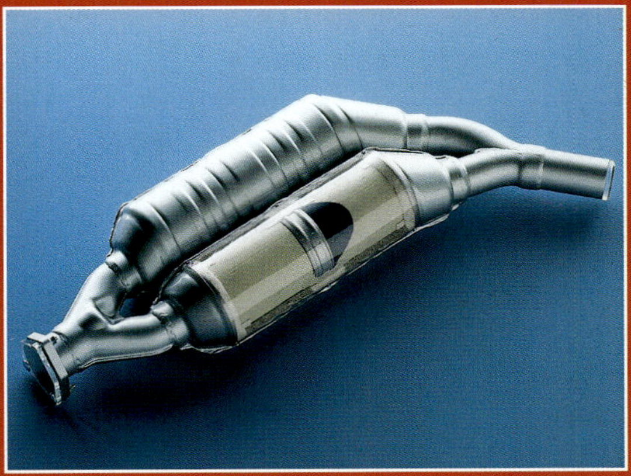
1986 Dreiwege-Katalysator serienmäßig

1989 Automatischer Überrollschutz

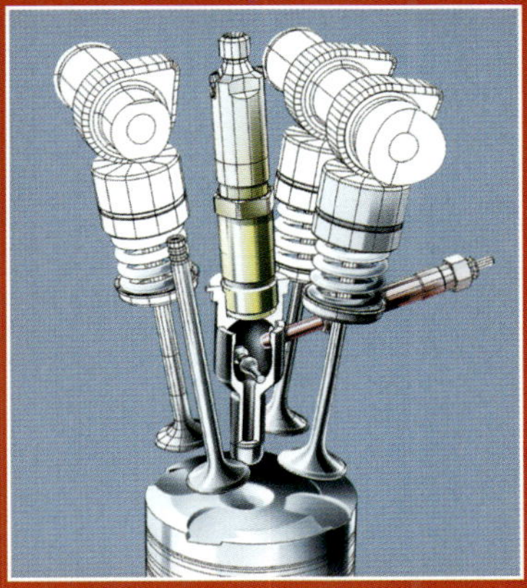
1993 Diesel-Vierventiler

1982 Premiere der patentierten Raumlenker-Hinterachse im Mercedes-Benz 190.

1984 Mercedes-Benz rüstet alle Pkw-Modelle serienmäßig mit Gurtstraffern an den Vordersitzen aus.

1986 Premiere des Allradantriebs 4MATIC (E-Klasse) und des Automatischen Sperr-Differenzials (ASD). Alle benzingetriebenen Mercedes-Personenwagen werden serienmäßig mit geregeltem Dreiwege-Katalysator ausgestattet.

1987 Auf der IAA präsentiert Mercedes-Benz erstmals einen Beifahrer-Airbag, der als Sonderausstattung für die S-Klasse lieferbar ist. Die Antriebs-Schlupf-Regelung (ASR) wird erstmals als Sonderausstattung angeboten.

1989 Präsentation des neuen SL-Roadsters mit sitzintegriertem Gurtsystem und automatischem Überrollbügel. Die elektronisch gesteuerte Niveauregulierung und das Adaptive Dämpfungs-System (ADS) werden erstmals als Sonderausstattungen angeboten.

1991 Serieneinsatz des Fahrer-Airbags in der S-Klasse, im SL-Sportwagen und im 500 E. Zusätzlich werden die Zwölfzylindermodelle serienmäßig mit Beifahrer-Airbag ausgestattet. Im Forschungswagen C 112 präsentiert Mercedes-Benz erstmals ein aktiv geregeltes Fahrwerk. In der S-Klasse arbeitet erstmals ein digitaler Datenbus.

1992 ABS gehört in allen Mercedes-Personenwagen zur Serienausstattung. Der Fahrer-Airbag ergänzt ab Oktober die Serienausstattung. Der Beifahrer-Airbag ist auf Wunsch für alle Modellreihen lieferbar, in der S-Klasse wird er serienmäßig angeboten.

1993 Auf dem Genfer Automobilsalon zeigt Mercedes-Benz den Prototyp eines Sidebags. In der neuen C-Klasse stellt Mercedes-Benz erstmals integrierte Kindersitze für die Fondsitzbank vor. Weltpremiere der Dieselmotoren mit Vierventiltechnik.

1994 Premiere der elektronisch gesteuerten Anfahr- und Traktionshilfe Electronic Traction Support (ETS) in den Sechszylindermodellen der S- und SL-Klasse. Mercedes-Benz präsentiert erstmals das elektronische Stabilitäts-Programm ESP®. Das erste Versuchsfahrzeug mit Brennstoffzellen-Antrieb wird vorgestellt (NECAR 1).

1995 Die neue E-Klasse wird erstmals mit integrierten Gurtkraftbegrenzern an den Vordersitzen ausgestattet. Sidebags für die vorderen Türen sind als Sonderausstattung lieferbar. ESP® geht im S 600 Coupé in Serie.

1996 Der Brems-Assistent wird als Weltneuheit in der S-, SL- und CL-Klasse eingesetzt; die anderen Mercedes-Modellreihen folgen 1997.

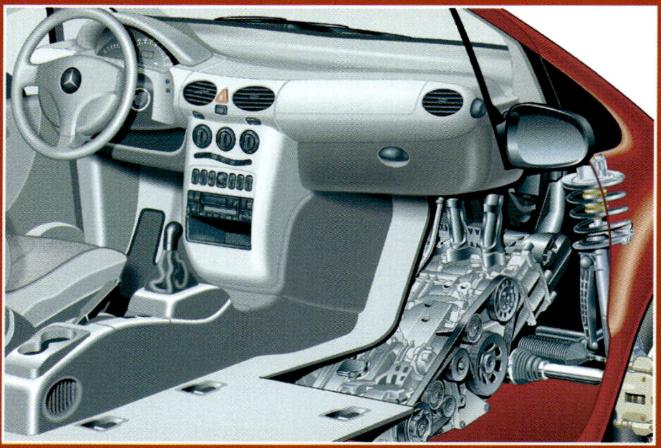

1997 A-Klasse mit Sandwich-Konzept

1998/2000 Adaptive Front-Airbags

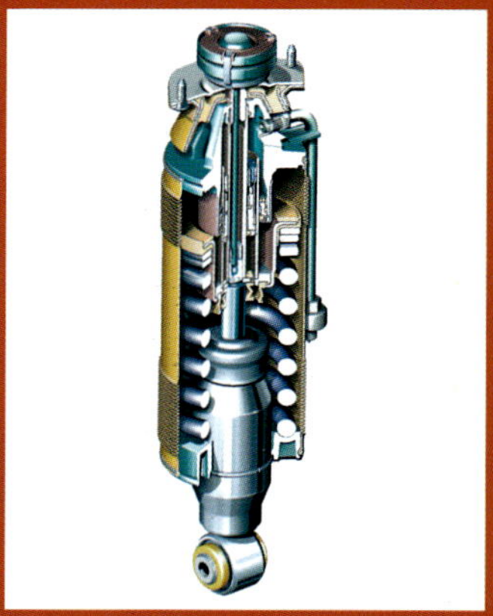

1999 Active Body Control

1997 Dank Sandwich-Konzept bietet die kompakte A-Klasse Mercedes-typische Insassensicherheit. Sidebags, Gurtstraffer und Gurtkraftbegrenzer gehören zur Serienausstattung der A-Klasse. In der E-Klasse stellt die Kombination des elektronisch gesteuerten Allradsystems 4MATIC mit ESP® einen weiteren Meilenstein auf dem Gebiet der Fahrsicherheit dar. Die neue M-Klasse startet mit dem elektronisch gesteuerten Traktionssystem 4ETS. Im neuen Roadster SLK feiern die Ellipsoid-Stirnwand und die automatische Kindersitzerkennung Premiere. Der 220 CDI ist der erste Mercedes-Benz mit Common-Rail-Direkteinspritzung. Neue V6- und V8-Motoren mit Dreiventiltechnik und Doppelzündung werden vorgestellt.

1998 Mercedes-Benz stattet die A-Klasse serienmäßig mit elektronischem Stabilitäts-Programm ESP®, Antriebs-Schlupf-Regelung (ASR) und Brems-Assistent aus. In der neuen S-Klasse gehen die Luftfederung AIRMATIC in Verbindung mit dem Adaptiven Dämpfungs-System (ADS II) und der adaptive Beifahrer-Airbag, der sich je nach Unfallschwere in zwei Stufen entfaltet, erstmals in Serie. Die automatische Zylinderabschaltung und der Abstandsregel-Tempomat DISTRONIC sind weitere Weltneuheiten in der S-Klasse. Die E-Klasse wird erstmals mit Windowbags ausgestattet.

1999 In der CL-Klasse feiern das aktive Fahrwerk Active Body Control (ABC) und die Bi-Xenon-Scheinwerfer für Abblend- und Fernlicht Weltpremiere. Alle Mercedes-Personenwagen werden serienmäßig mit ESP® ausgestattet.

2000 Mercedes-Benz stattet die neue C-Klasse serienmäßig mit adaptiven Airbags auf Fahrer- und Beifahrerseite sowie mit Window- und Sidebags aus.

2001 Die SL-Klasse ist weltweit das erste Automobil mit dem elektrohydraulischen Bremssystem SBC™ (Sensotronic Brake Control). Außerdem feiert ein neu entwickelter Head/Thorax-Sidebag Weltpremiere. Die Benziner-Modelle von Mercedes-Benz erfüllen vorzeitig die strengen EU-4-Abgaslimits, die im Januar 2005 in Kraft treten.

2002 Für die neue E-Klasse entwickelt Mercedes-Benz so genannte Up-Front-Sensoren und adaptive Gurtkraftbegrenzer. Die elektrohydraulische Bremse SBC™ ist ebenfalls Bestandteil der Serienausstattung der E-Klasse. In den Limousinen der S-Klasse feiert das neuartige vorausschauende Insassenschutzsystem PRE-SAFE Weltpremiere.

2003 SLR mit Karosserie aus Carbonfaser

2004 Kopfraumheizung AIRSCARF in der SLK-Klasse

2003 In der E-Klasse ist auf Wunsch das aktive Kurvenlicht lieferbar. Auf der IAA präsentiert Mercedes-Benz den Hochleistungs-Sportwagen SLR McLaren, der sich unter anderem durch Kohlefaser-Karosserie, Keramik-Bremsscheiben und automatische Luftbremse im Kofferraumdeckel auszeichnet. Der Diesel-Partikelfilter wird vorgestellt. Im Herbst geht die weltweit erste Siebengang-Automatik in Serie.

2004 In der neuen SLK-Klasse feiern die Kopfraumheizung AIRSCARF und ein neuer V6-Motor Premiere. Mit dem viertürigen Coupé der CLS-Klasse setzt Mercedes-Benz erneut Trends und kombiniert erstmals die stilistische Faszination und das starke emotionale Charisma eines Coupés mit dem Komfort und der Funktionalität einer Limousine. Die zweite Generation der A-Klasse geht mit technischen Innovationen an den Start; erstmals gehört auch ein sportlicher Dreitürer zum Modellprogramm.

2004 Die neue CLS-Klasse – eine Coupé-Generation voraus

Namibia:
Staub- und Schlechtwegerprobung am Rande der Namib-Wüste.

KAROSSERIETECHNIK

Die Generalprobe

Einmal rund um die Erde: Dauererprobung am Rande des tropischen Regenwalds, unter der Sonne Dubais, in den Schneestürmen Nordamerikas, im regnerischen Papenburg und auf vereisten Straßen Finnlands: Der neuen A-Klasse blieb vor dem Produktionsstart nichts erspart. Bei der Welterprobung unterzogen Mercedes-Testfahrer und -Ingenieure zwei Vorserienmodelle einem beispiellosen Härtetest

Finnland:
Eis, Schnee und 30 Grad unter Null.

Die Einöde hat einen Namen: Muonio. Ein paar Holzhäuser, eine kleine Kirche, ein Laden, eine Tankstelle – viel mehr hat dieser Ort nicht zu bieten. Ein winziger Fleck auf der Landkarte Finnlands, rund 150 Kilometer nördlich des Polarkreises.

Wer sich hierher verirrt, sucht das Extreme. Vor allem im Winter: Einsamkeit, Kälte, Schnee, Eis.

Otto Schmieder hat diesen unwirtlichen Ort für einen zweiwöchigen Aufenthalt ausgewählt. Aus beruflichen Gründen. Denn Muonio bietet dem Versuchsingenieur von Mercedes-Benz geradezu ideale Bedingungen, um seinen Auftrag auszuführen: die letzte Winter-Dauererprobung der neuen A-Klasse vor ihrem Serienstart. Zwei Modelle des Mercedes-Kompaktwagens haben Schmieder und sein Team mitgebracht: einen A 200 und einen A 200 CDI. Beide wurden bereits unter seriennahen Bedingungen hergestellt und mit Bauteilen aus der Serienproduktion ausgerüstet. Und beide müssen nun unter den Extrembedingungen des nordfinnischen Winters beweisen, dass sie fit sind.

Minus 29 Grad Celsius zeigt das Thermometer am Fenster der kleinen Werkstatt, die Mercedes-Benz in Muonio gemietet hat. Es ist vier Uhr nachmittags – die Polarnacht hat längst begonnen. In der Ferne sieht man zwei Lichtpunkte, die sich langsam nähern. „Das sind meine Jungs", sagt Otto Schmieder. „Die kommen jetzt zurück, haben Feierabend."

Mit „Jungs" meint er zwei seiner Testfahrer, die täglich rund 500 Kilometer auf den tief verschneiten und vereisten Straßen rund um Muonio abspulen.

Wagen 360 trifft als Erster in der Werkstatt ein. Otto Schmieder nimmt ihn in Empfang, spricht mit dem Testfahrer, um seine Eindrücke zu erfahren. Hat alles geklappt? Gab es Probleme? Besondere Vorkommnisse? Nach einem kurzen Meinungsaustausch ist der Versuchsingenieur zufrieden: Das Auto ist in Ordnung, hat auch diesen Testtag ohne Beanstandungen absolviert. Genaues wird Schmieder erst ein paar Stunden später wissen, wenn die Daten ausgewertet sind, die ein Computer im Kofferraum der A-Klasse aufgezeichnet hat. Er ist mit über 60 Messstellen verbunden, die nahezu jedes Bauteil überwachen: Motor, Getriebe, Lenkung, Bremsen, Radlager, Stoßdämpfer... Zwei Mal pro Sekunde sendet jeder der Sensoren einen Messwert an den Computer.

Doch das genügt dem erfahrenen Versuchsingenieur, der seit 35 Jahren für Mercedes-Benz arbeitet, noch lange nicht. „Daten sind gut, eigene Kontrolle ist besser" sagt er und dirigiert Wagen 360 auf die Hebebühne. Schmieder will mit eigenen Augen sehen, wie der A 200 den Test überstanden hat. Sorgfältig nimmt er Karosserie, Unterboden, Räder, Lenkung, Vorder- und Hinterachse unter die Lupe, macht Fotos und hakt Punkt für Punkt seiner langen Checkliste ab. Ein spannender Moment.

Doch nach einer halben Stunde löst sich die Spannung; Schmieder ist zufrieden: Alle Bauteile haben der zusätzlichen Belastung standgehalten; der A 200 ist bereit für einen weiteren polaren Testeinsatz.

Der beginnt am nächsten Morgen pünktlich um sieben Uhr. Diesmal geht Otto Schmieder selbst auf Tour. Im zweiten Wagen sitzt Testfahrer Holger Reetz. Es ist der vorletzte Tag der zweiwöchigen Wintererprobung in Lappland und der Winter zeigt sich wieder von seiner erbarmungslosen Seite: 30 Grad unter null. Schneeflocken wirbeln durch die Luft, reflektieren das Licht der Scheinwerfer. Mehr als 50 km/h sind in dieser Situation nicht möglich. „Das wird ein langer Tag“, denkt Schmieder, denn das Pensum ist erst geschafft, wenn jeder der beiden Wagen weitere 500 Kilometer abgespult hat.

Erst als rund vier Stunden später die Sonne aufgeht wird das Fahren angenehmer – aber nicht abwechslungsreicher. Denn auf den einsamen Landstraßen, die sich durch die tief verschneite Winterlandschaft schlängeln, sind die Testwagen aus Sindelfingen weit und breit die einzigen Autos. „Diese Monotonie ist tückisch“, weiß Otto Schmieder. „Alles ist eintönig weiß: Straße, Fahrbahnrand, Landschaft. Da verliert man rasch die Orientierung oder schätzt die Entfernung bis zur nächsten Kurve falsch ein.“

Im Dorf Rattama, wo sich zwei der Testrundstrecken kreuzen, machen sie Pause, öffnen ihre Thermoskannen, trinken den heißen Kaffee und lassen die Gedanken in die Zukunft schweifen: Schon vier Wochen später werden sie mit den beiden A-Klasse-Modellen in einem ganz anderen Teil der Erde auf Testfahrt gehen – am Rande der Namib-Wüste.

WELT-DAUERLAUF: VIER KONTINENTE IN SECHS MONATEN

„Welt-Dauerlauf“ nennen die Mercedes-Fachleute diesen Testmarathon. Vier Kontinente in sechs Monaten, stets mit den gleichen seriennahen Versuchswagen der A-Klasse, die unter klimatischen Extrembedingungen insgesamt rund 56 000 Kilometer abspulten.

Die Welterprobung wurde entwickelt, um neue Mercedes-Modelle kurz vor ihrem Serienstart in kompletter und endgültiger Ausstattung unter kundennahen Einsatzbedingungen auf die Probe zu stellen. „Der Test ist mit der Generalprobe eines Konzertes zu vergleichen. Die Musiker sind da, ihre Instrumente werden aufeinander abgestimmt und das einzige, was fehlt, sind Publikum und Konzertkritiker. Man hat also noch die Möglichkeit eines letzten, sehr genauen Feinschliffs, damit bei der Premiere vor großem Publikum auch wirklich alles klappt“, erklärt Versuchsingenieur Schmieder.

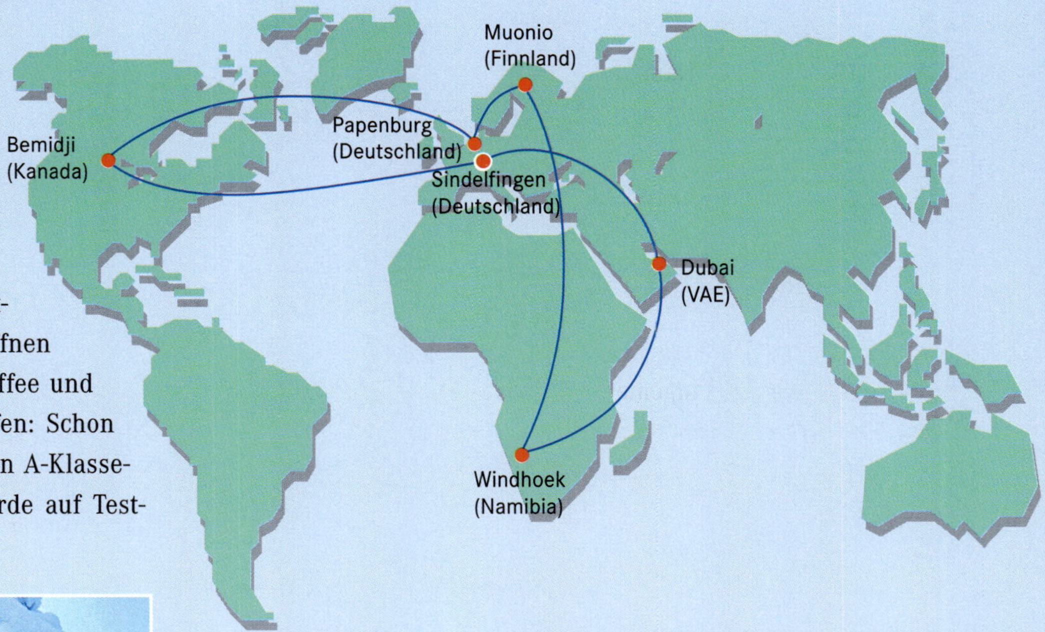

Die erste Location im Drehbuch der Welterprobung war Bemidji im Norden Amerikas, nahe der kanadischen Grenze, wo der Mississippi entspringt und das Thermometer schon Anfang November selten über minus 25 Grad Celsius klettert. Hier erprobte das Mercedes-Testteam vor allem Motoren, Getriebe, Abgasanlage, Heizung und Karosseriebauteile der A-Klasse.

Nach 5000 Kilometern in Bemidji und noch mal der gleichen Testdistanz auf den nordfinnischen Schnee- und Eispisten rund um Muonio folgte der erste Boxenstopp für die beiden Welt-Dauerläufer der neuen A-Klasse. Im Mercedes-Benz Technology Center in Sindelfingen wurden sie auf Herz und Nieren untersucht und – falls notwendig – repariert. Ansonsten blieb alles in dem gleichen Originalzustand wie zu Beginn des Welt-Dauerlaufs – nichts sollte die mit Spannung erwarteten Ergebnisse am Ende der 56 000-Kilometer-Strapaze verfälschen.

Namibia:
Kurvenreiche Naturstraßen mit bis 23 Prozent Steigung.

NAMIBIA: 24 000 KILOMETER ÜBER STAUB- UND SCHOTTERPISTEN

Versuchsingenieur Otto Schmieder hat inzwischen Daunenjacke und Handschuhe gegen T-Shirt und Sonnenhut getauscht und richtet sich mit seiner Mannschaft am nächsten Standort der Welterprobung ein: Windhoek in Namibia. Anders als in Finnland herrschen hier im Frühjahr nicht 30 Grad unter Null, sondern bis zu 38 Grad Hitze. Eine gewaltige Umstellung für Mensch und Technik. Acht Wochen werden die Mercedes-Tester bleiben, denn immerhin gilt es, weitere 24 000 Testkilometer mit jedem der beiden A-Klasse-Modelle abzuspulen.

Schmieder hat sich die Strecken sorgfältig angeschaut und dabei so ziemlich das Schlimmste ausgewählt, was Namibia diesbezüglich zu bieten hat: die Stein- und Schlaglochpisten südwestlich Windhoeks, die ins Hochland der Namib-Wüste führen. Steigungen von bis zu 23 Prozent müssen die Testwagen dabei überwinden und erreichen nach Hunderten Kurven und Spitzkehren am Gemsberg-Pass eine Höhe von bis zu 2300 Metern. 600 bis 650 Kilometer sollen pro Tag gefahren werden. Das bedeutet: Dienstbeginn um 7.30 Uhr morgens, Dienstende um 18.30 Uhr. Und dazwischen nichts als Steine, Staub und Schotter. „Die Strecken sind extrem rau und voller tückischer Senken, die das Fahrwerk stark beanspruchen", erklärt Otto Schmieder. „Manchmal kommt es uns vor, als ob wir stundenlang über ein Waschbrett fahren – so heftig sind die Stöße und Vibrationen auf diesen Wüstenpisten."

Eine ganz besondere Spezialität namibischer Gebirgsstraßen sind kleine aber spitze Felsbrocken, die aus der Straße herausragen. Wer sie übersieht, kann kurze Zeit später Reifen samt Felge auswechseln. „Das Rad ist nach dem Aufprall gegen einen dieser Steine restlos beschädigt. Deshalb heißt es höllisch aufpassen", sagt Schmieder.

Dass dieser Rat nicht immer funktioniert, zeigt ein Blick in die Ersatzteilliste der Namibia-Erprobung: 30 Reifen und Felgen mussten während der 24 000-Kilometer-Strapaze ausgewechselt werden. Zudem gingen mehrere Frontscheiben und ein Auspufftopf zu Bruch. Darüber hinaus konnten Otto Schmieder und seine Testfahrer nur Gutes über die A-Klasse nach Sindelfingen berichten. Aggregate, Fahrwerke, Karosserien und Innenräume haben die Extremerprobung ohne größere Blessuren überbestanden und Mercedes-Qualität bewiesen. Zeit für den nächsten Stop-over in Sachen Welt-Dauerlauf: Dubai steht auf dem Reiseplan der neuen A-Klasse.

DUBAI: TESTFAHRT MIT SIEBEN KM/H DURCHSCHNITTSTEMPO

Wer an die mondäne Großstadt und das Handelszentrum der Vereinigten Arabischen Emirate denkt, hat sofort die Bilder von langen Sandstränden, orientalischen Palästen, noblen Hotels und teuren Geschäften vor Augen. Mercedes-Ingenieur Otto Schmieder hat vor Ort jedoch keine Zeit für die Schönheiten des Landes, ihn plagen ganz alltägliche Sorgen. Vor allem wegen der Hitze: arbeiten und Auto fahren bei 45 bis 50 Grad im Schatten.

In Dubai warten auf die Vorserienmodelle der A-Klasse gleich zwei Strapazen der heißen Art: Nochmals 12 000 Kilometer Langstreckenerprobung auf den Asphaltstrecken durch die arabische Wüste und zwischendurch eine besondere Tortur für Mensch und Maschine: 5000 Kilometer City-Test im Herzen von Dubai, dem Stadtteil Bur Deira, wo der Verkehr so dicht ist, dass man buchstäblich nur im Schritttempo vorankommt. Der Mercedes-Ingenieur hat es genau ausgerechnet: „Das Durchschnittstempo liegt zwischen sieben und elf km/h. Das bedeutet ständiger Stop-and-go-Verkehr, ständiges Kuppeln und Gas geben – und das bei dieser Affenhitze."

Viel Geduld, starke Nerven und eine gute Klimaanlage sind gefragt, um diesen Extrem-Test zu absolvieren. Das Mercedes-Team arbeitet im Zwei-Schicht-Betrieb, sonst wäre das Kilometerpensum auf dem Rundkurs durch die City nicht zu schaffen. Denn allein mit dem Autofahren ist es nicht getan: In regelmäßigen Abständen müssen die Profi-Tester anhalten, um eine präzise ausgearbeitete Checkliste durchzuarbeiten. Mit ihrer Hilfe wollen die Ingenieure von den Testfahrern zum Beispiel wissen, wie sie den Klimakomfort beurteilen, wie gut die Cockpit-Instrumente abzulesen sind, wie sie den Sitzkomfort bewerten und wie sich das Panorama-Schiebedach bewährt? Nur ein Themenfeld auf der Checkliste bleibt bei diesem Teil der Welterprobung leer: Die Frage nach der Funktion des Scheibenwischers – Regen ist im arabischen Frühsommer ein sehr seltenes Ereignis.

PAPENBURG: RUNDKURS IM „WILDEN MOOR"

Dauerregen erleben die Versuchsingenieure, Testfahrer und Autos allerdings wenige Wochen später an der letzten Station der Welterprobung: in Norddeutschland, genauer gesagt: in Papenburg.

„Wildes Moor" heißt die Gegend, wo sich eines der modernsten Automobil-Prüfgelände Europas befindet. Nomen est omen, denn auf diesem Fleckchen Erde geht es seit Oktober 1998 rund. Bis zu 100 Prototypen und Vorserienmodelle absolvieren hier täglich einen Großteil ihres mehrjährigen Praxis-Examens, das sie fit für die automobile Wirklichkeit macht.

Wie gut die A-Klasse wirklich ist, wollen die Versuchsingenieure am Ende der mehrmonatigen Welterprobung nochmals ganz genau wissen. Rund 51000 Kilometer haben die beiden A-Klasse-Testwagen bisher bereits in eisiger Kälte, in tropischer Hitze, auf Staub- und Schotterstrecken sowie im dichtesten Stadtverkehr abgespult. Doch das alles genügt den Mercedes-Ingenieuren noch nicht. Der Kompaktwagen muss einen weiteren Extrem-Test absolvieren: 5000 Kilometer über die erbarmungslosen Schotterstrecken des norddeutschen Versuchsgeländes. „Das ist dann endgültig die letzte Bewährungsprobe für Karosserie und Fahrwerk – unser Finale", sagt Otto Schmieder, der bereits mit seinem Abschlussbericht über die Welterprobung begonnen hat. In ein paar Tagen hat jeder der beiden A-Klasse-Testwagen sein Ziel erreicht: insgesamt 56000 Kilometer Welt-Dauerlauf.

BILANZ: EIN ECHTER MERCEDES-BENZ

Zeit für ein Fazit. Otto Schmieder denkt zurück, lässt einige Bilder Revue passieren: das bitterkalte Bemidji im Norden der USA, die einsame Gegend rund um Muonio in Finnland, die Schlaglochstrecken Namibias, die extremen Temperaturen am Rande der arabischen Wüste. „Angesichts der Strapazen durch Hitze, Staub und schlechte Straßen entspricht diese Fahrleistung einer Beanspruchung von gut 150000 Kilometern im Normalbetrieb", schätzt der Testleiter, der dem neuen Mercedes-Modell ein gutes Zeugnis ausstellt. „Wir sind sehr zufrieden".

Mit anderen Worten Die Generalprobe ist für die neue A-Klasse vorbei – jetzt bittet Mercedes-Benz das Publikum zur Premiere.

Dubai: 5000 Kilometer Stop-and-Go-Test im Herzen der arabischen Großstadt. Testingenieur Otto Schmieder (kleines Foto oben) speichert die Messdaten.

Spiel mit dem Wind

Die Aerodynamik ist eine Entwicklungsdisziplin mit messbaren Auswirkungen auf Kraftstoffverbrauch, Fahrsicherheit, Fahrkomfort und Form der Personenwagen. Das begründet den großen Aufwand, den Mercedes-Benz für die aerodynamische Optimierung seiner Modelle betreibt.

Der Luftwiderstand einer Autokarosserie steigt im Quadrat der Fahrgeschwindigkeit und hat bereits bei Tempo 120 einen Anteil von rund 50 Prozent an allen Fahrwiderständen. Der Luftwiderstand ist jedoch das Ergebnis mehrerer Faktoren, auf die Automobilingenieure nur zum Teil Einfluss nehmen können. So berechnet er sich aus der Stirnfläche (A) der Karosserie, dem Luftwiderstandsbeiwert (c_W-Wert), der Luftdichte und der Fahrgeschwindigkeit. Die (vereinfachte) Formel lautet: Luftwiderstand = c_W x A.

Zwei Faktoren dieser Formel können die Auto-Entwickler beeinflussen: die Stirnfläche und den c_W-Wert als Maß für die aerodynamische Qualität einer Karosserieform. Die Verringerung des Luftwiderstands ist also im Wesentlichen nur durch die aerodynamische Optimierung der Form (= c_W-Wert) möglich. Deshalb arbeiten bei Mercedes-Benz Aerodynamiker und Designer eng zusammen und suchen gemeinsam nach Detaillösungen, die in der Summe zu einem technisch perfekten und optisch attraktiven Gesamtergebnis führen. Immerhin: Die Mercedes-Personenwagen zählen weltweit zu den Automobilen mit der besten Aerodynamik und glänzen in ihren jeweiligen Fahrzeugklassen mit c_W-Bestwerten (siehe Tabelle).

Dieser Erfolg ist das Ergebnis intensiver Grundlagenforschung, die lange vor dem Prototypen-Bau neuer Modelle beginnt. Auf Basis der Maßkonzeption und des Designs eines zukünftigen Automobils entwickeln die Aerodynamik-Fachleute meist ein so genanntes Potenzialmodell im Modellmaßstab 1 : 4, dessen Karosserieform aus strömungstechnischer Sicht das Optimum dessen darstellt, was in der jeweiligen Fahrzeugklasse möglich erscheint. Immerhin: Die aerodynamische Qualität eines Automobils wird zu 80 Prozent durch die Grundform bestimmt, sodass die Ingenieure mit ihren Potenzialmodellen die Weichen von Anfang an in die richtige Richtung stellen.

Es folgen viele Monate akribischer Detailarbeit. Schritt für Schritt passt sich das Idealmodell dabei

Im Wind:
Windkanaltests mit 1 : 4-Modell und Vorserienfahrzeug.

DIE c_W-WERTE DER MERCEDES-PERSONENWAGEN*

A-Klasse	0,29
C-Klasse Limousine	0,26
C-Klasse T-Modell	0,31
C-Klasse Sportcoupé	0,29
CLK-Klasse Coupé	0,28
CLK-Klasse Cabriolet	0,30
CLS-Klasse	0,30
E-Klasse Limousine	0,26
E-Klasse T-Modell	0,30
S-Klasse	0,27
SL-Klasse	0,29
SLK-Klasse	0,32
SLR	0,37

*Auswahl

Technik, Funktion und Linienführung des späteren Serienfahrzeugs an, ohne dabei seine aerodynamische Grundform zu verlieren. Die Mercedes-Aerodynamikmodelle sind so originalgetreu konstruiert, dass die mit ihrer Hilfe erzielten Testergebnisse nur um wenige Prozentpunkte von den Werten abweichen, die später mit „erwachsenen“ Automobilen gemessen werden.

Eines der wichtigsten Kriterien bei der strömungstechnischen Optimierung einer Karosserie ist die Suche nach einer perfekten Heckform. Verblüffend, aber wahr: Noch mehr als die Frontpartie beeinflusst das Heck eines Personenwagens den c_W-Wert. Die Ingenieure achten hier vor allem auf den so genannten „Nachlauf“ - das ist Art und Weise, mit der sich die Luft von der Karosserie trennt. Unerwünschte Luftwirbel lassen sich beispielsweise durch eine aerodynamisch geformte Dachhinterkante, eine genau berechnete Heckscheibenneigung und eine kleine Spoilerkante auf dem Kofferraumdeckel wirksam verhindern.

Ein weiterer Bereich, dessen Gestaltung großen Einfluss auf den Luftwiderstand hat, ist der Unterboden. Eben und glattflächig soll er sein, damit der Fahrtwind verwirbelungsfrei unter der Karosserie durchströmen kann. Mit Unterbodenverkleidungen aus Kunststoffelementen entsprechen die modernen Mercedes-Personenwagen diesem Anspruch.

Bei der Arbeit im Stuttgarter Mercedes-Windkanal dreht sich jedoch längst nicht alles um den c_W-Wert - andere Messgrößen wie c_{AV} oder c_{AH} haben ebenso große Bedeutung. Sie beschreiben den Auftrieb an Vorder- und Hinterachse: Gemessen wird die Luftkraft, die senkrecht zur Fahrtrichtung wirkt und die Karosserie bei hohem Tempo aus den Federn hebt, sodass sich der Fahrbahnkontakt verschlechtert. Das Resultat solcher Tests sind - ähnlich wie beim Luftwiderstand - so genannte Beiwerte.

Sind die Achsen durch starken Auftrieb zu schwach belastet, wird das Auto instabil und seitenwindanfällig. Bei der aerodynamischen Gestaltung einer Karosserie muss also stets darauf geachtet werden, dass möglichst wenig Auftrieb und damit ausreichend Abtrieb erzeugt wird.

Im Regen: Verschmutzungstest unter UV-Licht.

Regenfahrt durch den Windkanal

Einen weiteren wichtigen Beitrag zur aktiven Sicherheit leistet die Aerodynamik durch intelligente Detailmaßnahmen, die dem Autofahrer bei Regenfahrt einen ungetrübten Scheibendurchblick ermöglichen. Dies erreichen die Mercedes-Ingenieure, indem sie das Regenwasser mithilfe des Fahrtwinds gezielt nach hinten führen. Aufwändige Tests im Windkanal helfen bei der Entwicklung geeigneter Verfahren zur Untersuchung der Schmutzfreihaltung: Bei Luftgeschwindigkeiten von 80 bis 120 km/h sprühen Düsen Wasser über die Karosserie, das mit einer fluoreszierenden Testflüssigkeit vermischt ist. Sie dient als Schmutz-Ersatz. Große Lichtwände mit UV-Lampen beleuchten die regenreiche Szene und machen den Verlauf der Chemikalie an der Karosserieoberfläche sichtbar. So erkennen die Ingenieure etwaige Problemzonen und können Abhilfemaßnahmen konstruieren.

Öffnen und schließen in nur 20 Sekunden

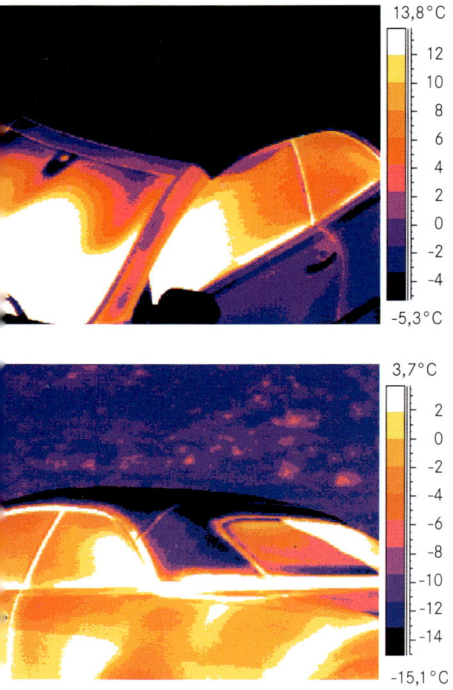

Test am Gletscher:
Die Thermographie dokumentiert die gute Wärme-Isolierung des CLK-Verdecks.

Aktuelles Know-how erfahrener Cabrio-Spezialisten und modernste Technologie lagen der Entwicklung des Stoffverdecks zugrunde, das Mercedes-Benz beim Cabriolet der CLK-Klasse einsetzt. Ziel der Designer und Ingenieure war es, die schwungvolle Dachlinie sowie die formschöne, schlanke C-Säulenkonfiguration des CLK-Coupés auch beim Cabriolet zu verwirklichen und damit zwei prägende Elemente des CLK-Designs zu erhalten. Das ist gelungen: Der Zweitürer macht auch bei geschlossenem Verdeck eine tadellose Figur und fasziniert durch sportliche Eleganz. Die besonders glatte Außenfläche des Verdecks sowie eine spezielle Technik, die stets für gleich bleibende Stoffspannung sorgt, verstärken diesen Eindruck.

Überdies bietet das CLK-Designkonzept mit seinen schlanken A- und C-Säulen, den großen, rahmenlosen Seitenfenstern und der um 8,5 Prozent vergrößerten Heckscheibe dem Autofahrer handfeste Praxis-Vorteile. Denn dadurch profitiert er beim Abbiegen, Spurwechseln, Rangieren oder Einparken von einer mehr als 85-prozentigen Rundumsicht – ein Spitzenwert in dieser Cabrio-Klasse.

Gute akustische Dämmung und hohe Wintertauglichkeit

Das neu entwickelte Stoffverdeck des CLK-Cabriolets besteht aus rund 830 Teilen, die in Handarbeit zusammengefügt werden. Dafür sind rund 550 Montageschritte notwendig. Eine Stahl-Aluminium-Konstruktion, deren Hauptlager über jeweils drei Befestigungspunkte mit der Karosserie verbunden werden, bildet das Verdeckgestell. Darüber spannt sich ein aufwändig gepolstertes Textilteil:

- Der witterungsunempfindliche, dreilagige **Verdeckbezug** ist in den Farben Schwarz, Blau oder Grau lieferbar.
- Die etwa 25 Millimeter dicke, sechslagige **Polstermatte aus Vliesgewebe** erstreckt sich über die gesamte Dachfläche und deckt auch die Innenseiten der C-Säulen sowie die Bereiche neben der Heckscheibe ab. So erzielen die Ingenieure eine sehr gute Wärme-Isolierung, die das neue CLK-Cabriolet besonders wintertauglich macht. In Verbindung mit anderen aero-akustischen Maßnahmen sorgt die Polstermatte des Cabrio-Verdecks auch für eine hochwirksame Geräuschdämmung. Der Innengeräuschpegel beträgt bei Tempo 160 vorn 76 und im Fond 77,7 Dezibel (dB (A)). Er liegt damit hörbar – um bis zu 1,9 dB (A) – unter den Werten des Vorgängermodells. Damit setzt das neue CLK-Cabriolet auch in puncto Akustikkomfort Maßstäbe in seiner Klasse.
- Der **Innenhimmel** bildet die dritte Ebene des Stoffverdecks. Auch er deckt die Dachfläche vollständig ab.

Vollautomatisches Öffnen in 20 Sekunden

Für das Öffnen des vollautomatischen Cabrio-Verdecks ist nur ein Handgriff erforderlich: Es genügt, den markanten Zug-Druckschalter in der Mittelkonsole oder die Fernbedienung im elektronischen Schlüssel zu betätigen, und wenige Augenblicke

Kurzer Prozess:
Ein Elektromotor und sieben Hydraulikzylinder sorgen für den schnellen Bewegungsablauf des Daches.

später setzt die Hydraulik das Verdeck in Bewegung. Das Antriebsaggregat unter der Verdeckwanne baut mithilfe eines Elektromotors 190 bar Druck auf, um insgesamt sieben Zylinder zu betätigen. 13 Endschalter und ein elektronisches Steuergerät überwachen den Ablauf, der nur 20 Sekunden dauert.

Bevor das Verdeck unter der mit so genannten „Air-Domes" gestalteten Abdeckung im Heck des CLK-Cabriolets verschwindet, öffnen sich automatisch auch die vollständig versenkbaren Seitenscheiben. So ist ein wirklich ungetrübter Open-Air-Genuss gewährleistet.

Auch beim Schließen des Verdecks ist außer dem Tastendruck an der Mittelkonsole keine weitere Bedienung erforderlich; der hydraulische Antrieb übernimmt diese Aufgabe und verriegelt das Dach innerhalb von 20 Sekunden automatisch am oberen Rahmen der Frontscheibe. Während das Cabrio-Verdeck in Bewegung ist, leuchtet eine Kontrolllampe im Verdeckschalter auf; sie gibt Blinkzeichen, sollte das Verdeck während der Fahrt nicht ordnungsgemäß verriegelt sein. Gleichzeitig ertönt in diesem Fall ein akustisches Warnsignal. Die Verdeckautomatik arbeitet bis zu einer Fahrgeschwindigkeit von acht km/h.

Test im Blitzlabor:
Cabrio-Insassen sind auch bei Gewitter sicher.

Licht-Reflektor in den Scheiben

Komfort – eine der wichtigsten Ziele bei der Konzeption der Mercedes-Personenwagen prägt auch die Entwicklungsarbeiten zum Thema Glas. Durch den Einsatz von grün getöntem Glas für Front-, Heck- und Seitenscheiben wird der Anteil der Ultraviolett-Strahlung, die mit dem Sonnenlicht in den Innenraum eindringt, von 18 auf ein Prozent reduziert.

Noch besseren Schutz vor der Strahlung der Sonne bietet ein Verbundglas, das auf Wunsch für die E-Klasse lieferbar ist. Es filtert nicht nur die UV-Strahlen, sondern reflektiert überdies auch das Infrarotlicht im Sonnenspektrum. Mit einer Wellenlänge von rund 700 bis 2500 Nanometern ist dieses Licht für den Menschen zwar nicht sichtbar, hat aber dennoch einen Anteil von immerhin rund 53 Prozent an der gesamten Energie-Transmission des Sonnenlichts und ist damit maßgeblich an der Aufheizung des Innenraums beteiligt.

Das Glas vermindert die Infraroteinstrahlung in den Innenraum mithilfe einer Beschichtung aus reinem Silber und anderen hochwertigen Metalloxiden, die an den Innenseiten der äußeren Scheiben aufgetragen ist. Sie reflektiert das nicht sichtbare, aber sehr energiereiche Infrarotlicht je nach Wellenlänge mit bis zu 80-prozentigem Wirkungsgrad. Im Vergleich zum Glas mit konventioneller Grüntönung verringert sich die gesamte Energieeinstrahlung in den Innenraum dank der Infrarotreflexion an der Frontscheibe von 60 auf rund 47 Prozent und bei den Seitenscheiben von 44 auf 36 Prozent. Das Infrarot reflektierende Glas ist an seiner graugrünen Grundtönung erkennbar.

**Sonnenschutz:
Getönte Scheiben reduzieren die UV-Strahlung von 18 auf ein Prozent.**

KORROSIONSSCHUTZ

Alle Bleche vollverzinkt

Das 30-jährige Garantieversprechen „mobilo-life", das Mercedes-Benz seinen Kunden in vielen Ländern Europas gibt, basiert auf einem aufwändigen Korrosionsschutz der Karosserie, den die Sindelfinger Ingenieure kontinuierlich weiterentwickeln.

Der Langzeit-Korrosionsschutz der Automobile mit dem Stern basiert auf einer Vollverzinkung der gesamten Karosserie. Bestimmte Bleche erhalten zusätzlich eine beidseitige organische Beschichtung, die ebenfalls rostabwehrende Zinkpigmente enthält. Dieser Lack ist zwar nur zwei bis vier Mikrometer dünn, doch er hält den Belastungen beim Pressen und Punktschweißen der Blechteile stand und bietet somit dauerhaften Schutz. Für Vorbau, seitliche Längsträger, A-Säulen sowie für die Innenschalen der Türen, der Motorhaube und des Kofferraumdeckels verwendet Mercedes-Benz sogar Bleche mit beidseitiger organischer Beschichtung und konserviert die Hohlräume der Karosseriestruktur zusätzlich durch ein spezielles Wachs.

Die präzise Gestaltung der Karosseriebauteile, die spannungsarme Fügetechnik und die modernen Punkt- oder Laserschweißverfahren bei der Rohbaumontage leisten weitere Beiträge zum Korrosionsschutz. Denn sie machen zusätzliche Lötverbindungen und die so genannten MAG-Schweißnähte (Metall-Aktivgas-Schweißen) an den Verbindungsstellen der Blechteile weitgehend überflüssig, die bisher als besonders rostgefährdete Stellen galten.

Kunststoffverkleidung statt PVC-Unterbodenschutz

Auf den herkömmlichen PVC-Unterbodenschutz können die Mercedes-Ingenieure ebenfalls ohne Einbußen beim Langzeit-Korrosionsschutz verzichten. Die vollständige Verkleidung des Unterbodens durch großflächige Kunststoffteile macht es möglich. Sie decken Motorraum, Radkästen, äußere Bodenbleche und Hinterachslenker vollständig ab und schützen die Karosserie somit wirksam vor rostauslösendem Steinschlag. Überdies hat die glattflächige Unterbodenverkleidung einen wichtigen aerodynamischen Effekt, denn sie lässt den Fahrtwind nahezu verwirbelungsfrei unter der Karosserie durchströmen.

Langzeitschutz: Aufwändige Korrosionsvorsorge am Beispiel der A-Klasse.

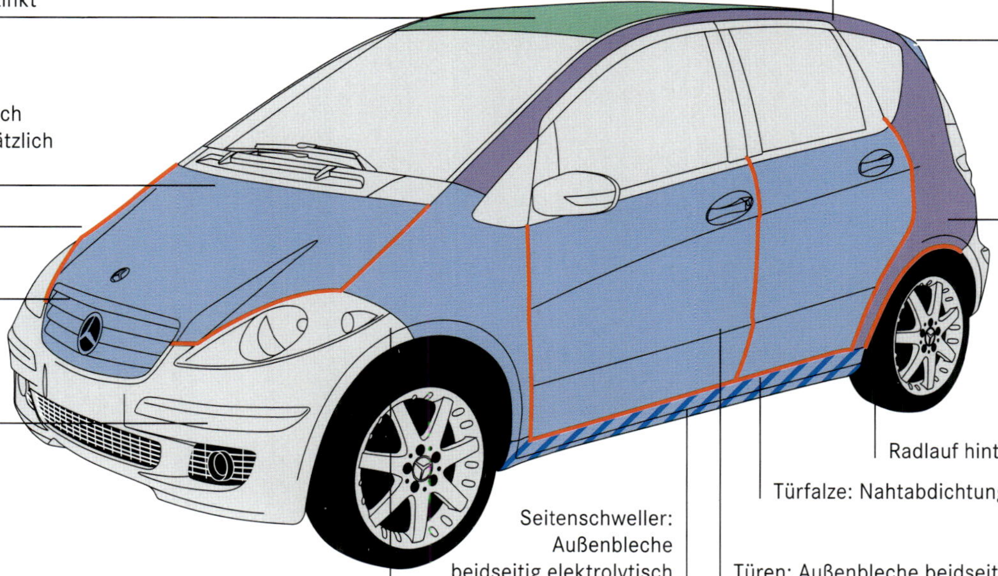

Kratzfester durch Nano-Technologie

Autowäsche im Labor: Extremtest des neuen Klarlacks mit Waschwasser, das eine genau dosierte Menge Feinstaub enthält.

Blick in die Lackstruktur: Mehr Glanz und höhere Kratzbeständigkeit durch neuartigen Klarlack.

Die moderne Automobillackierung besteht aus mehreren mikrometerdünnen Schichten, die jeweils unterschiedliche Aufgaben erfüllen. Der aufwändige Lackierprozess beginnt mit der Phosphatierung der Karosserie. Dabei wird eine sehr feine aber durchaus wirkungsvolle Zinkphosphatschicht aufgetragen, die das Blech vor **Korrosion** schützt (▶ Seite 39) und zugleich eine gute Basis für die nachfolgende Elektro-Tauchgrundierung bildet. Auch sie dient in erster Linie dem Korrosionsschutz. Die Karosserien tauchen dabei in ein Bad mit wasserverdünnbarem Lack ein, der mittels elektrophoretischer Reaktion alle Hohlräume, Ecken, Falze und Kanten der Karosserie erreicht. Phosphatierung und Elektro-Tauchlack haben zusammen eine Schichtdicke von nur etwa 22 Mikrometern.

Anschließend folgt der so genannte Füller. Auch er ist wasserverdünnbar und enthält nur eine sehr geringe Menge organischer Lösemittel. Seine Aufgabe ist es, Steinschläge abzufedern und die Blechstruktur auszugleichen. Schnell rotierende Zerstäuber laden die Lackpartikel elektrostatisch auf, sodass sie von der Karosserie angezogen werden. Dieses Verfahren garantiert eine gleichmäßige Verteilung des Füllers, dessen Dicke etwa 25 Mikrometer beträgt.

Die nächste Lackschicht ist der so genannte Basislack (ca. 15 Mikrometer). Er enthält nicht nur die vom Kunden gewünschte Farbe in Pigmentform, sondern – bei Metalliclacken – auch winzige Aluminiumplättchen, die für den eleganten Metalliceffekt sorgen. Ebenso wie beim Füller steigert die Elektrostatik auch in diesem Verarbeitungsprozess den Wirkungsgrad des Lackauftrags. Die von Mercedes-Benz verwendeten Basislacke sind wasserlöslich und enthalten bis zu 80 Prozent weniger organische Lösemittel als konventionelle Lacke.

Als oberste Schicht (etwa 40 Mikrometer) sorgt schließlich der transparente Klarlack für Glanz und Witterungsbeständigkeit der Lackierung. Er wird im Alltagseinsatz eines Personenwagens besonders stark belastet, denn neben Umwelteinflüssen wie „saurem" Niederschlag, Baumharz, Vogelkot, Staub oder Ruß muss der Klarlack auch einer starken physikalischen Beanspruchung standhalten – zum Beispiel durch Steinschlag, Sonnenlicht, Abrieb und Temperaturschwankungen.

Insgesamt besteht die Lackierung eines Mercedes-Benz also aus fünf Schichten mit einer Dicke von insgesamt rund 100 Mikrometern (ca. 0,10 Millimeter). Jeder dieser Lacke ist das Ergebnis eines aufwändigen, mehrjährigen Entwicklungsprozesses, bei dem die Fachleute eine Reihe von Aufgaben lösen. Dazu zählen neben Fragen der Verarbeitungstechnik vor allem Aspekte wie Umweltschutz, Qualität und Dauerhaltbarkeit.

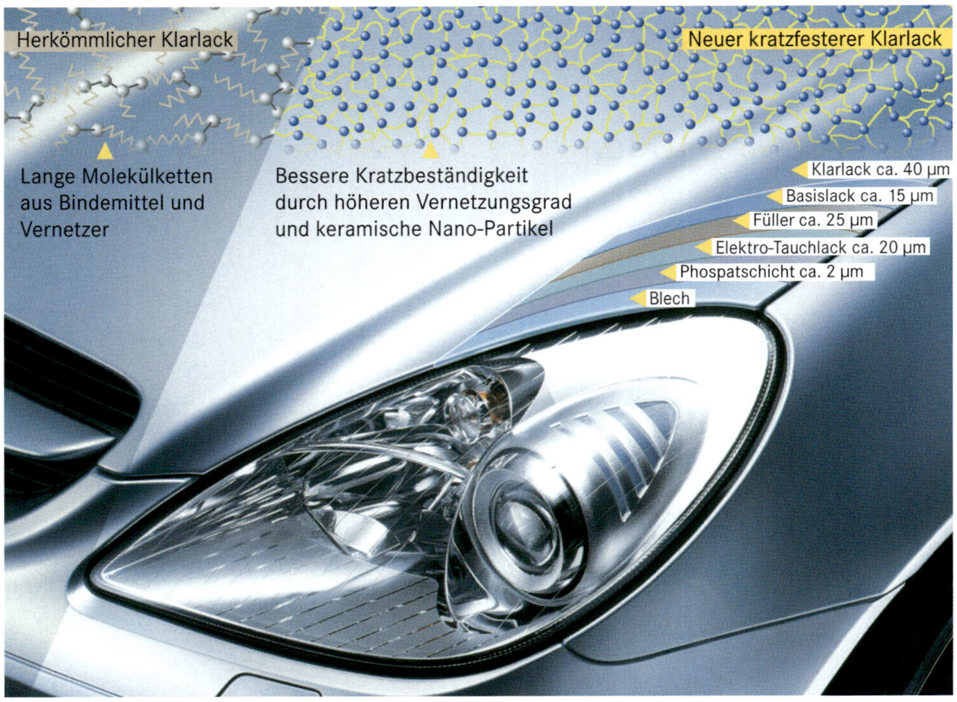

Mit einem neuartigen Klarlack auf Basis der Nano-Technologie, den Mercedes-Benz als weltweit erste Automobilmarke in vielen Modellreihen einsetzt, lösen die Fachleute den technischen Zielkonflikt zwischen Kratz- und Chemikalienbeständigkeit, der bisher bei der Klarlack-Entwicklung bestand. Ein Großteil der Lackkratzer wird von mechanischen Autowaschanlagen verursacht: Kleinste Hartstoffpartikel wie Straßenstaub oder Sand setzen sich in den rotierenden Waschbürsten fest und verkratzen während des Waschvorgangs die Lackoberfläche. Diese so genannten Haarkratzer fallen bei dunklen Lackfarben besonders auf.

Mithilfe der ab Anfang der Achtzigerjahre entwickelten Nano-Technologie gelang es den Wissenschaftlern, die molekulare Struktur des Lackbindemittels zu verändern und mikroskopisch kleine Keramikpartikel zu integrieren. Sie haben einen Durchmesser von weniger als 20 Nanometern und sind damit einige zehntausend Mal dünner als ein Haar. Während des elektrostatischen Lackauftrags befinden sich die Bindemittelteilchen zunächst ungeordnet im flüssigen Lack. Erst in den Trocknern der Lackiererei, bei einer Temperatur von etwa 140 Grad Celsius, vernetzen die Partikel und verbinden sich zu einem dichten Netzwerk. Es schützt die Lackoberfläche weitaus besser vor Kratzern als herkömmliche Lacke, deren Bindemittel und Vernetzer relativ lange Molekülketten bilden. Tests bestätigen, dass die mikroskopisch kleinen Keramikpartikel die Kratzbeständigkeit des Klarlacks um ein Mehrfaches steigern.

Damit bietet der neue Nano-Klarlack im Vergleich zu herkömmlichen Lacken eine deutlich bessere und dauerhaftere Resistenz gegenüber Lackkratzern, wie sie zum Beispiel in Autowaschanlagen verursacht werden. Vor Lackschäden durch Vandalismus – absichtliche Verkratzungen durch Schlüssel, Werkzeuge oder andere Gegenstände – kann indes auch der neuartige Nano-Klarlack nicht schützen.

Höherer Lackglanz nach Extremtests in der Laborwaschanlage

Die hohe Kratz- und Chemikalienbeständigkeit des Nano-Klarlacks hat Mercedes-Benz zunächst im Labor an einzelnen Karosserieteilen und ab Sommer 2001 an mehr als 150 Erprobungswagen in der Praxis getestet – mit sehr guten Ergebnissen. Nach mehrjährigem Einsatz zeichnen sich die nano-lackierten Mercedes-Testwagen durch eine deutlich höhere Lackbrillanz aus als Fahrzeuge mit herkömmlichem Klarlack. Das bestätigen auch die Glanzmessungen nach den per DIN-Norm standardisierten Tests in einer mechanischen Laborwaschanlage, deren Wasser eine genau dosierte Menge feinstem Quarzsand beigemischt wird. So simuliert dieser Test die Vorgänge bei der Autowäsche im Zeitraffertempo: Zehn Zyklen der Laboranlage entsprechen – je nach Verschmutzungsgrad des Fahrzeugs – einer Lackbeanspruchung nach 50 bis 100 Autowäschen in der Praxis.

Nach dem Waschprogramm prüfen die Fachleute mit einem speziellen Glanzmessgerät die Kratzspuren auf den lackierten Blechen und messen dabei den so genannten Restglanz. Die Ergebnisse: Liegt der Restglanz einer herkömmlichen Lackierung nach zehn Waschzyklen in der Laborwaschanlage bei rund 35 Prozent, so werden bei dem kratzfesteren Nano-Klarlack über 72 Prozent Restglanz gemessen.

Deutlicher Unterschied:
Die vordere Tür zeigt herkömmlichen Lack nach fünf Jahren Praxiseinsatz und rund 60 Autowäschen; die hintere Tür wurde mit dem neuen kratzfesteren Klarlack lackiert und glänzt nach fünf Jahren und 60 Autowäschen sichtbar besser.

Der richtige Werkstoff am richtigen Ort

Werkstoffe in der Rohbaukarosserie der E-Klasse

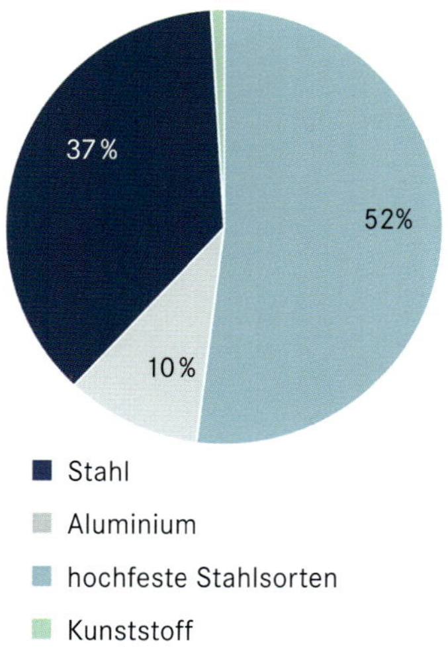

Eine große Herausforderung bei der Karosseriekonstruktion ist es, Spitzenleistungen in puncto Sicherheit und Steifigkeit bei möglichst geringem Gewicht zu realisieren. Moderne Berechnungsverfahren auf Basis der Finite-Elemente-Methode und hochfeste Stahlsorten, die bei geringer Materialstärke eine sehr hohe Festigkeit bieten, lösen diesen Zielkonflikt nur teilweise. Zusätzlich ist ein durchdachtes Materialkonzept erforderlich: „Der richtige Werkstoff am richtigen Ort" lautet das Prinzip von Mercedes-Benz. Leichtbaumaterialien wie Aluminium, Magnesium und Kunststoff setzen die Fachleute der Automarke stets zielorientiert ein – dort, wo sie die größten Vorteile bieten. Übertragen auf den SL-Sportwagen sieht die Werkstoff-Philosophie zum Beispiel so aus:

- **Aluminium** für Motorhaube, vordere Kotflügel, Türen, Kofferraumdeckel, Tanktrennwand sowie für die vorderen Crashboxen und den massiven Biegequerträger im Heck.
- **Magnesium** für die Innenschalen der Türen.
- **Kunststoff** (Thermoplaste) unter anderem für die Stoßfänger, die Unterbodenverkleidung und – erstmals – für die komplette Tankmulde mitsamt der Tankklappe.
- **Glasfaserverstärkter SMC-Kunststoff** (Sheet Molding Compound) für die Kennzeichenblende am Kofferraumdeckel.

Auch bei der E-Klasse spielt der Leichtbau-Werkstoff Aluminium neben hochfestem Stahl eine wichtige Rolle. Motorhaube, vordere Kotflügel, Kofferraumdeckel, Frontmodul mit Frontmodulträger, Heckmodul, Hutablage und die Rückwand hinter der Fondsitzlehne (bei Modellen mit einteiliger Sitzanlage) bestehen bei der Limousine aus Aluminium. Alle anderen Komponenten der Rohbaukarosserie werden aus Stahlblech gefertigt, wobei der Gewichtsanteil hochfester Sorten von rund 20 Prozent beim Vorgängermodell auf etwa 37 Prozent stieg.

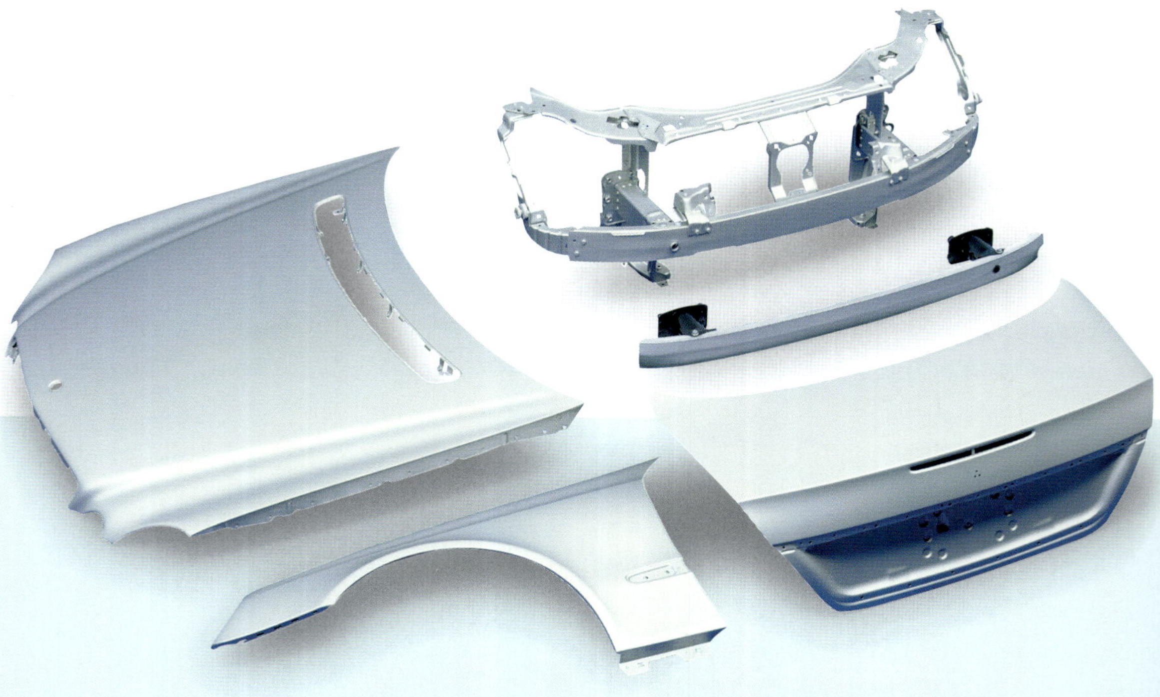

Gezielter Leichtbau: Vordere Kotflügel, Motorhaube, Kofferraumdeckel sowie Heck- und Frontmodul der E-Klasse bestehen aus Aluminium.

DIE LEICHTBAUWERKSTOFFE IN DEN MERCEDES-PERSONENWAGEN

- **Stahl:** Der traditionelle Automobilwerkstoff bietet durch den gezielten Einsatz hochfester Stahllegierungen, die bei geringerem Materialeinsatz eine sehr gute Festigkeit bieten, ein gutes Leichtbau-Potenzial.
- **Aluminium:** Mit einem spezifischen Gewicht, das rund 65 Prozent geringer ist als das von Stahl (2,7 zu 7,9), eignet sich Aluminium vor allem zur Herstellung von Anbauteilen wie Türen, Motorhaube oder Kofferraumdeckel.
- **Magnesium:** Dieses Metall ist mit einem spezifischen Gewicht von 1,75 nicht nur noch leichter als Aluminium, es lässt sich dank des Dünnwand-Druckgusses für bestimmte Einsatzzwecke auch sehr gut verarbeiten.
- **Kunststoff:** Mit einem spezifischen Gewicht von 1,1 ist er der leichteste Automobilwerkstoff. Bei der A-Klasse bestehen zum Beispiel Kotflügel und Heckklappe aus Kunststoff. Beide Teile sind bis zu 25 Prozent leichter als vergleichbare Karosserie-Komponenten aus Stahl.
- **Carbonfaser:** Beim neuen Hochleistungs-Sportwagen SLR setzt Mercedes-Benz erstmals kohlefaserverstärkten Kunststoff (CFK) ein und stellt daraus die Karosserie samt Frontstruktur her. Bauteile aus Carbonfaser wiegen bei gleichen Festigkeitswerten bis zu 50 Prozent weniger als vergleichbare Stahlteile und sind um bis zu 30 Prozent leichter als Aluminiumkomponenten.

Moderner Verbund:
Aluminium, Magnesium und hochfeste Stahllegierungen zeichnen die Leichtbaukarosserie der SL-Klasse aus.

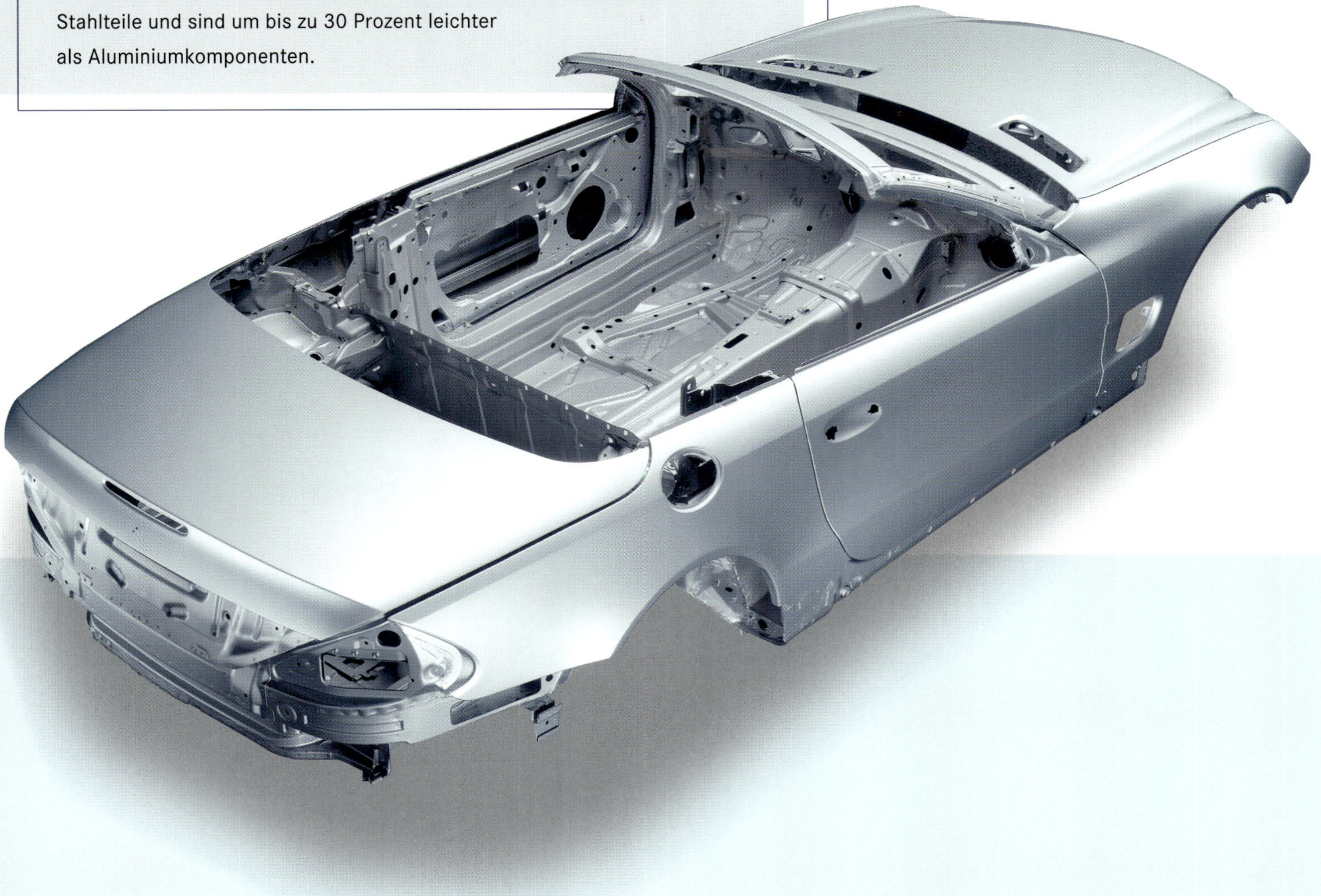

Leuchtende Beispiele

Neueste Spitzentechnologie aus den Lichtlabors macht Nachtfahrten immer sicherer und komfortabler. Die bisherigen Reflexionsscheinwerfer für das Abblendlicht ersetzen die Mercedes-Ingenieure bei neuen Modellen zunehmend durch ein Projektionssystem, bei dem eine Linsenoptik für die Lichtverteilung zuständig ist. Hinter Kunststoffstreuscheiben in Klarglasoptik arbeiten meist serienmäßig H7-Halogenlampen fürs Abblendlicht; auf Wunsch liefert Mercedes-Benz lichtstarke Bi-Xenon-Scheinwerfer.

Die Abkehr vom bisherigen Reflektorsystem hat nicht nur stilistische Gründe. Zwar beansprucht der Projektionsscheinwerfer einen kleineren Bauraum in der Frontpartie als die bisherigen Reflektoren und bietet den Designern damit mehr Gestaltungsmöglichkeiten, doch ebenso entscheidend war der sichtbare Fortschritt in puncto Lichtausbeute. Beispiel E-Klasse:

- In der Halogen-Ausführung bieten die Scheinwerfer eine breitere und gleichmäßigere Ausleuchtung der Fahrbahn und zeichnen sich überdies durch eine größere Reichweite von etwa 140 Metern aus. Die Lichtausbeute gegenüber herkömmlichen Reflexionsscheinwerfern ist damit um rund zehn Prozent größer. Für das Fernlicht sind die kleineren, inneren Scheinwerfer zuständig; hier setzt Mercedes-Benz ebenfalls H7-Glühlampen ein.
- In der Variante mit Bi-Xenon-Gasentladungslampen ist die Lichtausbeute gegenüber Halogen-Reflexionsscheinwerfern sogar um 50 Prozent größer. Bi-Xenon bedeutet, dass für Fern- und Abblendlicht nur eine Lampe erforderlich ist. Während beim Fernlicht der gesamte Lichtstrom genutzt wird, schiebt sich beim Umschalten auf Abblendlicht eine Blende zwischen Lampe und Linsenoptik, die einen Teil des Lichtbündels abdeckt. Beim Bi-Xenon-Fernlicht tritt zusätzlich auch der H7-Spot der inneren Scheinwerfer des Vier-Augen-Gesichts in Aktion. Eine dynamische Leuchtweitenregulierung, die den Neigungswinkel der Lichtbündel automatisch an die jeweilige Karosserielage anpasst und auch kurzzeitige Nickbewegungen beim Bremsen oder Beschleunigen kompensiert, gehört ebenfalls zum Bi-Xenon-Ausstattungspaket.

Ob Halogen oder Bi-Xenon – in beiden Fällen sorgt bei vielen Mercedes-Modellen der Fahrlicht-Assistent dafür, dass sich die Beleuchtungsanlage bei Dunkelheit oder bei Einfahrt in einen Tunnel automatisch einschaltet. Der Lichtsensor an der Frontscheibe erkennt auch, wenn Regen oder Schneefall die Sicht beeinträchtigen und schaltet selbsttätig Abblendlicht, Schlusslicht und Kennzeichenbeleuchtung ein.

Blick in die Kurve: Gegenüber herkömmlichen Scheinwerfern (Bild ganz oben) sorgt das aktive Kurvenlicht (Bild oben) für eine deutlich bessere Fahrbahnausleuchtung.

Blick in die Vergangenheit: Das aktive Kurvenlicht markiert den vorläufigen Höhepunkt einer langen Entwicklungsgeschichte des Autoscheinwerfers, die 1886 mit dem Kerzenlicht am ersten Daimler-Motorwagen begann.

Aktives Kurvenlicht für mehr Fahrsicherheit

In der E-Klasse ist auf Wunsch eine weitere lichttechnische Innovation lieferbar, die Nachtfahrten noch sicherer macht: das aktive Kurvenlicht. Eine gemeinsam mit der Firma Hella entwickelte Technik ermöglicht es, dass die Scheinwerfer den Lenkbewegungen des Autofahrers folgen und sekundenschnell zur Seite schwenken, wenn er eine Kurve ansteuert. Dadurch verbessert sich die Fahrbahnausleuchtung um bis zu 90 Prozent: Beträgt der vom Abblendlicht ausgeleuchtete Bereich bei Einfahrt in eine Kurve mit 190 Metern Radius normalerweise rund 30 Meter, so verlängert er sich dank des aktiven Kurvenlichts um weitere 25 Meter. Weil die Lichtverteilung dem jeweiligen Lenkwinkel entspricht, erkennt der Autofahrer beim Einlenken den Kurvenverlauf frühzeitig und kann seine Fahrweise dementsprechend anpassen. Das Kurvenlicht arbeitet sowohl in der Abblend- als auch in der Fernlichtfunktion und passt sich kontinuierlich der jeweiligen Fahrgeschwindigkeit an.

Mehr Licht beim Abbiegen

In Verbindung mit Bi-Xenon-Scheinwerfern bietet Mercedes-Benz in einigen Modellen auf Wunsch ein neues Abbiegelicht. Es leuchtet den Bereich seitlich neben und vor dem Fahrzeug aus. Vorteil: Fußgänger und Radfahrer neben dem Fahrzeug sind dadurch bei Dunkelheit besser zu erkennen. Auch bei langsamer Kurvenfahrt kann sich der Fahrer dank des Abbiegelichts besser orientieren.

Wenn die Bi-Xenon-Scheinwerfer leuchten, schaltet sich das Abbiegelicht bis zur gesetzlich erlaubten Höchstgeschwindigkeit von 40 km/h automatisch ein, sobald der Fahrer den Blinker betätigt oder das Lenkrad einschlägt. Dabei leuchtet das Abbiegelicht den Bereich seitlich vor dem Fahrzeug bis zu 65 Grad und etwa 30 Meter weit aus und macht so Fahrbahnbereiche sichtbar, die mit konventioneller Scheinwerfertechnik beim Abbiegen im Dunkeln bleiben. Für die unterschiedlichen Fahrsituationen stellt die elektronische Steuerung stets die richtige Abbiegelicht-Funktion zur Verfügung:

- **Kreuzungen** werden je nach Blinker- und Lenkradstellung sowie der Geschwindigkeit weitwinklig ausgeleuchtet.
- Im **Kreisverkehr** orientiert sich das Abbiegelicht an der Einstellung des Blinkers.
- Beim **Rückwärtsfahren** richtet sich die Steuerelektronik nach dem jeweiligen Lenkwinkel, dreht dabei aber automatisch die Schaltlogik um: Beim Rechtseinschlag aktiviert sie das linke Abbiegelicht und umgekehrt, um den Schwenkbereich neben dem Fahrzeug auszuleuchten.

Blick zur Seite:
Das Abbiegelicht schaltet sich automatisch ein, wenn der Autofahrer den Blinker betätigt.

Design für die Umwelt

Mit seinem Leitbild zur Nachhaltigkeit bekennt sich DaimlerChrysler zur „Verantwortung für die Schonung der Ressourcen unseres Planeten und die Bewahrung einer intakten Umwelt". Die Pkw-Entwicklung setzt dieses Prinzip konsequent in die Praxis um. Die Fachleute des Bereichs „Umweltgerechte Produktentwicklung" im Mercedes-Benz Technology Center (MTC) in Sindelfingen begleiten den Entstehungsprozess neuer Modelle von Anfang an und analysieren – zum Beispiel bei der Auswahl von Werkstoffen – den gesamten Lebensweg des Fahrzeugs von der Rohstoffgewinnung über die Produktion bis zur späteren Altauto-Verwertung.

„Design for Environment" (Gestaltung für die Umwelt) lautet das Leitbild dieser ganzheitlichen Betrachtungsweise. Dieses Prinzip beginnt bereits bei der Werkstoffauswahl: Für neue Personenwagen der Stuttgarter Automarke kommen nur Materialien in Frage, die sich durch geringen Ressourcenverbrauch, hervorragende Recycling-Eigenschaften sowie minimalen Energiebedarf und geringe Emissionen bei Herstellung, Verarbeitung und Nutzung auszeichnen. Auf dieser Basis entspricht zum Beispiel die neue A-Klasse der ab 2006 europaweit vorgeschriebenen Recycling-Quote von 85 Prozent und wird auch die ab dem Jahre 2015 vorgesehene Verwertungspflicht von 95 Prozent – bei höchstens zehn Prozent energetischer Verwertung – erfüllen. Der neue Mercedes-Kompaktwagen besteht überwiegend aus Werkstoffen, für die Recycling-Verfahren entwickelt und erprobt sind:

- **Stahl- und Eisen-Werkstoffe:** 65,7 Prozent
- **Kunststoffe:** 17,7 Prozent
- **Bunt- und Leichtmetalle:** 7,8 Prozent

Im Sinne der Ressourcenschonung gibt Mercedes-Benz – wo immer möglich – hochwertigen Sekundärrohstoffen den Vorrang. Beim Einsatz von Kunststoff-Rezyklaten haben die Fachleute viele gute Erfahrungen gesammelt und setzen sich dafür ein, dass Kunststoffe aus Altfahrzeugen oder ausrangierten Automobilteilen wieder in den ursprünglichen Produktionskreislauf zurückkommen. Bei der neuen A-Klasse können insgesamt 54 Bauteile mit einem Gesamtgewicht von 34 Kilogramm anteilig aus hochwertigen rezyklierten Kunststoffen hergestellt werden – das entspricht 21 Prozent aller eingesetzten Kunststoffbauteile. Damit steigt die Anzahl der freigegebenen Rezyklat-Komponenten gegenüber dem Vorgängermodell um mehr als das Dreifache.

In anderen Mercedes-Modellreihen beträgt das Gewicht der Kunststoffteile, die aus Recycling-Material hergestellt werden können, zwischen 12 und 30 Kilogramm. Insgesamt können auf diese Weise in den deutschen Werken der Stuttgarter Auto-

Zweites Leben:
Zahlreiche Kunststoffkomponenten der A-Klasse können aus Recycling-Material hergestellt werden.

Natürlicher Adsorber: Der Aktivkohlefilter zur Tankentlüftung besteht aus Olivenkoks.

marke jährlich über eine Million Automobilteile mit einem Gesamtgewicht von knapp 23 000 Tonnen aus Rezyklat-Kunststoffen eingesetzt werden.

Recyclingfähige Bauteile finden sich in allen Bereichen der Karosserie – von der Unterbodenverkleidung bis zum Kabelkanal, vom Geräuschabsorber bis zum Stoßfänger und der Radlaufverkleidung.

Die Natur als Werkstofflieferant

Die Entwicklung und Produktion von Automobilteilen aus nachwachsenden Rohstoffen ist ein weiterer Aspekt der Ressourcenschonung und der Mercedes-Philosophie „Design for Environment". Mercedes-Benz betrachtet den Einsatz von Naturmaterialien als wichtigen Beitrag zur Verminderung der Kohlendioxid-Emissionen. Denn nachwachsende Rohstoffe helfen, den Verbrauch traditioneller Energieressourcen wie Kohle oder Erdöl zu verringern.

In der A-Klasse werden 26 Bauteile mit einem Gesamtgewicht von 23 Kilogramm unter Verwendung von Naturmaterialien hergestellt. Das Gesamtgewicht der Komponenten aus nachwachsenden Rohstoffen erhöht sich somit gegenüber dem Vorgängermodell um rund 98 Prozent. Ein Beispiel für die Verwendung von Naturrohstoffen im Automobilbau sind Verkleidungen der vorderen Sitzlehnen des Kompaktwagens: Sie bestehen aus einer Kombination von Kunststoff und Flachsfasern. Zur Tankentlüftung greifen die Mercedes-Ingenieure ebenfalls auf einen Rohstoff aus der Natur zurück: Als Aktivkohlefilter dient Olivenkoks. Das offenporige Material adsorbiert die Kohlenwasserstoff-Emissionen und regeneriert sich von selbst.

In der E-Klasse bestehen 50 Bauteile mit einem Gesamtgewicht von 31,4 Kilogramm aus nachwachsenden Rohstoffen. Damit hat sich die Anzahl der aus Naturmaterialien hergestellten Komponenten in dieser Modellreihe gegenüber dem Vorgängermodell fast verdoppelt. Wolle, Baumwolle, Flachs, Hanf, Sisal, Kokos und andere Naturfasern sind die Werkstoffe, aus denen Automobilteile hergestellt werden:

- **Flachs, Sisal** und **Hanf** werden zur Herstellung der Türinnenverkleidungen, der Hutablage und der Abdeckungen an der Fahrersitzlehne verwendet.
- **Kokosfasern** und ein Gemisch aus Naturkautschuk finden in Sitzlehnen und Sitzpolstern Verwendung.
- **Wolle** und **Baumwolle** dienen zur Herstellung von Bezugsmaterialien für Sitze, Kopfstützen und andere Bauteile.
- **Reißbaumwolle** und ein Rezyklat-Kunststoff bewähren sich in der E-Klasse als Werkstoffe der Kofferraumverkleidung.

Neueste Untersuchungen der Werkstoff-Forschung von DaimlerChrysler zeigen, dass sich Naturfasern auch hervorragend im Materialverbund bewähren und dank ihrer vorbildlichen Biege- und Zugfestigkeit künftig auch Glasfasern zur Verstärkung von Kunststoffteilen im Außeneinsatz von Autokarosserien ersetzen können. Gegenüber Glasfasern zeichnen sich Naturfasern durch geringeres Gewicht und einfache Verarbeitungsmöglichkeiten aus. Gute Chancen haben zum Beispiel die elastischen und extrem zugfesten Fasern der Abaca-Pflanze, die auf den Philippinen wächst. Sie werden gegenwärtig für den Einsatz bei der Herstellung eines Teils der Unterbodenverkleidung der neuen A-Klasse getestet. Abaca-Fasern gelten als die stärksten und längsten Naturfasern der Welt.

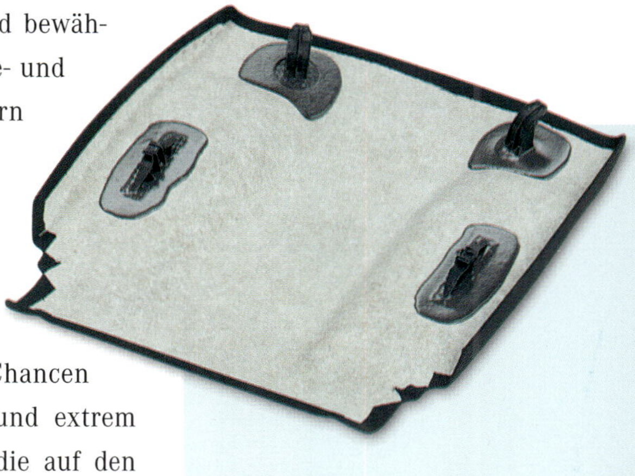

Starke Fasern:
Bei einem Teil der Unterbodenverkleidung sollen erstmals Abaca-Fasern zum Einsatz kommen.

Technik, die den Geldbeutel schont

Modultechnik:
Der stabile Querträger im Heck und die Crash-Boxen (Pfeil) des Frontmoduls lassen sich nach einem Unfall kostengünstig auswechseln.

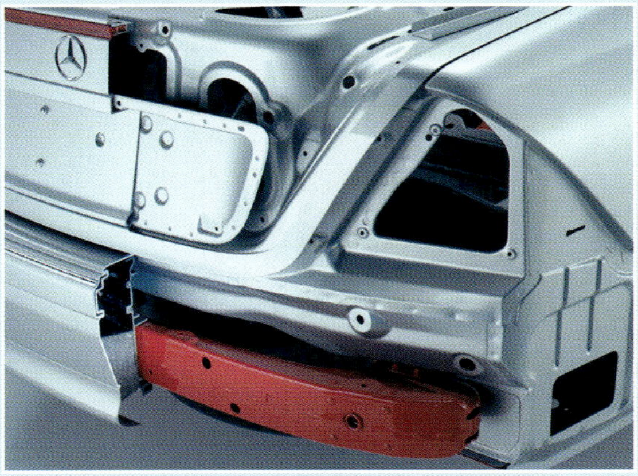

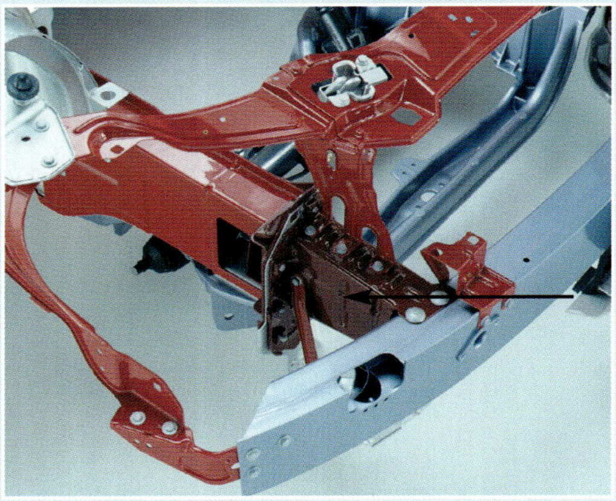

Zur **Crash-Struktur** (▶ Seite 60) der modernen Mercedes-Personenwagen gehört ein Frontmodul mit Crash-Boxen aus Aluminium oder hochfestem Stahl, das durch Schrauben mit der übrigen Karosserie verbunden ist und sich deshalb nach einem Unfall schnell und kostengünstig auswechseln lässt. Auch die einzelnen Bauteile innerhalb des Moduls sind durch Schrauben miteinander verbunden.

Das Frontmodul setzt sich im Wesentlichen aus einem stabilen Querträger zusammen, der nicht nur zur Befestigung des Stoßfängers dient, sondern überdies beim Offset-Frontaufprall eine wichtige Aufgabe übernimmt: Er leitet die Kräfte auf die nicht belastete Seite um und trägt damit maßgeblich zum Abbau der Aufprallenergie bei. Zwei Crash-Boxen stellen die Verbindung zu den vorderen Längsträgern der Karosserie her und nehmen bei Frontalkollisionen bis 15 km/h einen Großteil der Stoßenergie auf. Die nachfolgende Trägerstruktur bleibt dadurch unbeschädigt.

Auch im Heckbereich bewährt sich diese Technik. Das Heckmodul der E-Klasse besteht beispielsweise aus einem hochfesten Aluminium-Biegeträger, der durch zwei stählerne Crash-Boxen mit der Karosseriestruktur verbunden ist. Auch hier ermöglichen Schraubverbindungen einen schnellen und damit kostengünstigen Austausch beschädigter Bauteile.

Die Kunststoff-Stoßfänger leisten einen weiteren Beitrag zur Kostensenkung. Ihre Schaumblöcke (vorn) aus energieabsorbierendem Polypropylen-**Kunststoff** (▶ Seite 42) verformen sich bei einem Aufprall, absorbieren dabei bis zu einer Crash-Geschwindigkeit von maximal vier km/h die gesamte Aufprallenergie und nehmen nach einer solchen Kollision wieder selbsttätig ihre ursprüngliche Form an. So bleiben die nachgeordneten Blechteile unbeschädigt.

Innovation im Vorbau

Das Sandwich-Konzept macht die Mercedes-Benz A-Klasse buchstäblich zu einem überragenden Ereignis auf unseren Straßen. Durch die Platz sparende und crashsichere Unterbringung von Motor, Getriebe und Achsen, teils vor, teils unter der Fahrgastzelle, rücken die Passagiere eine Etage nach oben und sitzen rund 20 Zentimeter höher als in herkömmlichen Personenwagen.

Das ist jedoch nicht der einzige Vorteil, den das Sandwich-Konzept bietet. Mercedes-Ingenieure haben es erfunden, um das prinzipbedingte Sicherheitsmanko kompakter Automobile in der Größenklasse der A-Klasse zu kompensieren. Solche Fahrzeuge haben nur kurze Vorbaulängen und damit beim Crash auch nur begrenzte Möglichkeiten zur Deformation.

Im Vordergrund der A-Klasse-Entwicklung stand deshalb die Aufgabe, die kurze Knautschzone beim Frontalcrash in vollem Umfang zu nutzen und alle Komponenten aus dem Weg zu räumen, die den Verformungsvorgang beeinträchtigen. Gemeint sind hier im wesentlichen Motor und Getriebe. Sie leisten aufgrund ihrer starren Struktur praktisch keine Deformationsarbeit und können sich bei herkömmlichen Kompaktwagen als Block nach hinten verschieben, in die Fahrgastzelle eindringen und die Passagiere verletzen.

Das Sandwich-Konzept reduziert dieses Risiko: Motor und Getriebe der A-Klasse sind teils vor, teils unter dem Passagierraum in Schräglage angeordnet und können bei einem schweren Frontalaufprall nach unten wegtauchen. Deshalb steht im Vorbau der A-Klasse die größtmögliche Verformungslänge zur Verfügung. Ohne dieses „Ausweichmanöver" und das gezielte Wegtauchen der Antriebseinheit aus dem Deformationsbereich müsste der Vorbau der A-Klasse deutlich länger sein, um das gleiche hohe Maß an Insassensicherheit zu bieten.

Auch beim Seitenaufprall bietet das Sandwich-Konzept aufgrund der höheren Sitzposition der Insassen Sicherheitsvorteile.

Prinzip:
Anders als bei herkömmlichen Kompaktwagen (ganz oben) tauchen bei der A-Klasse Motor und Getriebe beim Frontalaufprall nach unten weg (oben).

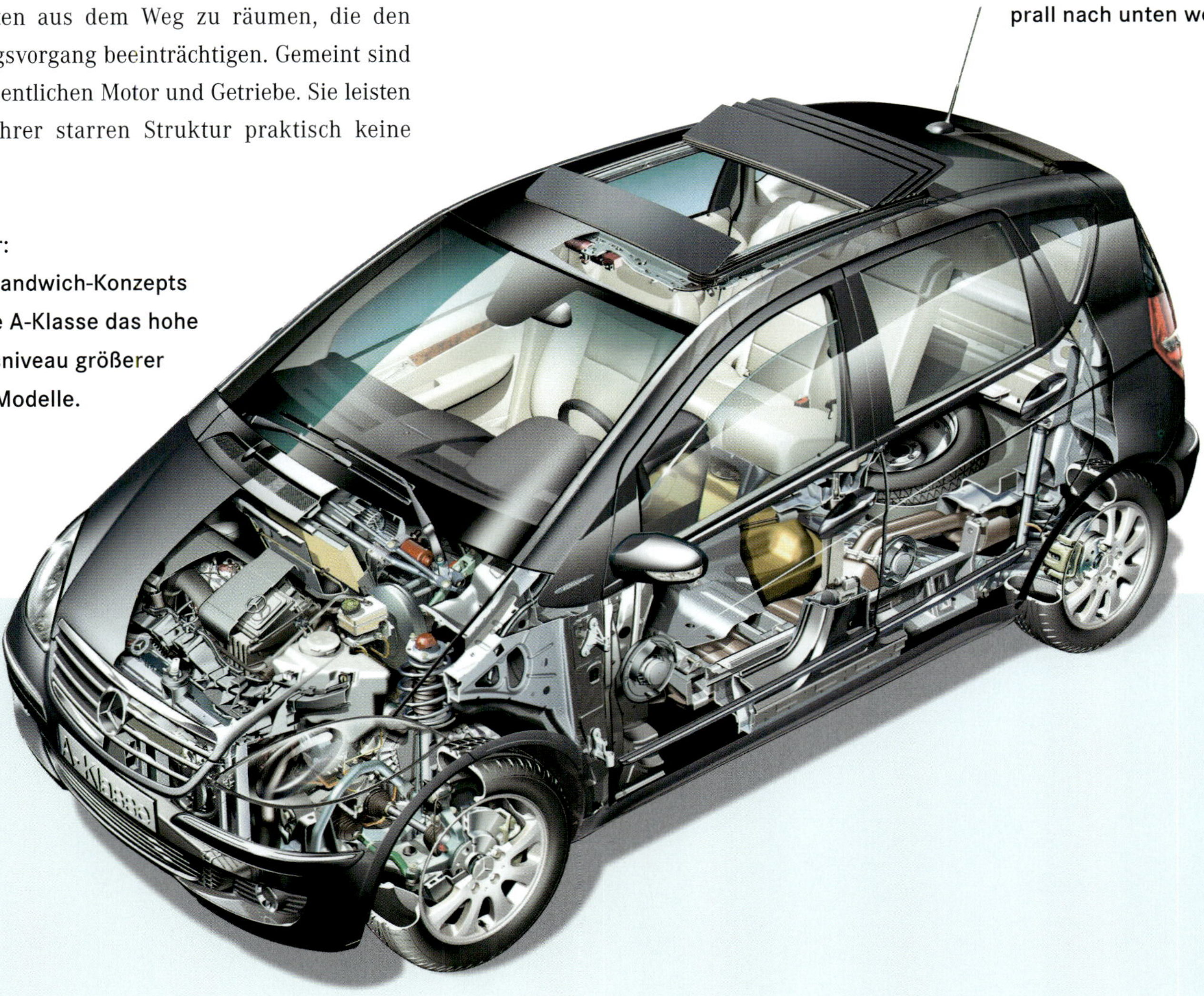

Trendsetter:
Dank des Sandwich-Konzepts erreicht die A-Klasse das hohe Sicherheitsniveau größerer Mercedes-Modelle.

Hightech aus dem Windkanal

Die Wischerblätter der modernen Mercedes-Modelle wurden im Windkanal entwickelt und tragen deshalb die Bezeichnung „Aero-Wischer“. Anstelle des gelenkigen Bügelsystems herkömmlicher Wischerblätter, an deren Krallen das Wischergummi eingehängt wird, besteht der Aero-Wischer aus einem einteiligen Gummiprofil mit integriertem Spoiler und außen angeordneten Federschienen; sie werden exakt an die Wölbung der Frontscheibe angepasst. Die Verbindung zum Wischerarm stellt ein spezieller Adapter her, der die Federschienen in ihrer Position hält und zugleich eine sichere Montage des Wischerblatts gewährleistet.

Durch den Verzicht auf das bisherige Bügelsystem reduziert sich die Bauhöhe des Wischblatts fast um die Hälfte, was sich bei eingeschaltetem Scheibenwischer durch stark verminderte Windgeräusche bemerkbar macht. Entscheidend ist jedoch die deutlich verbesserte Wischqualität – vor allem bei Autobahn-Tempo. Die Federschienen im Gummiprofil sorgen nämlich für eine gleichmäßige Verteilung des Anpressdrucks über die gesamte Länge des Wischerblatts, sodass es stets mit größtmöglicher Auflagekraft arbeitet. Dank einer Tipp-Funktion am Kombihebel für Scheibenwischer, Lichthupe und Blinker lässt sich der Scheibenwischer schnell aktivieren, sodass die Scheibe einmal ohne Wasserzufuhr gereinigt wird.

In der Schaltung „Intervall-Wischen“ übernimmt der elektronische Regensensor an der Frontscheibe die Regie und steuert die Wischertätigkeit automatisch je nach Regen-Intensität. Der Sensor besteht aus einem opto-elektronischen Messsystem, dessen Dioden einen unsichtbaren Lichtstrahl gegen die Frontscheibe senden, der je nach Stärke des Regens mit unterschiedlicher Stärke reflektiert wird. Prasselt beispielsweise ein heftiger Platzregen auf die Scheibe, schaltet das System automatisch von Intervall- auf Dauerwischen um. Fallen dagegen nur ein paar vereinzelte Regentropfen vom Himmel, steuert die Elektronik die Wischertätigkeit so, dass die Frontscheibe stets optimal gereinigt wird.

Überdies passt sich die Sensorik an die Lichtverhältnisse an und berücksichtigt auf diese Weise bei Dunkelheit die größere Empfindlichkeit des menschlichen Auges auf Reflexionen. Dank Regensensor entfällt das manuelle Umschalten der Scheibenwischer-Geschwindigkeit und der Autofahrer kann sich noch besser auf das Verkehrsgeschehen konzentrieren.

Künstliche Wetterküche: Scheibenwischer-Erprobung bei starkem Schneefall im Klima-Windkanal Wien.

SCHIEBEDACH

Viel Licht, viel Luft, viel Fahrspaß

Viel Licht und viel Luft bietet Mercedes-Benz seinen Kunden in der C- und E-Klasse durch ein auf Wunsch lieferbares Panorama-Schiebedach. Es zeichnet sich im Vergleich zum Schiebe-Hebedach durch eine doppelt so große Glasfläche (E-Klasse) aus. Für den Panorama-Effekt sorgt eine fast durchgehende Glasoptik, die von der Frontscheibe bis zur Heckscheibe reicht. Auf Knopfdruck fährt der vordere Teil des Daches langsam nach hinten, während sich vorn eine gläserne Lamelle aufstellt und als Windabweiser dient.

So bietet das Panorama-Schiebedach den Passagieren ein einmaliges Open-Air-Erlebnis. Noch besser: Weil es sich außerhalb der Karosserie bewegt, schränkt es die Kopffreiheit der Insassen nicht ein. Ebenso wie beim Schiebe-Hebedach ist auch eine Hubstellung der beweglichen Dachhälfte möglich. Der elektronische Tür- und Zündschlüssel des **ELCODE-Systems** (▶ Seite 105), der auch die Zentralverriegelung steuert und die Wegfahrsperre aktiviert, perfektioniert die Bedienung des Panorama-Schiebedachs – vor allem im Sommer. Denn bei einem längeren Druck auf die Taste der Fernbedienung öffnen sich Dach und Seitenscheiben automatisch, sodass der Innenraum bereits vor der Fahrt belüftet werden kann.

Die 18-prozentige Lichttransmission des grün getönten **Glases** (▶Seite 38) schützt die Insassen wirksam vor der **Ultraviolett-Strahlung** (UV) (▶ Seite 38) des Sonnenlichts. Bei Messungen stellten die Mercedes-Ingenieure eine 100-prozentige Kompensation des UV-B- und UV-C-Lichts fest, während der UV-A-Anteil im Innenraum nur 2,2 Prozent betrug. Vollständigen Sonnenschutz bietet ein zweiteiliges, elektrisch betriebenes Rollo an den Innenseiten beider Glasflächen: Ein Rollo fährt auf Knopfdruck automatisch nach vorn und das andere nach hinten. Lässt der Autofahrer den Schalter an der Dachbedieneinheit los, stoppen die Rollos in jeder gewünschten Zwischenstellung und decken somit jeweils nur einen Teil der beweglichen und feststehenden Glasfläche ab.

Mehr Energie:
Solarzellen unter dem Glas des Panorama-Schiebedachs liefern den Strom für das Belüftungsgebläse.

Solarzellen als Energiequelle

In Verbindung mit dem Panorama-Schiebedach bietet Mercedes-Benz in der E-Klasse eine automatische Innenraumbelüftung an, die mittels Solarstrom mit Energie versorgt wird. Insgesamt drei Paneele mit je acht Silizium-Solarzellen, die unter dem Glas der vorderen Windabweiserlamelle und hinter der feststehenden Glasfläche angeordnet sind, wandeln das Sonnenlicht in elektrische Energie um. Sie reicht aus, um das Belüftungsgebläse der **Klimatisierungs-Automatik** (▶ Seite 84) anzutreiben. Ein Schalter ist dafür nicht notwendig – das Belüftungsgebläse schaltet sich bei abgestelltem Fahrzeug jederzeit automatisch ein, sobald die Sonnenlichtintensität groß genug ist und die Solarzellen genügend Energie liefern.

Der Effekt dieser Innenraumbelüftung ist deutlich spürbar: Bei Außentemperaturen zwischen 20 und 35 Grad Celsius kühlt das Gebläse den Innenraum in Kopfhöhe und die aufgeheizten Innenraumteile um rund zehn Grad Celsius ab.

Coupé und Roadster in einem

Intelligente Technik:
Das Variodach verschwindet vollständig im Kofferraum.

Mit dem Variodach, das 1996 im Roadster der SLK-Klasse Weltpremiere feierte, setzte Mercedes-Benz neue Trends für die Entwicklung offener Automobile. Das faltbare Hardtop macht den Zweisitzer auf Knopfdruck zu einem wetterfesten Ganzjahres-Auto mit der Alltagstauglichkeit und dem Geräuschkomfort eines Coupés.

Dieses innovative Dachkonzept hat Mercedes-Benz weiterentwickelt und technisch perfektioniert. In der SL-Klasse und im neuen SLK-Sportwagen öffnet und schließt sich das faltbare Hardtop noch schneller und zeichnet sich zudem durch ein Raum sparendes Konzept aus, das bei geöffnetem Dach deutlich mehr Kofferraumvolumen bietet – bei der SLK-Klasse immerhin 63 Liter mehr als beim Vorgängermodell. Auch die Stoppuhr macht die Weiterentwicklung deutlich. Nur 22 Sekunden dauert es, um die neue SLK-Klasse auf Knopfdruck von einem Coupé mit stabilem Dach in einen offenen Roadster zu verwandeln. Das sind drei Sekunden weniger als beim Vorgängermodell. Bei der SL-Klasse dauert die Verwandlung sogar nur 16 Sekunden.

Diesen großen Fortschritt ermöglicht eine neue, aufwändige Dachkonstruktion. Ihr Glanzstück ist eine drehbare Heckscheibe. Die Rotationsbewegung sorgt dafür, dass sich die Scheibe nach dem Öffnen eng in die gewölbte Fläche der Dachschale legt und so das Fassungsvermögen des Kofferraums weniger einschränkt als bisher. Zudem verhindert eine neue Gepäckraumabdeckung, dass Dachelemente beim Öffnen mit Gepäckstücken kollidieren können. Diese stabile Gepäckhaube ersetzt das Rollo des Vorgängermodells und ist über eine Viergelenk-Kinematik in Längsrichtung schwenkbar. Nur wenn diese Abdeckung geschlossen ist, lässt sich das Variodach öffnen. Um bei geschlossenem Dach das ganze Kofferraumvolumen zu nutzen, kann die Gepäckhaube mit einem einzigen Griff nach vorn geklappt werden.

Das Variodach der SLK-Klasse besteht im Wesentlichen aus drei Elementen, die durch einen intelligenten Schwenkmechanismus miteinander verbunden sind: dem zweischaligen Dach aus Stahl, den C-Säulen mit Innen- und Außenschale und der Heckscheibe aus drei Millimeter dickem, heizbaren Einscheiben-Sicherheitsglas. Die ausgeklügelte Mechanik sorgt dafür, dass alle Dachkomponenten nach dem Öffnen automatisch vollständig im oberen Bereich des Kofferraums abgelegt sind.

Um dies zu ermöglichen, ist der Heckdeckel in das System einbezogen. Dank eines Rohrrahmens und zusätzlicher Scharniere schwenkt er entweder herkömmlich in Fahrtrichtung, wenn Gepäck be- oder entladen werden soll. Oder er öffnet sich gegen die Fahrtrichtung, damit die Dachelemente verschwinden können. Zur raffinierten Kinematik des Variodachs gehören ebenfalls eine große, einteilige Hutablage sowie zwei Seitenklappen, welche die Bereiche zwischen Überrollbügel, Seitenwand und Heckdeckel sauber abschließen.

Höchste Funktionalität und Stabilität garantiert das Montagemodul des Variodachs, das im Wesentlichen aus einem mit der Rohbaustruktur verschraubten Aluminiumquerträger besteht. Er trägt die Schwenkmechanik für die rechte und die linke Seite, die beiden Überrollbügel und die Hydraulikeinheit.

Öffnen und schließen in fünf Phasen

Dies schafft die sichere Basis für ein Manöver, das jedes Mal wieder Begeisterung weckt: Drückt der Fahrer der SLK-Klasse den Schalter auf der Mittelkonsole oder aktiviert er die Fernbedienung der auf Wunsch erhältlichen Komfortschließanlage, so beginnt ein fünfphasiger Ablauf, dessen Choreografie als technisches Meisterstück gelten darf.

- **Phase 1:** Die Verschlüsse am Dachrahmen werden entriegelt.
- **Phase 2:** Der Kofferraumdeckel öffnet sich gegen die Fahrtrichtung und die Seitenscheiben im Fond werden abgesenkt. Die vorderen Seitenscheiben öffnen sich um einige Zentimeter.
- **Phase 3:** Das Dach öffnet sich. Die Heckscheibe rotiert gegenläufig zur Drehbewegung der C-Säulen um etwa 150 Grad. Gleichzeitig schwenkt die Hutablage nach oben.
- **Phase 4:** Dachelement, Heckscheibe und C-Säulen verschwinden im Kofferraum und werden dort so abgelegt, dass die gewölbten Flächen von Dach und Heckscheibe dicht aneinander liegen.
- **Phase 5:** Der Heckdeckel schließt sich, die Hutablage und die Seitenklappen fügen sich zu einer geschlossenen Fläche. Die vorderen Seitenscheiben werden wieder vollständig geschlossen.

Fünf Hydraulikzylinder sorgen für den reibungslosen Ablauf beim Öffnen und beim Schließen des Variodachs der SLK-Klasse. Zwei sind für den Dachantrieb zuständig, einer verriegelt das Dach zentral mit zwei Verschlüssen am Windschutzscheibenrahmen und zwei weitere übernehmen den Antrieb des Rohrrahmens. Die Mehrkolben-Hydraulikpumpe mit dem integrierten elektromagnetischen Ventil ist im Querträger hinter den Sitzen untergebracht. Sie baut einen Druck von 160 bar auf, so dass für alle Bewegungen in jeder Situation genügend Kraft zur Verfügung steht. Endschalter überwachen jeden Ablauf; eine Displayanzeige im Kombi-Instrument informiert den Autofahrer, wenn das Variodach vollständig geöffnet oder geschlossen ist.

Schneller Wechsel:
Nur 16 Sekunden dauert die Verwandlung vom Roadster zum Coupé – oder umgekehrt.

Vorausschauender Insassenschutz:
Bei einem drohenden Unfall verändert PRE-SAFE die Position des Beifahrersitzes, strafft die vorderen Gurte und optimiert den Neigungswinkel der hinteren Sitzkissen.

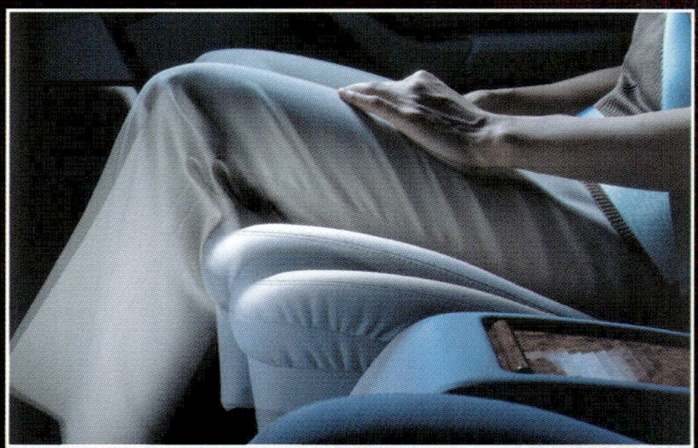

SICHERHEIT

Auto mit Reflexen

Unter dem Begriff PRE-SAFE hat Mercedes-Benz ein zukunftweisendes System vorgestellt, das einen möglichen Unfall bereits im Voraus erkennen kann und vorsorglich Schutzmaßnahmen für die Insassen aktiviert. So beginnt eine neue Ära der Pkw-Sicherheit.

Knautschzone, Airbag, Gurtstraffer, Sidebag, Gurtkraftbegrenzer, Windowbag – Meilensteine aus mehr als fünf Jahrzehnten intensiver und erfolgreicher Sicherheitsentwicklung bei Mercedes-Benz. Sternstunden der Automobiltechnik, die heute in keinem modernen Personenwagen mehr fehlen. Bahnbrechende Erfindungen, die tausenden Auto-Insassen das Leben retteten und vor schweren Unfallverletzungen bewahrten.

Dank dieser Systeme haben die Mercedes-Modelle in den vergangenen Jahren ein vorbildliches Sicherheitsniveau erreicht, das mit den bislang bekannten Schutzmaßnahmen kaum noch zu übertreffen ist; denn das Potenzial der passiven Sicherheitstechnik ist nach Ansicht von Fachleuten weitgehend ausgeschöpft. Um dennoch weitere Fortschritte bei der Insassensicherheit zu erzielen, bedarf es neuartiger Konzepte. Mercedes-Benz hat sie entwickelt: **PRE-SAFE** (▶ Seite 68) heißt das neue System für noch mehr Sicherheit. Es basiert auf dem Grundsatz der Prävention: PRE-SAFE kann einen drohenden Unfall im Voraus erkennen und tritt sofort in Aktion, um Insassen und Auto auf eine mögliche Kollision vorzubereiten:

- Die **Sicherheitsgurte** von Fahrer und Beifahrer werden vorsorglich gestrafft.
- Der **Beifahrersitz** kann bei ungünstiger Einstellung hinsichtlich seiner Längsposition sowie der Kissen- und Lehnenneigung in eine bessere Position gebracht werden.
- Bei den elektrisch einstellbaren **Einzelsitzen im Fond** kann der Neigungswinkel der Sitzkissen optimiert werden.
- Das **Schiebedach** wird automatisch geschlossen.

Damit folgen die Sindelfinger Ingenieure den Erkenntnissen der Mercedes-Unfallforschung, wonach über zwei Drittel aller Verkehrsunfälle kritische Fahrsituationen – Schleudern, Notbremsen oder plötzliches Ausweichen – vorausgehen, die bereits Rückschlüsse auf eine drohende Kollision erlauben. Diese wertvolle Zeit vor dem Crash, die bis zu einigen Sekunden dauern kann, blieb bisher für den passiven Insassenschutz ungenutzt – bewährte Schutzsysteme wie Gurt, Airbag oder Gurtstraffer treten erst beim Aufprall in Aktion. Demgegenüber kann PRE-SAFE unfallträchtige Gefahrenmomente rechtzeitig erkennen und nutzt die Zeit vor dem möglichen Unfall für vorbeugende Sicherheitsmaßnahmen.

INTEGRIERTE SICHERHEIT: DIE SIEBEN PHASEN DER MERCEDES-SICHERHEITSPHILOSOPHIE

Warnphase	Sensoren überwachen das Fahrverhalten. Bei Erreichen des fahrdynamischen Grenzbereichs leuchtet ein Warnsymbol auf.
Assistenzphase	**ABS, Brems-Assistent** und **ESP®** (▶ Seiten 144, 147 und 134) greifen in fahrdynamisch kritischen Situationen ein und unterstützen den Fahrer.
PRE-SAFE-Phase*	Sensoren erkennen eine erhöhte Unfallwahrscheinlichkeit. Zur Vorbereitung auf einen möglichen Unfall werden die **Gurtstraffer** (▶ Seite 62) aktiviert und Beifahrersitz sowie Fondeinzelsitze in optimale Positionen gebracht. Bei Schleudergefahr schließt sich zusätzlich das Schiebedach.
Bagatellunfall	Bei Unfällen bis 15 km/h absorbieren Stoßfänger und **Crash-Boxen** (▶ Seite 48) im Frontmodul die Aufprallenergie. Die Gurtautomatik wird blockiert. Sensoren überwachen die Unfallschwere und lösen die Airbags bei Bedarf aus.
Leichter Unfall	Bei einem leichten Aufprall nehmen stabile Träger der Karosseriestruktur Energie auf und verzweigen die Kräfte großflächig. Die Gurtstraffer und die **Front-Airbags** (▶ Seite 58) treten in Aktion. Je nach Unfallschwere entfalten sich die **Airbags** (▶ Seite 58) zunächst in einer ersten Stufe. **Window- und Sidebags** (▶ Seite 70) schützen beim Seitenaufprall. Die Kraftstoffzufuhr des Motors wird blockiert.
Schwerer Unfall	Bei stärkerer Insassengefährdung zünden die Front-Airbags in einer zweiten Stufe. Die **Gurtkraftbegrenzer** (▶ Seite 62) werden aktiviert.
Rettungsphase	Nach dem Unfall entriegeln sich die Türen automatisch. Die Warnblinkanlage schaltet sich ein.

*in der S-Klasse und künftig auch in der CLS-Klasse

Mit anderen Worten: Durch PRE-SAFE bekommt das Auto „Reflexe“. Ebenso wie jedes Lebewesen reflexartig auf eine plötzliche Gefahr reagiert und vorsorglich Schutz sucht, aktiviert auch die neuartige Sicherheitstechnik in kürzester Zeit spezielle Systeme, um das Verletzungsrisiko der Insassen zu verringern.

Testfahrt: Auch im Fahrsimulator wurde PRE-SAFE erprobt.

SENSOREN ZUR UNFALL-FRÜHERKENNUNG

Der präventive Schutz ist möglich, weil PRE-SAFE eine bislang einzigartige Synergie aus aktiver und passiver Sicherheit bildet: Es ist mit dem Anti-Blockier-System, dem Brems-Assistenten und ESP® vernetzt, deren Sensoren gefährliche Fahrmanöver erkennen und sekundenschnell entsprechende Informationen an die Steuergeräte der serienmäßigen Fahrsicherheitssysteme senden.

Dank der vorsorglichen PRE-SAFE-Schutzmaßnahmen befinden sich die Autoinsassen schon vor einem Unfall in einer besseren Sitzposition, sodass Sicherheitsgurte und Airbags wirksamer arbeiten können. PRE-SAFE soll die bewährten Rückhaltesysteme nicht ersetzen. Im Gegenteil: Das System ergänzt Front-Airbags, Gurtstraffer, Side- und Windowbags, die ihre volle Leistungsfähigkeit und Funktion behalten.

Wird der Unfall verhindert, lässt die präventive Straffung des Gurtbandes automatisch nach und die Passagiere können Sitze und Schiebedach in ihre Ausgangspositionen zurückstellen. Dank seiner reversiblen Konzeption ist der vorausschauende Insassenschutz nach jeder vorsorglichen Auslösung sofort wieder einsatzbereit.

Vorbild:
In der S-Klasse des Modelljahrgangs 2003 feierte PRE-SAFE Weltpremiere.

Zündung je nach Unfallschwere

Der Airbag feierte 1980 in einem Mercedes-Personenwagen Weltpremiere. Seitdem haben die Fachleute der Stuttgarter Automobilmarke dieses wirksame Schutzsystem kontinuierlich weiterentwickelt. Ein wichtiges Datum in der Airbag-Historie markiert das Jahr 1998, als Mercedes-Benz in der S-Klasse erstmals ein intelligentes Rückhaltesystem präsentierte, das sich der aktuellen Insassen- und Unfallsituation anpasst und somit einen noch wirksameren Insassenschutz bietet. Kernstück dieses adaptiven Schutzkonzepts war ein Airbag, der sich je nach Unfallschwere in zwei Stufen entfalten kann.

Durch den Einsatz zusätzlicher Crash-Sensoren wurde auch diese Technik weiterentwickelt. Sie erlauben eine frühzeitige Erkennung des jeweiligen Unfalltyps und neue Steuerungsalgorithmen ermöglichen eine noch bedarfsgerechtere Aktivierung der Airbags und der Gurtstraffer. Das Ziel dieser Maßnahmen war es, die Insassenbelastungen bei schweren Kollisionen noch weiter zu reduzieren und zugleich die Schutzfunktionen bei Unfällen im mittleren Geschwindigkeitsbereich zu optimieren. Zwei so genannte Upfront-Sensoren am Kühlerquerträger leisten für die situationsgerechte Steuerung der Rückhaltesysteme einen wichtigen Beitrag. Durch ihre exponierte Einbaulage in der Frontstruktur erkennen sie die Schwere des Aufpralls noch früher und präziser als der dritte Crash-Sensor auf dem Mitteltunnel. Die Front-Informationen nutzt das elektronische Steuergerät, um die Zeitspanne zwischen dem Aufprall und dem Auslösebeginn der **Gurtstraffer** (▶ Seite 62) weiter zu verkürzen und die Airbags für Fahrer und Beifahrer nicht nur früher, sondern auch situationsgerecht in zwei Stufen zu entfalten:

- **Stufe 1:** Bei einem leichten Frontalaufprall zündet die Elektronik nur eine Kammer der zweistufigen Airbag-Gasgeneratoren. Die Luftsäcke füllen sich deshalb mit geringerem Innendruck.
- **Stufe 2:** Erkennt das Steuergerät einen schweren Frontalaufprall, aktiviert es zusätzlich – etwa fünf bis 15 Millisekunden später – die zweiten Kammern der Gasgeneratoren. Dadurch füllen sich die Airbags mit höherem Druck und bieten den Insassen einen der Unfallschwere angepassten Schutz.

Front-Airbags: Entfaltung je nach Unfallschwere in zwei Stufen.

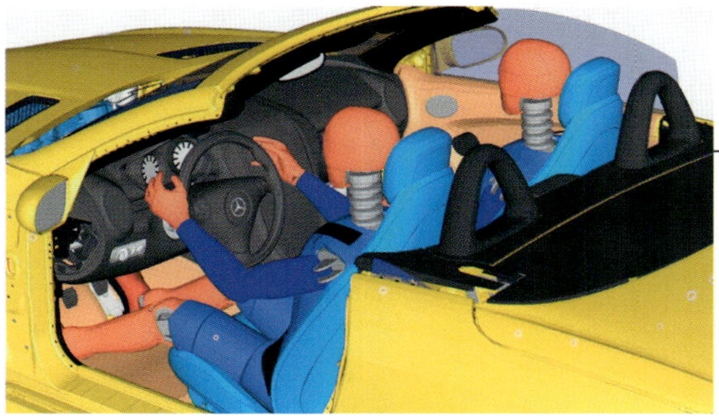

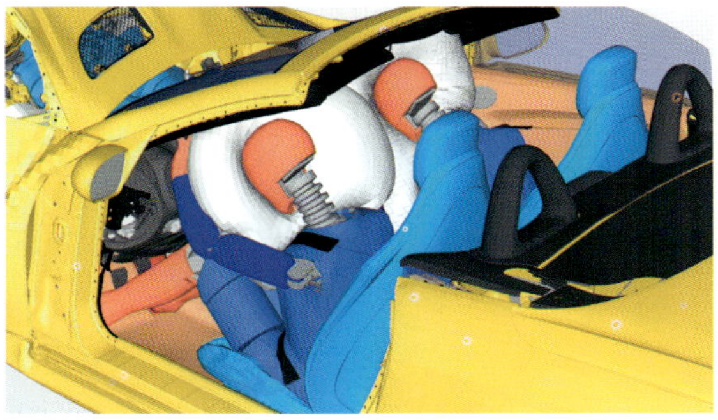

Berechnung: Wirklichkeitsgetreue Computersimulation eines Frontalaufpralls mit Auslösung der Airbags.

Präzises Zusammenspiel von Airbag und Gurtkraftbegrenzer

Auch das Zusammenspiel von Airbag und **Gurtkraftbegrenzer** (▶ Seite 62) wird durch neueste Technik perfektioniert. Die Gurtkraftbegrenzer moderner Mercedes-Personenwagen arbeiten adaptiv; die Kraftbegrenzung ist an den Verzögerungsverlauf angepasst. Im Klartext: Nach der Straffung des Gurtbandes in der frühen Aufprallphase liegt der Gurt zunächst eng am Insassen an. Die adaptive Kraftbegrenzung sorgt dafür, dass bei der Vorverlagerung zunächst eine höhere Rückhaltekraft eingestellt wird. Taucht der Insasse bei weiterer Vorverlagerung in den Airbag ein und wird durch das Luftpolster zusätzlich zurückgehalten, gibt das System gezielt Gurtband nach und verringert dadurch die Gurtkraft (siehe Grafik). So wird die Brustbelastung der Insassen auf einem gleichmäßig niedrigen Niveau gehalten.

Sensoren und Transponder für die Airbag-Steuerung

Zu dem adaptiven Rückhaltesystem moderner Mercedes-Personenwagen gehören auch Sensoren und Messsysteme, die automatisch erkennen, wie viele Passagiere an Bord sind und welche Sitzplätze sie besetzen. Dementsprechend werden die Airbags gesteuert:

- Eine Sensormatte im Sitzpolster des Beifahrersitzes deaktiviert Airbag, Sidebag und Gurtstraffer, wenn der rechte Vordersitz unbesetzt bleibt. Damit hilft die Technik, die Unfallkosten zu senken.
- Die automatische **Kindersitz**-Erkennung (▶ Seite 63) hat Mercedes-Benz für rückwärts gerichtete Kindersitze entwickelt, in denen Babys und Kleinkinder bis zum Alter von etwa 18 Monaten auf dem Beifahrersitz entgegen der Fahrtrichtung sitzen. Allerdings: Der Beifahrer-Airbag muss bei Montage eines Kindersitzes deaktiviert werden. Deshalb stattet Mercedes-Benz seine Personenwagen mit einer automatischen Kindersitz-Erkennung aus. Sie basiert auf einer im Beifahrersitz eingebauten Antenne, die Signale an den Kindersitz sendet. Zwei Drahtspulen im Kindersitz empfangen diese Signale, wandeln sie elektronisch um und leiten sie an eine Empfangsantenne im Fahrzeug weiter. Dadurch erhält die Airbag-Steuerelektronik die Information, dass ein Kindersitz installiert ist und deaktiviert den Beifahrer-Airbag. Dies ist insbesondere beim rückwärts gerichteten Einbau des Kindersitzes notwendig. Über diese Airbag-Deaktivierung informiert eine Kontrollleuchte.

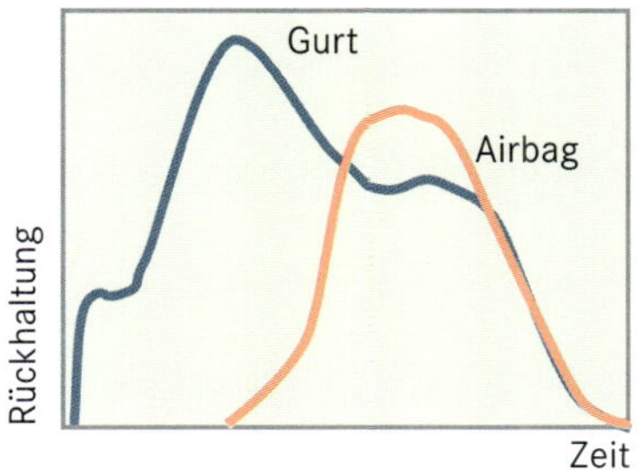

Zusammenspiel:
Die Rückhaltekraft des Sicherheitsgurtes lässt nach, wenn sich der Airbag voll entfaltet hat.

Aufprallschutz in drei Phasen

Große Verformungszonen im Frontbereich der Mercedes-Personenwagen ermöglichen beim Unfall einen guten Kraftfluss, sodass die Fahrgastzelle selbst bei schweren Kollisionen weitgehend unbeschädigt bleibt. Dieser Aufprallschutz basiert auf einem dreistufigen Konzept, das je nach Unfallschwere – sprich: Aufprallgeschwindigkeit – ganz oder nur teilweise in Aktion tritt. Beispiel E-Klasse:

- Bis etwa vier km/h Aufprallgeschwindigkeit absorbieren die Kunststoff-Stoßfänger mit ihren Schaumelementen die Aufprallenergie.
- Bis etwa 15 km/h Aufprallgeschwindigkeit nehmen der Aluminium-Querträger und die **Crash-Boxen** (▶ Seite 48) des Frontmoduls die Energie auf, sodass die nachgeordnete Trägerstruktur unbeschädigt bleibt. Dank reparaturfreundlicher Schraubverbindungen lassen sich die Elemente des Frontmoduls kostengünstig auswechseln.
- Auf schwere Frontalkollisionen mit mehr als 15 km/h Aufprallgeschwindigkeit ist die E-Klasse durch ein aufwändig konstruiertes Trägersystem vorbereitet. Dazu gehören unter anderem die stabilen Profilbleche oberhalb der Radkästen, die eine zweite Längsträgerebene bilden und vor allem beim Offset-Aufprall für eine wirksame Lastverteilung sorgen. Sie stützen sich an den A-Säulen ab. Die unteren Längsträger in der Frontstruktur zeichnen sich an ihren Innenseiten durch eine zusätzliche, dritte Schale aus. Sie leiten die Aufprallkräfte in den stabilen Stirnwandquerträger, der zusammen mit den Pedalbodenträgern für eine großflächige Energieverteilung sorgt.

Die Fahrgastzelle als „harter" Kern

Die Fahrgastzelle bezeichnen die Mercedes-Ingenieure zu Recht als „Sicherheitskäfig". Er ist auf alle Unfallarten abgestimmt und erweist sich als eine nahezu unverformbare Struktur, die den Passagieren selbst bei hohen Aufprallgeschwindigkeiten einen intakten Überlebensraum bietet. Die aufwändig konstruierte Bodenanlage ist das Rückgrat dieser „Schutzzone". Stabile Träger in Längs- und Querrichtung, biegesteife Streben, dreischalige A-, B- und C-Säulen sowie Rohrverstärkungen der B-Säule verleihen der Fahrgastzelle zusätzliche Stabilität.

Im Falle eines Heckaufpralls gilt nahezu das gleiche dreiphasige, geschwindigkeitsabhängige Sicherheitskonzept wie bei der Frontstruktur: Kunststoff-Stoßfänger (bis etwa vier km/h Crash-Geschwindigkeit), ein Aluminium-Biegequerträger im Heckmodul (bis etwa 15 km/h Aufpralltempo) und die massiven hinteren Längsträger der Rohbaukarosserie (bei mehr als 15 km/h Aufprallgeschwindigkeit) nehmen die Crash-Energie auf.

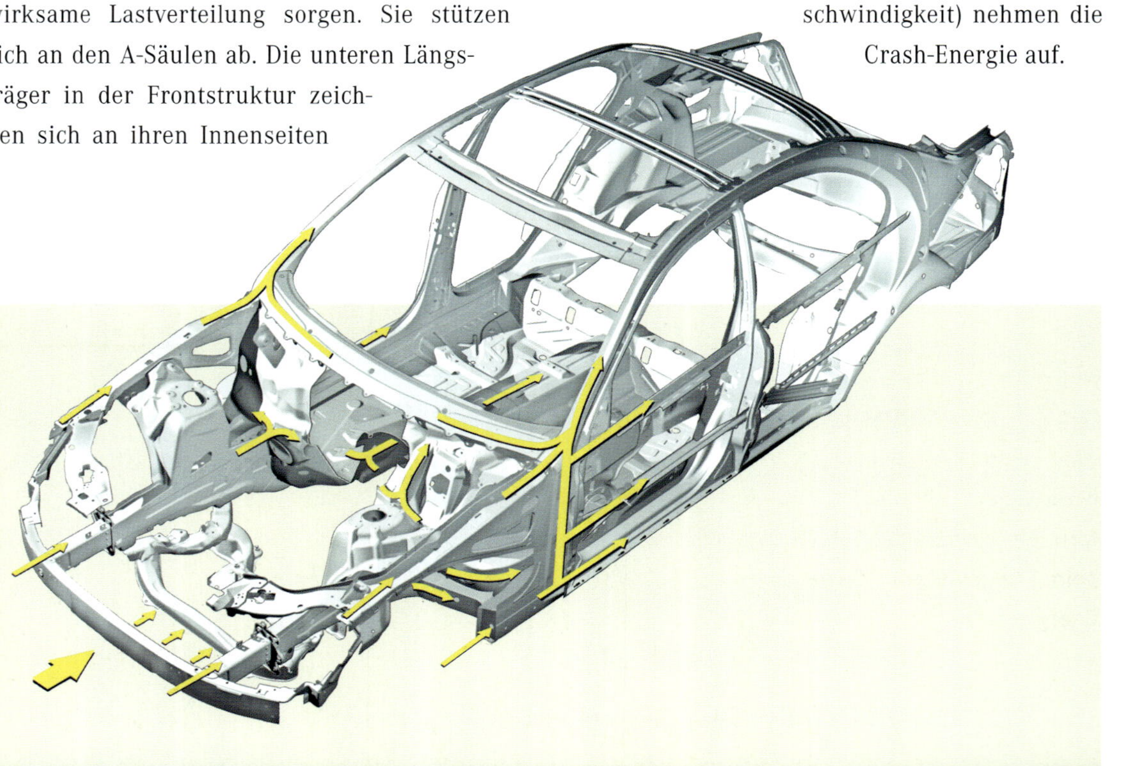

Bewährtes Prinzip:
Beim Frontal-Crash wird die Aufprallenergie über mehrere Lastpfade großflächig verzweigt. Die Fahrgastzelle bleibt dadurch weitgehend unbeschädigt.

Frontstruktur aus Carbonfasern

Eine sicherheitstechnische Besonderheit bietet der Hochleistungs-Sportwagen Mercedes-Benz SLR McLaren. Seine Karosserie – und damit auch die Crash-Struktur – besteht aus Kohlefaser-Verbundwerkstoff, den Fachleute auch mit dem Kürzel CFK beschreiben. Dieses Material aus der Luft- und Raumfahrttechnologie zeichnet sich durch vorbildliche Werte bei der Energieabsorption aus.

In der Frontstruktur der SLR-Karosserie beweist der innovative Faserverbund-Werkstoff seine sicherheitstechnischen Qualitäten besonders eindrucksvoll. Hier genügen zwei rund 620 Millimeter lange, kegelförmig gestaltete CFK-Elemente von nur je 3,4 Kilogramm Gewicht, um bei einem definierten Frontalaufprall die gesamte Crash-Energie zu absorbieren, ohne die für die Passagiere noch verträglichen Verzögerungswerte zu überschreiten. Damit ist der SLR das weltweit erste Serienautomobil mit einer aus Carbonfasern gefertigten Frontcrash-Struktur.

Beim Aufprall zerreißen die Fasern der CFK-Elemente von vorne nach hinten und absorbieren dabei die Aufprallenergie mit gleich bleibend konstanter Verzögerung.

Neuer Werkstoff:
Der SLR ist das erste Serienautomobil mit einer vollständig aus Carbonfasern hergestellten Crash-Struktur. Kegelförmige Längsträger-Elemente nehmen beim Frontalaufprall die gesamte Energie auf.

Lebensretter in Schwarz

Der Dreipunktgurt zählt mit Abstand zu den wichtigsten sicherheitstechnischen Erfindungen der letzten Jahre und trägt zu Recht das Prädikat „Lebensretter". Mercedes-Benz hat Funktion und Wirkungsweise des Sicherheitsgurtes in den letzten Jahren kontinuierlich perfektioniert.

Die wichtigste Neuentwicklung ist der Gurtstraffer. Er kompensiert die so genannte Gurtlose, den prinzipbedingten Leerweg des Gurtbandes, und sorgt dafür, dass Fahrer und Beifahrer durch eng anliegende Gurte beim Aufprall noch besser mit der Fahrgastzelle verbunden sind und frühzeitig an den Verzögerungen der Karosseriestruktur teilnehmen können. Die Straffung des Gurtbandes übernehmen kleine Stahlkugeln im Aufrollautomaten, die sich nach der Aktivierung des Gurtstraffers in Bewegung setzen und gegenläufig zur Gurtbandwelle rotieren. Auf diese Weise stoppen sie zuerst das Gurtband und wickeln es anschließend blitzschnell wieder auf. Die Auslösung des Gurtstraffers erfolgt durch eine pyrotechnische Zündung. Innerhalb von Sekundenbruchteilen lassen sich mithilfe der modernen Leistungsgurtstraffer in den Mercedes-Personenwagen blitzschnell bis zu 13 Zentimeter loses Gurtband zurückziehen.

Zum Gurtstraffer gehört auch ein Gurtkraftbegrenzer. Mit dieser Technik lässt sich die Rückhaltekraft des Gurtbandes reduzieren, um die Brustbelastungen der Insassen zu begrenzen.

Automatischer Gurtbringer

Verschiedene Mercedes-Entwicklungen dienen auch dem Komfort beim Anschnallen und der Bewegungsfreiheit angegurteter Auto-Insassen. Einzigartig ist der automatische Gurtbringer im Coupé und Cabriolet der CLK-Klasse: Sobald die Passagiere Platz genommen haben, fahren per Elektromotor auf beiden Seiten Kunststoffprofile aus den hinteren Seitenverkleidungen und bringen das Gurtband in Griffnähe. Nachdem die Gurte angelegt sind, verschwinden die Gurtbringer wieder.

Die Gurt-Komfortautomatik, die Mercedes-Benz in einigen Modellreihen anbietet, reduziert die Federkraft des Aufrollautomaten, wenn der Automatikgurt angelegt ist. Das Gurtband liegt dadurch nicht mehr so straff am Körper an und schränkt die Bewegungsfreiheit der Passagiere deshalb weniger ein. Die lebensrettende Schutzwirkung des Gurtes wird nicht beeinträchtigt: Im Falle eines Unfalls wird das Gurtband blitzschnell straff gezogen.

Sofort zur Stelle: Automatische Gurtbringer (rechts) erleichtern in der CLK-Klasse das Anschnallen. Der Gurtstraffer (unten) wird beim Crash pyrotechnisch gezündet.

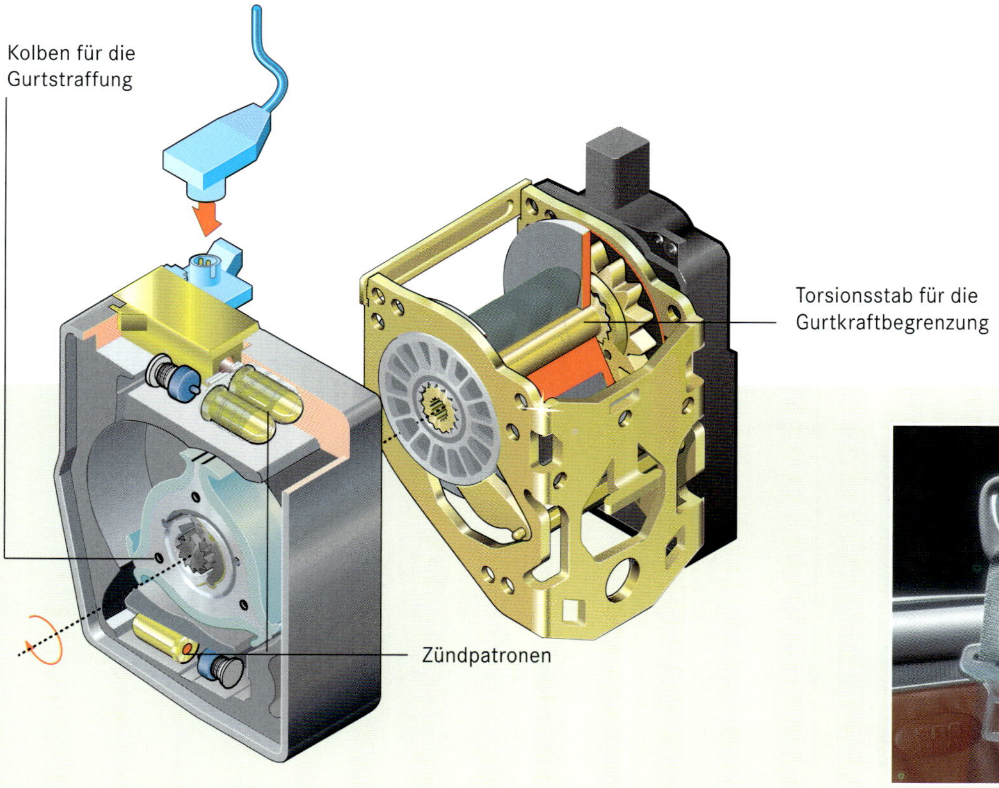

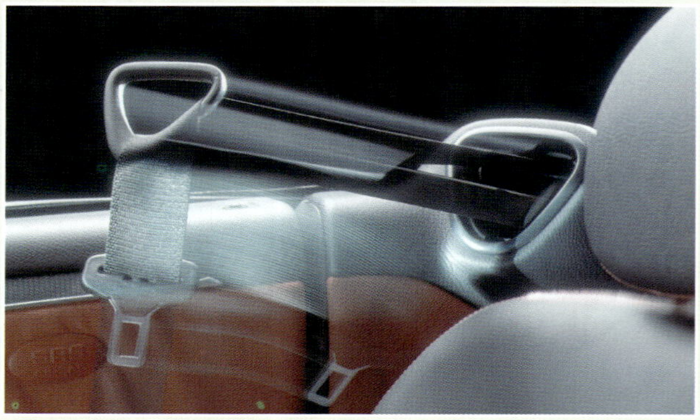

KINDERSITZE

Integrierte Sicherheit für kleine Passagiere

Auch um die Sicherheit kleiner Auto-Passagiere kümmert sich Mercedes-Benz mit großem Engagement. Im Zubehörprogramm bietet die Automarke verschiedene crashgeprüfte Kindersitze für Knirpse aller Altersklassen an. In einigen Modellreihen können Eltern ab Werk spezielle Kindersitze ordern, die in die Fondsitzanlage integriert sind und auf Knopfdruck aus dem Sitzpolster herausklappen. So können Kinder zwischen zwei und zwölf Jahren mit dem normalen Dreipunkt-Automatikgurt angeschnallt werden, der sich dank automatischer Höheneinstellung an den kleinen Fond-Passagier anpasst. Ein zusätzliches Tischpolster, das für Kinder zwischen zwei und vier Jahren vorgesehen ist, verbessert die Rückhaltewirkung und stützt den Oberkörper des Kindes beim Unfall ab.

Für Fondsitze ist wahlweise auch das genormte Befestigungssystem ISOFIX lieferbar. Es ermöglicht die Installation verschiedener Kindersitze mittels stabiler Steckhalterungen, die fest mit dem Karosserierohbau verbunden sind.

Antennen im Beifahrersitz

Eine Besonderheit der Mercedes-Personenwagen ist auch die automatische **Kindersitz-Erkennung** (▶ Seite 59) im Beifahrersitz. Eine Sensormatte im Sitzpolster liefert der Airbag-Elektronik die entsprechenden Informationen: Installiert der Autobesitzer einen so genannten Reboard-Kindersitz aus dem Mercedes-Zubehörprogramm auf dem Beifahrersitz, tauschen spezielle Antennen im Sitzpolster Daten mit einem Transponder im Sockel des Kindersitzes aus. So erkennt die Airbag-Elektronik, dass ein Reboard-Kindersitz eingebaut wurde, und schaltet daraufhin den Airbag auf der Beifahrerseite ab. Er ist in solchen Fällen nicht erforderlich.

Gurtstraffer (▶ Seite 62), **Side- und Windowbag** (▶ Seite 70) bleiben jedoch auch weiterhin aktiviert, um dem kleinen Passagier in seinem Kindersitz zusätzlichen Schutz zu bieten. Ist der Beifahrer-Airbag deaktiviert, leuchtet in der Mittelkonsole die Kontrolllampe „Airbag off“ auf.

Sicher sitzen:
Mercedes-Benz bietet Kindersitze für verschiedene Altersgruppen an.

David gegen Goliath

Die sicherheitstechnische Entwicklung neuer Mercedes-Personenwagen erfolgt schon seit mehreren Jahren nach dem Prinzip der Kompatibilität – der Verträglichkeit der Fahrzeuge beim Zusammenstoß. Es gewährleistet, dass die Deformationslast bei der Kollision zweier Personenwagen unterschiedlicher Größe gleichmäßig auf beide Unfallgegner übertragen wird. Dadurch werden die Insassen kleinerer Automobile nicht benachteiligt.

Die A-Klasse hat solche Fahrzeug-Fahrzeug-Crashtests, die mit einer relativen Aufprallgeschwindigkeit von 100 km/h durchgeführt werden, absolviert und bestanden. Beim frontalen Offset-Zusammenstoß mit einer Limousine der Mercedes-Benz S-Klasse werden die kompatiblen Deformationszonen beider Fahrzeuge gezielt aktiviert. Dabei baut die Vorbaustruktur der S-Klasse auch Aufprallenergie für die A-Klasse ab und verringert damit die Belastungen der Insassen des Kompaktwagens.

Groß gegen klein:
Die Frontstruktur der Mercedes-Modelle ist so konstruiert, dass sie beim Zusammenstoß mit einem kleineren Auto auch für den Unfallgegner Aufprallenergie absorbiert.

Konstruktiver Partnerschutz

Während die Frontstruktur Aufprallenergie absorbieren soll, werden die Fahrgastzellen aller Modelle auf hohe Eigensteifigkeit ausgelegt, sodass der Überlebensraum der Insassen in jedem Fall weitgehend erhalten bleibt. Die richtige Balance zwischen diesem Eigenschutz und dem ebenso notwendigen Partnerschutz zu finden, erfordert einen recht hohen konstruktiven Aufwand:

- Fahrzeuge werden mit homogener Steifigkeitsverteilung im Vorbau über die Fahrzeugbreite und die Fahrzeughöhe ausgestattet.
- Die Karosseriestruktur ist so ausgelegt, dass sich tragende Elemente von großen und kleinen Automobilen beim Unfall treffen und somit ein Über- bzw. Unterfahren möglichst vermieden wird.
- Große Fahrzeuge besitzen im Sinne von hohem Eigenschutz und Partnerschutz möglichst lange Knautschzonen, welche die Strukturbelastungen und damit auch die Insassenbelastungen des kleineren Unfallpartners reduzieren.
- Die konzeptbedingt begrenzten Deformationszonen kleiner Fahrzeuge sind im Sinne der Kompatibilität auf eine Mindeststeifigkeit ausgelegt und können dadurch die Knautschzone des großen Unfallpartners aktivieren und nutzen.
- Die Fahrgastzellen aller Fahrzeuge sind auf hohe Eigensteifigkeit ausgelegt, so dass auch bei einem Fahrzeug-Fahrzeug-Aufprall unterschiedlich großer Fahrzeuge der Überlebensraum weitgehend erhalten bleibt.

KONDITIONSSICHERHEIT

Mercedes-Konzept für stressfreies Autofahren

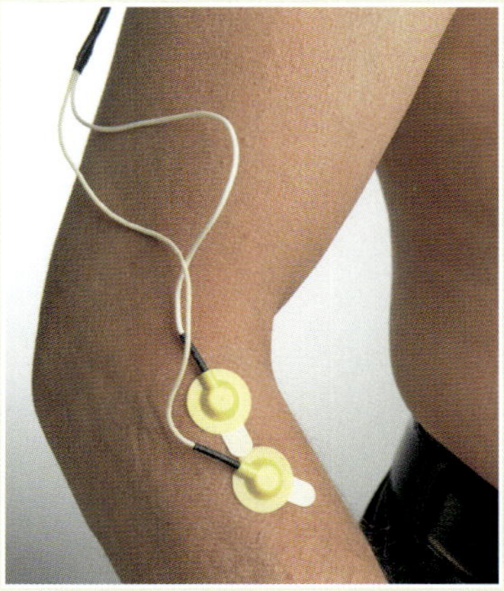

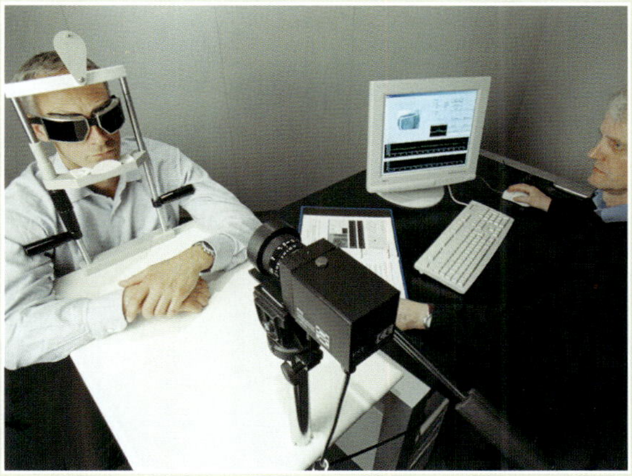

Physio-Check:
Sensoren (oben links) zeichnen bei den Testfahrten (oben Mitte) die Körperreaktionen der Autofahrer auf. Ein Pupillentest informiert über die Müdigkeit der Probanden (oben rechts).

Bei der Konzeption seiner Personenwagen setzt Mercedes-Benz auf ein harmonisches Zusammenspiel von Mensch und Auto. Durch die bestmögliche Adaption der Technik an den Fahrer schafft die Stuttgarter Automarke eine der wichtigsten Voraussetzungen für den Mercedes-typischen Langstrecken-Komfort. Die Fachleute sprechen in diesem Zusammenhang von der so genannten Konditionssicherheit. Gemeint ist die Eigenschaft eines Automobils, die geistige und körperliche Kondition seines Fahrers zu erhalten und teilweise sogar zu verbessern. Dies geschieht durch die intelligente Komposition verschiedener technischer Maßnahmen und Systeme, die den Fahrer entlasten. So kann er sich besser auf das Verkehrsgeschehen konzentrieren und schont seine Leistungsreserven, um in kritischen Situationen sicher und souverän handeln zu können.

Die Konditionssicherheit zählt zu den charakteristischen Merkmalen eines Mercedes-Benz und macht ihn unverwechselbar. Keine andere Automobilmarke widmet diesem Aspekt der Fahrzeugentwicklung so große Aufmerksamkeit wie Mercedes-Benz. Praxisuntersuchungen über die psychische und physische Beanspruchung des Autofahrens führt die Stuttgarter Automobilmarke bereits seit mehr als zwei Jahrzehnten durch.

Konditionssicherheit ist eine Gemeinschaftsaufgabe, an der sich im Sindelfinger Mercedes-Benz Technology Center (MTC) Ingenieure verschiedener Fachrichtungen beteiligen: Experten für Elektronik, Sitz-, Klima-, Fahrwerks- und Karosserietechnik sowie Fachleute für die Gesamtfahrzeug-Konzeption. Ebenso intensiv ist die Zusammenarbeit mit Wissenschaftlern des firmeneigenen Forschungsressorts, die sich mit den medizinischen und psychologischen Aspekten des Autofahrens beschäftigen und Methoden für die Beanspruchungsmessung entwickelt haben.

Der Begriff Kondition bedeutet in den Augen der Mercedes-Fachleute nicht allein körperliche Fitness und Leistungsfähigkeit. Sie meinen damit auch emotionale Faktoren wie Stimmung, Anspannung oder Motivation, denn sie bestimmen ebenfalls über die Handlungsbereitschaft und -fähigkeit eines Autofahrers.

Dies alles zu beobachten, zu analysieren und zu interpretieren ist das Ziel der Untersuchungen der DaimlerChrysler-Forschung – Langstreckenfahrten, bei denen nicht das Auto und seine Technik, sondern der Mensch im Mittelpunkt steht. Deshalb werden dabei auch nicht nur Bremsweg oder Beschleunigungszeit, sondern Herzfrequenz, Muskelspannung und Hautleitfähigkeit gemessen.

Sie gelten als zuverlässige Indikatoren, die neben subjektiven Befragungen Auskunft über die Beanspruchung eines Autofahrers geben.

Hoher Langstreckenkomfort in der S-Klasse

Dass der vorbildliche Entlastungskomfort moderner Mercedes-Personenwagen der Konditionssicherung des Autofahrers dient und somit seine Leistungsreserven schont, beweist zum Beispiel eine Vergleichsuntersuchung der aktuellen S-Klasse mit ihren Vorgängermodellen, an der rund 80 Autofahrerinnen und Autofahrer teilnahmen.

KONDITIONSSICHERHEIT …

- bedeutet die Sicherstellung einer guten physischen und psychischen Verfassung des Autofahrers.
- umfasst alle Aktivitäten und Einrichtungen, die dazu dienen, die Belastung des Fahrers und damit die Wahrscheinlichkeit von Fehlhandlungen gering zu halten. Dazu gehören der Fahrkomfort, die Isolierung des Innenraums von spürbaren und hörbaren Schwingungen, die Sitzgestaltung sowie die Klimatisierung.
- beinhaltet alle technischen Maßnahmen, die den Entlastungskomfort erhöhen und die Fahraufgabe sinnvoll erleichtern.

Die physiologischen Belastungsindikatoren lagen in der aktuellen Mercedes-Toplimousine zum Teil deutlich unter den in den Vorgängermodellen gemessenen Daten: Der Wert für die Muskelspannung, der Aufschluss über die Beanspruchung eines Autofahrers gibt, betrug auf der Autobahn in der aktuellen S-Klasse durchschnittlich 67 Mikrovolt. Im Vorgängermodell aus dem Jahre 1991 (W 140) wurde dagegen ein rund 25 Prozent höherer Wert gemessen. Im Vergleich mit dem Mercedes-Topmodell aus dem Jahre 1980 (W 126) fiel der Messwert in der aktuellen S-Klasse sogar um rund 60 Prozent geringer aus. Auch Herzfrequenz und Hautleitwert sind in der aktuellen S-Klasse am niedrigsten und zeigen, dass diese Limousine beste Konditionssicherheit bietet. Die Hautleitfähigkeit gilt als Indikator für kurzzeitige emotionale Beanspruchung. Eine solche Reizwirkung wird einerseits durch äußere Faktoren wie dichter Verkehr, widrige Wetterverhältnisse oder Lärm beeinflusst; andererseits kann auch das Automobil selbst durch hohen Fahrgeräuschpegel, störende Schwingungen oder ungünstige Klimatisierung den Autofahrer belasten, sodass sich die elektrische Leitfähigkeit seiner Haut verändert.

Entlastung durch Assistenzsysteme

Ebenso eindeutig sind die Resultate beim Vergleich der Mercedes-Benz E-Klasse mit ihrem Vorgängermodell, die Ingenieure des Mercedes-Benz Technology Centers (MTC) und der DaimlerChrysler-Forschung im Frühjahr 2003 auf der Strecke München – Bad Ragaz (Schweiz) ermittelten: Die durchschnittliche Herzfrequenz der Probanden betrug in der aktuellen E-Klasse auf der Autobahn 78,4 Schläge pro Minute, während im Vorgängermodell ein um sieben Prozent höherer Mittelwert gemessen wurde. Im Stadtverkehr beträgt der Unterschied in der Herzfrequenz zwischen beiden Modellen rund zehn Prozent.

Auf diese Weise machen sich moderne Assistenzsysteme wie der Abstandsregel-Tempomat **DISTRONIC** (▶ Seite 98), die Vier-Zonen-Klimatisierung **THERMOTRONIC** (▶ Seite 84) oder der fahrdynamische **Multikontursitz** (▶ Seite 87) positiv bemerkbar und steigern den Entlastungskomfort deutlich.

Beanspruchunsindikator Muskelspannung: Entspanntes Fahren in der aktuellen S-Klasse

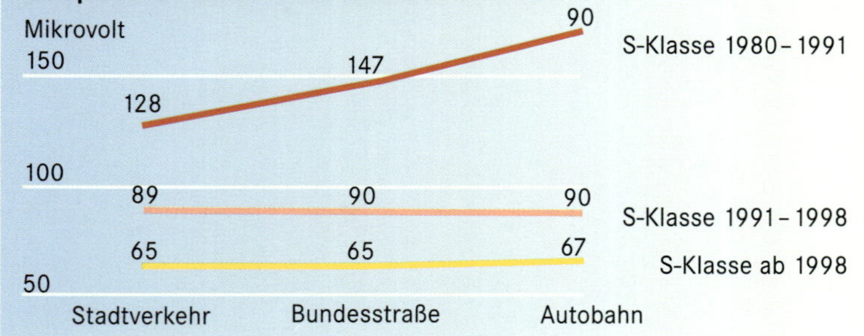

Beanspruchunsindikator Herzfrequenz: Höherer Entlastungskomfort in der aktuellen E-Klasse

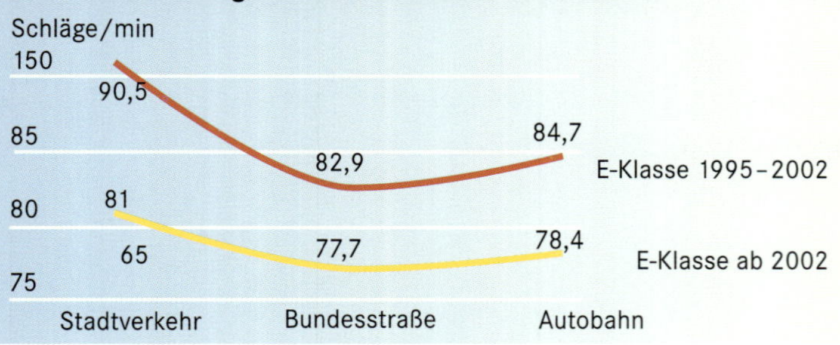

LADEGUTSICHERUNG

Stabile Rückendeckung

Sicherer Transport: Mercedes-Benz bietet verschiedene Möglichkeiten, um das Ladegut im Kofferraum sicher zu verstauen.

Bei einem Unfall droht Auto-Insassen durch nicht gesicherte Gepäckstücke Gefahr. Das Ladegut kann mit hoher Wucht nach vorne rutschen und die Passagiere verletzen. Um dies zu verhindern, stattet Mercedes-Benz die Kofferräume seiner Modelle mit stabilen Verzurrösen aus, die eine sichere Befestigung des Ladeguts ermöglichen. Das T-Modell der E-Klasse ist beispielsweise mit sechs solcher Ösen ausgerüstet – vier befinden sich auf dem Laderaumboden, zwei unterhalb der Fondsitze.

Das für diese Kombilimousine entwickelte **EASY-PACK-Fixkit** (Wunschausstattung) (▶ Seite 80) bietet weitere Möglichkeiten für sichere Transporte. Es besteht aus mehreren Komponenten, die ein sicheres Abstellen kleiner und großer Gegenstände im Laderaum gewährleisten und zuverlässig verhindern, dass Gepäckstücke, Einkaufstaschen oder anderes Ladegut während der Fahrt hin- und herrutschen. Aluminiumschienen auf beiden Seiten des Laderaumbodens dienen als Befestigungsbasis für vier Basiselemente aus Aluminium, die sich mit einer leichten Drehbewegung in den Aluschienen in einem Abstand von jeweils 50 Millimetern befestigen lassen. Außerdem gehört eine Teleskopstange zu dem Fixkit, deren Sockel ebenfalls mittels leichter Drehbewegung in den Basiselementen Halt finden und in den Aluminiumschienen befestigt werden. Das Teleskop ermöglicht die Abtrennung des Laderaums in Quer- und Diagonalrichtung. Mit einem praktischen Gurtabroller mit 95 Millimeter breitem und 1000 Millimeter langem Gewebeband, der mithilfe der Basiselemente in den Aluminiumschienen arretiert wird, lässt sich der Laderaum quer oder diagonal unterteilen, wobei das flexible Band auch so gespannt werden kann, dass es Gegenstände umschließt und damit vor dem Verrutschen schützt. Schließlich besteht das Fixkit aus vier Verzurrösen, die sich auf den Basiselementen befestigen lassen.

Auch die Fondsitzlehnen des T-Modells zeichnen sich durch eine aufwändige Konstruktion aus, die vor allem der Insassensicherheit dient: Ein Stahlrohrrahmen mit Aluminium-Abschlussblech bietet in Verbindung mit der über die Lehnenscharniere und -schlösser realisierten stabilen Anbindung an die Karosserie bestmöglichen Schutz vor Ladegut, das beim Crash nach vorne rutschen kann. Die serienmäßige Laderaumabdeckung mit dem integrierten Trennnetz ergänzt die Sicherheitsausstattung.

**Auto mit Reflexen:
Das PRE-SAFE-System an Bord der S-Klasse bietet vier vorsorgliche Schutzfunktionen: Straffung der vorderen Gurte, automatische Sitzpositionierung vorn, automatische Neigungsverstellung der hinteren Sitzkissen und automatisches Schließen des Schiebedachs.**

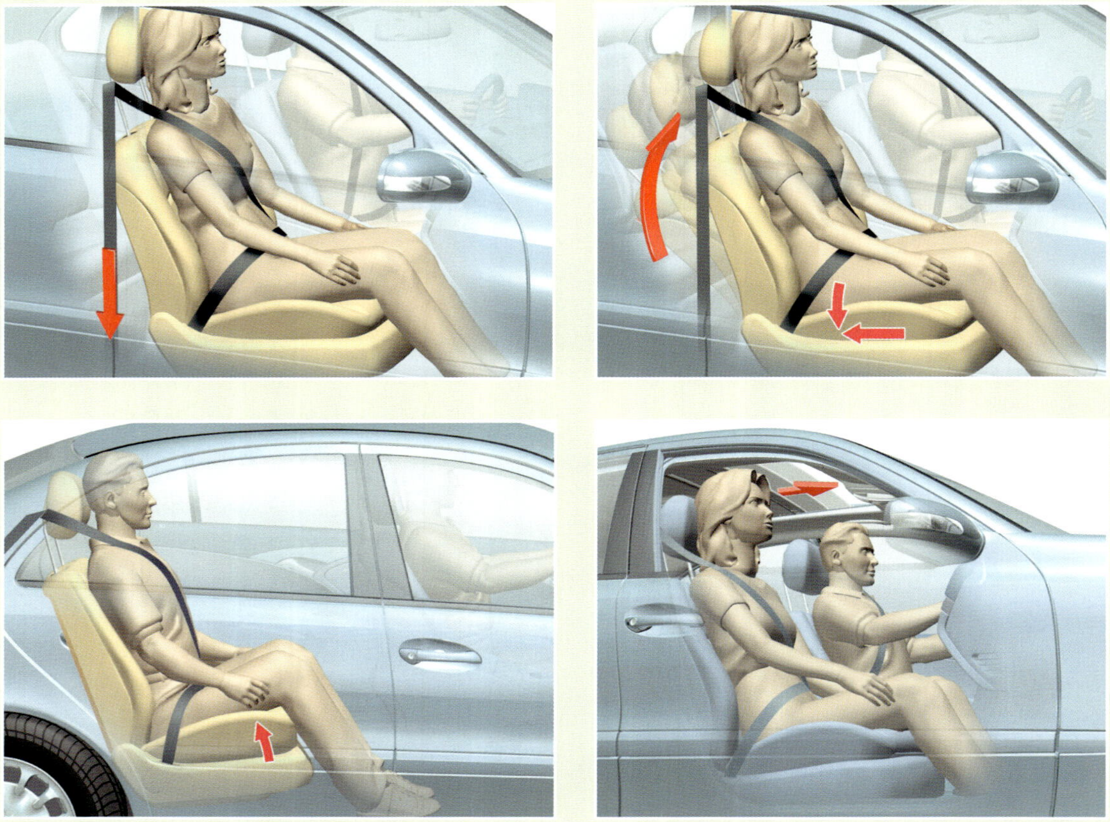

Zwei Drittel aller Verkehrsunfälle gehen kritische Fahrsituationen – Schleudern, Notbremsen oder plötzliches Ausweichen – voraus, die bereits Rückschlüsse auf eine drohende Kollision erlauben. Diese wertvolle Zeit vor dem Crash nutzen die Mercedes-Ingenieure, um mithilfe des PRE-SAFE-Systems vorbeugende Schutzmaßnahmen vor dem möglichen Unfall zu aktivieren. Dazu nutzt das System die Sensoren der Fahrdynamik-Systeme wie **ABS** (▶ Seite 144) oder **ESP®** (▶ Seite 134 und 149) an Bord der S-Klasse, die gefährliche Fahrmanöver erkennen und in Millisekunden entsprechende Informationen an die elektronischen Steuergeräte senden.

Beispiel Notbremsung: Sobald der Brems-Assistent in Aktion tritt und eine Notbremsung vornimmt, erhält auch das PRE-SAFE-System seinen Einsatzbefehl und trifft vorbeugende Schutzmaßnahmen. Der reversible PRE-SAFE-Gurtstraffer verhindert, dass sich Fahrer und Beifahrer zu stark nach vorne bewegen. Innerhalb von nur 120 Millisekunden kann der mit einem starken Elektromotor ausgestattete Gurtstraffer die Gurtlose reduzieren. Bei Messungen der Mercedes-Ingenieure konnte die Vorwärtsbewegung eines Beifahrers, der auf die plötzliche Notbremsung nicht gefasst war, um bis zu 150 Millimeter verringert werden. Dadurch sind Fahrer und Beifahrer beim Aufprall bestmöglich in ihren Sitzen fixiert und haben einen größeren Abstand zur Instrumententafel; die Airbags können dadurch ihre Schutzwirkung besser entfalten.

Einen ungünstig eingestellten Beifahrersitz bringt PRE-SAFE vorsorglich in günstigere Positionen: Ist der Sitz zu weit nach vorne eingestellt, wird er automatisch zurückgefahren, während gleichzeitig eine zu weit nach hinten geneigte Rückenlehne aufrecht gestellt wird. Anschließend erfolgt auch eine Anpassung der Sitzkissenneigung. Dafür nutzt PRE-SAFE die starken Elektromotoren des S-Klasse-Sitzes, die ihn in Längsrichtung mit einer Geschwindigkeit von bis zu 22 Millimetern pro Sekunde bewegen und den Lehnenwinkel um 3,5 Grad pro Sekunde verändern. Das System bringt den Beifahrer also in eine Sitzposition, die für die Aktivierung der Airbags vorteilhaft ist und eine gute Rückhaltewirkung durch den Schultergurt ermöglicht. Überdies verringert sich das Risiko, beim Aufprall unter dem Gurtband nach vorne zu rutschen (Submarining) und sich dadurch zu verletzen. Droht zusätzlich ein Heckaufprall, verbessert die steilere Lehnenneigung die Abstützung des Beifahrers.

Auch die Fondpassagiere profitieren von dem neuartigen vorsorglichen Insassenschutz: Die elektrisch einstellbaren Fondeinzelsitze (Wunschausstattung) der S-Klasse werden bei einer Notbremsung durch PRE-SAFE besser eingestellt. Befinden sich eines oder beide Sitzkissen in einer sehr flachen Position, wählt PRE-SAFE einen steileren Neigungswinkel, sodass sich die Gefahr, dass die Fondpassagiere unter dem Gurtband nach vorne rutschen und sich verletzen, verringert.

Automatische Gurtstraffung beim Schleudern

Durch Zusammenarbeit mit dem elektronischen Stabilitäts-Programm ESP® erkennt PRE-SAFE auch gefährliche Schleuderbewegungen des Fahrzeugs (starkes Unter- oder Übersteuern) und greift automatisch ein: Die reversiblen Gurtstraffer an den vorderen Sitzen reduzieren die Gurtlose. Bei Messungen konnten dadurch die durch das Schleudern bedingten seitlichen Pendelbewegungen der Insassen je nach Situation um bis zu 300 Millimeter verringert werden. Fahrer und Beifahrer sind dadurch bei einem drohenden Aufprall bestmöglich in ihren Sitzen fixiert.

Ebenso wie bei einer Notbremsung kann PRE-SAFE – falls notwendig – die Positionen des Beifahrersitzes und der elektrisch einstellbaren Einzelsitze im Fond korrigieren. Das System vergrößert den Abstand zur Instrumententafel, stellt die Rückenlehne des Beifahrersitzes aufrecht und verändert die Neigung der hinteren Sitzkissen. In kritischen Schleudersituationen schließt PRE-SAFE zusätzlich automatisch das Schiebedach (Wunschausstattung). Dieser vorbeugenden Maßnahme liegt die Erkenntnis der Unfallforschung zugrunde, dass heftiges Schleudern die Gefahr eines Überschlags des Fahrzeugs mit sich bringt. So wird verhindert, dass Insassen beim Überschlag aus dem Fahrzeug geschleudert werden oder dass von außen Teile in den Auto-Innenraum eindringen und Verletzungen verursachen.

Immer im Einsatz: Der PRE-SAFE-Gurtstraffer arbeitet reversibel und muss deshalb nach einer Auslösung nicht augewechselt werden.

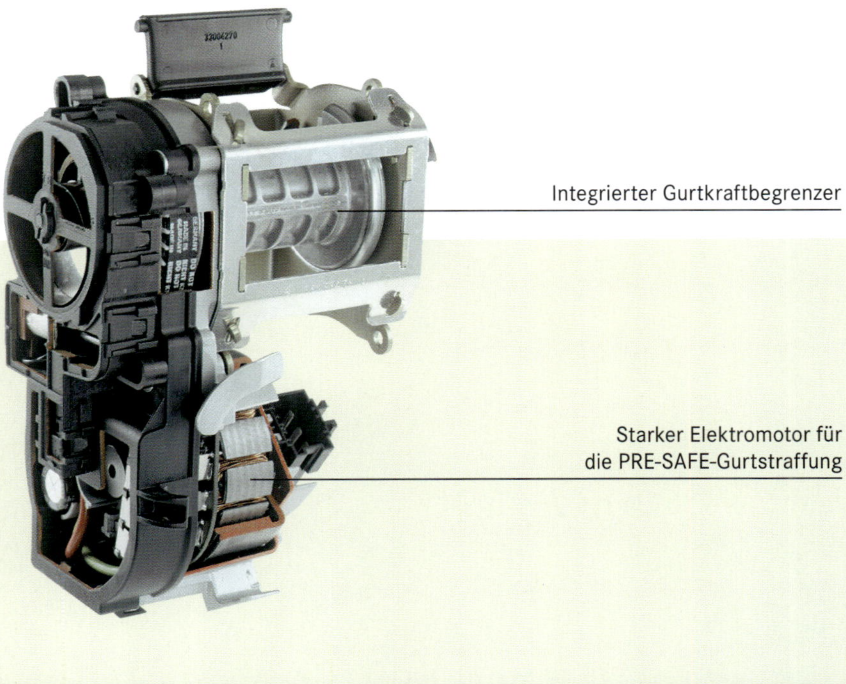

SEITENAUFPRALLSCHUTZ

Stabile Flanke

Die Bedeutung des Seitenaufprallschutzes für die Sicherheitskonzeption moderner Personenwagen nimmt weiter zu. Laut Unfallforschung hat sich der Anteil der Seitenkollisionen an den Verkehrsunfällen mit verletzten Pkw-Insassen seit 1985 mehr als verdoppelt – knapp 44 Prozent aller Pkw-Unfälle mit Todesfolge zählen zur Kategorie der Seitenkollisionen.

Auf diese Praxiserkenntnisse reagieren die Mercedes-Ingenieure mit einem umfangreichen Maßnahmenpaket, das ebenso wie der frontale Insassenschutz vorrangig auf reale Unfallsituationen abgestimmt ist: Beim Seitenaufprall bewährt sich zum Beispiel in der C-Klasse ein Sicherheitssystem, das auf drei Ebenen wirksam ist:

- Im Bereich des Bodens übertragen verstärkte seitliche Schweller die Aufprallkräfte auf jeweils zwei stabile Querträger unter den Vordersitzen sowie auf einen durchgehenden Fondsitz-Querträger. Auch die Verstärkungen des Mitteltunnels verbessern die Kraftübertragung zwischen den vorderen Sitzen, sodass auch die jeweils stoßabgewandte Seite an der Energieabsorption beteiligt wird.
- Auf mittlerer Höhe schützen quersteife, in die Seitenwände integrierte Türen mit mehreren Verstärkungsprofilen, stabile Türscharniere sowie Sitze mit besonders stabilen Kissen- und Lehnenrahmen die Insassen. Zur Querabstützung dient auch ein Vierkantprofil unter der Instrumententafel.
- Im Dachbereich sorgen die durchgehend dreischalig konstruierten A-, B- und C-Säulen sowie ein verstärkter, ebenfalls dreischaliger Dachrahmen dafür, dass die Intrusionen in die Fahrgastzelle gering bleiben.

Außerdem tragen spezielle Innenraumpolsterungen zum Seitenaufprallschutz bei. Sie bestehen aus energieabsorbierenden Prallelementen, die sich hinter den Verkleidungsteilen der Türen und der B-Säulen verbergen.

Window- und Sidebags in Kombination

Ein weiteres wichtiges Beispiel für das umfassende Sicherheitskonzept der Mercedes-Personenwagen sind die Windowbags. Ihre Entwicklung basiert auf

Umleitung:
Beim Seitenaufprall wird die Crash-Energie auf mehreren Ebenen verzweigt. Side- und Windowbags bieten den Insassen zusätzlichen Schutz.

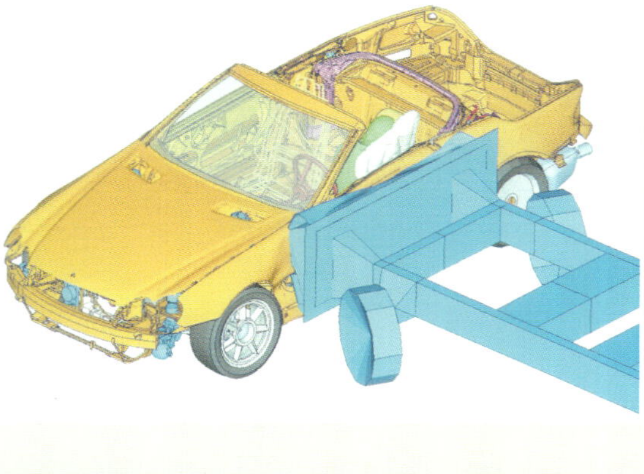

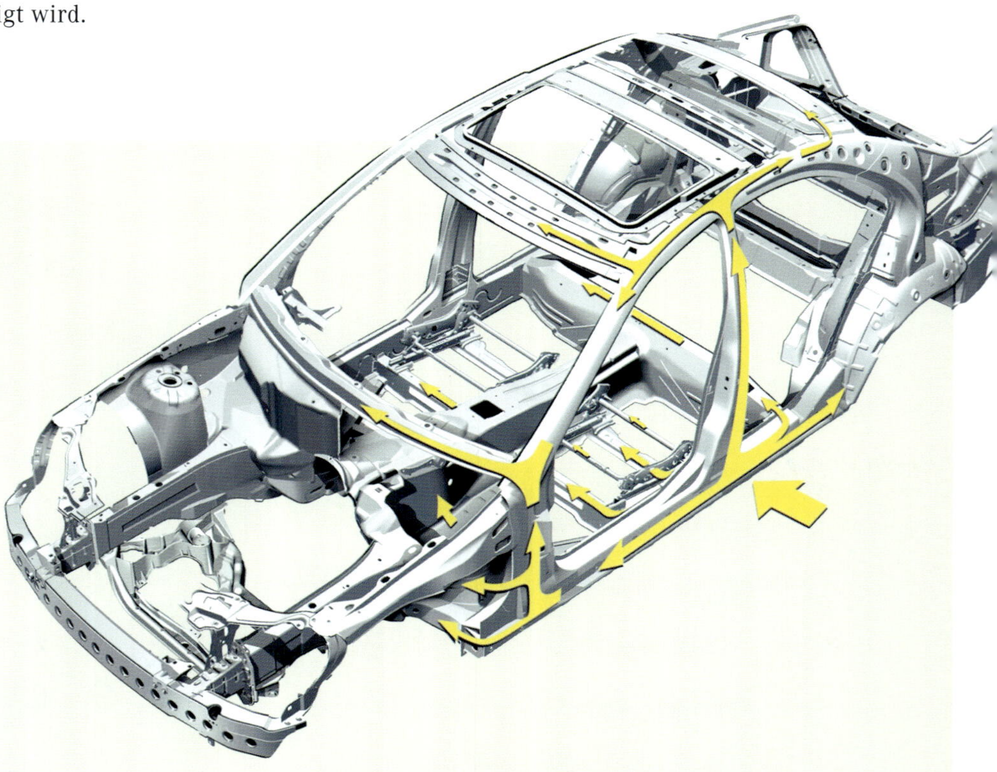

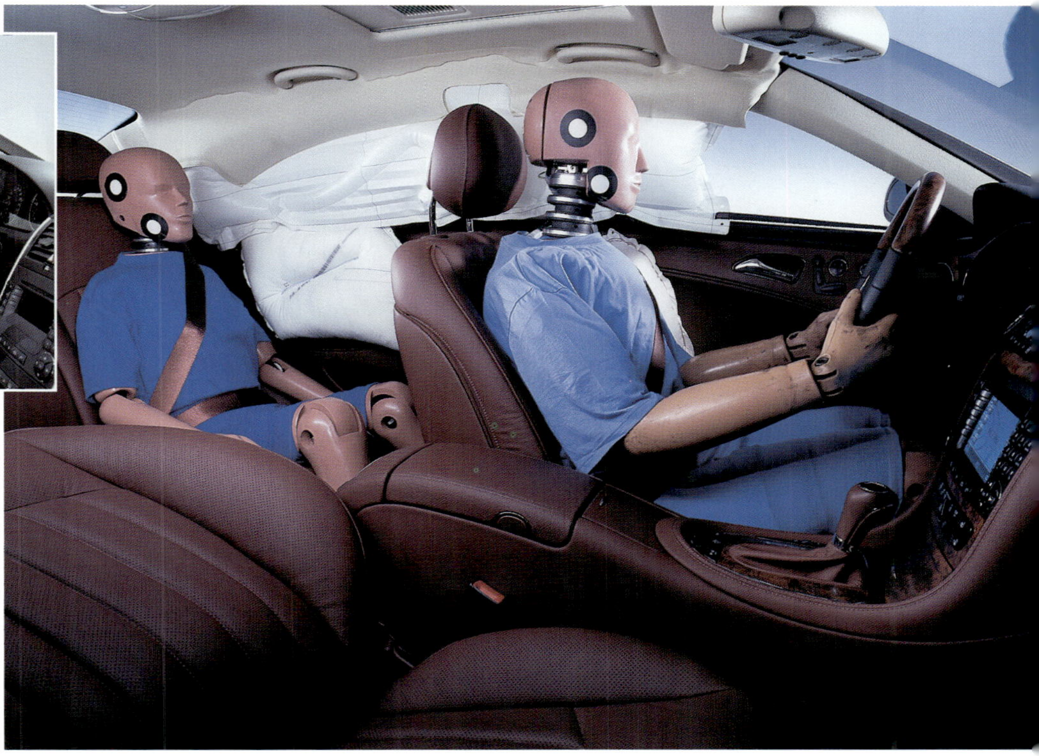

den Ergebnissen der Unfallanalysen über die Verletzungsrisiken bei seitlichen Kollisionen. Dabei stellten Wissenschaftler eine große Bandbreite der Aufprallwinkel fest, sodass auch das Bewegungsverhalten der Auto-Insassen sehr stark differiert und damit einfachere Lösungen nur begrenzten Sicherheitswert haben.

Deshalb ist nach Meinung der Fachleute ein möglichst großflächiges Luftpolster für den Seitenwandbereich erforderlich, das vor allem den Köpfen der Insassen bei der Vielzahl denkbarer Anstoßkonstellationen bestmöglichen Schutz bietet – und zwar sowohl den Front- als auch den Fond-Passagieren.

Der Windowbag besteht aus bis zu neun Kammern mit einem Gesamtvolumen von rund zwölf Litern, die sich beim Crash binnen 25 Millisekunden wie ein Vorhang von der vorderen bis zur hinteren Dachsäule des Innenraums spannen. Im Normalfall verbergen sich die Windowbags hinter den Innenverkleidungen der Dachrahmen und der C-Säulen, die sie im Falle eines Unfalls nach innen drücken, um sich entfalten zu können.

Die Window- und Sidebags an Bord der Mercedes-Personenwagen ergänzen sich in ihrer Schutzwirkung: Während der Windowbag vor allem den Kopf schützt, schiebt sich der Sidebag beim Seitenaufprall in Brusthöhe zwischen Insassen und Tür und schützt auf diese Weise den Thorax-Bereich.

Neuentwicklung für offene Automobile

Bei einem Cabriolet oder Roadster ist der Einsatz des bewährten Windowbags freilich nicht möglich. Deshalb entwickelten die Mercedes-Fachleute für die CLK-, SLK- und SL-Klasse einen neuartigen seitlichen Luftsack, der sowohl Kopf als auch Oberkörper schützt: den Head/Thorax-Bag. Er ist prinzipiell wie ein Sidebag aufgebaut und findet seinen Platz hinter der Türinnenverkleidung. Beim Crash reißt er eine Naht oberhalb der Armlehne auf und entfaltet sich innerhalb von nur 20 Millisekunden zu einem asymmetrisch geformten Luftsack, dessen Oberkante im aufgeblasenen Zustand um 170 bis 240 Millimeter weiter nach oben ragt als beim Sidebag. Dadurch vermindert der Head/Thorax-Bag (Volumen 25 Liter) das Risiko des Kopfaufpralls gegen die Seitenscheibe oder gegen eindringende Objekte. Überdies hält er Glassplitter oder andere Gegenstände zurück, die beim Aufprall in den Innenraum eindringen können.

Luftkissen von der Seite: Side- und Windowbags schützen die Passagiere beim Seitenaufprall. Für die A-Klasse wurde ein Head/Thorax-Bag entwickelt (kleines Foto oben).

Sensorgesteuerte Sicherheit

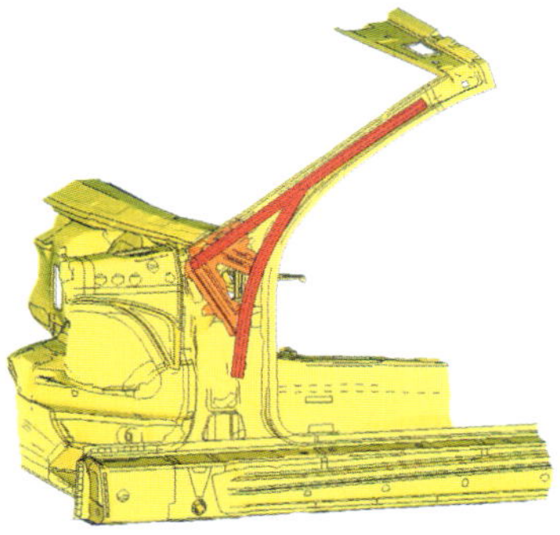

Verstärkung:
Speziell entwickelte Gabelrohre in den vorderen Dachsäulen bieten den SL-Passagieren beim Überschlag Schutz.

Das Thema Überschlagsicherheit nimmt Mercedes-Benz bei der Entwicklung offener Automobile stets besonders ernst – aus gutem Grund: Laut Statistik sind rund ein Viertel aller Kollisionen von Cabriolets und Roadstern Überschlagunfälle.

Mit ihrem serienmäßigen sensorgesteuerten Überrollbügel setzten die SL-Sportwagen der Stuttgarter Automarke bereits seit 1989 Maßstäbe für den Insassenschutz bei einem Überschlag. Das mehrfach prämierte System vereint den hohen Sicherheitsanspruch von Mercedes-Benz mit dem Wunsch vieler Roadster-Freunde nach ungetrübtem Open-Air-Erlebnis und attraktivem (weil bügellosem) Karosseriedesign.

Ein so genannter Kippkegelsensor im elektronischen Steuergerät des **Variodachs** (▶ Seite 52) der SL-Klasse erkennt, wenn die Karosserie des Roadsters innerhalb von 100 Millisekunden in eine gefährliche Schräglage gerät, und stellt den Überrollbügel automatisch auf – egal, ob das Variodach geöffnet oder geschlossen ist. Zusätzlich überwacht ein Beschleunigungssensor das Bewegungsverhalten des Sportwagens in alle anderen Richtungen und sorgt dafür, dass der Überrollschutz beispielsweise auch bei einem schweren Frontal-, Seiten- oder Heckaufprall ausfährt. So sind die Passagiere optimal geschützt, falls dieser Kollision ein Überschlag folgen sollte.

Bei Gefahr ist der automatische Überrollbügel dank einer vorgespannten Feder innerhalb von nur 0,3 Sekunden zur Stelle. Kann der Unfall verhindert werden, lässt er sich problemlos wegklappen und ist danach sofort wieder einsatzbereit.

Ein stabiler A-Säulen-Verband ergänzt die Schutzwirkung des automatischen Überrollbügels und sorgt dafür, dass der Überlebensraum der SL-Passagiere bei einem Überschlagunfall weitgehend erhalten bleibt. Die Technik: Hinter den Verkleidungsteilen der A-Säulen verbirgt sich auf beiden Seiten – neben den herkömmlichen Blechschalen – eine neu entwickelte, fest verschweißte Rohrkonstruktion, die bis an den oberen Scheibenrahmen ragt. Um hohen Belastungen standzuhalten, gabelt sich das Rohr an der Stelle des größten Biegemoments (in Höhe der Instrumententafel) in zwei Profile auf. Die dadurch mögliche großflächige Abstützung nach vorne und nach unten reduziert die Intrusionstiefe des Dachrahmens beim Überschlag.

Die Gabelrohre haben einen Durchmesser von 32 Millimetern und bestehen aus hochfestem Stahl. Wie stabil diese neuartige Konstruktion ist, beweisen die Ergebnisse des so genannten Dachfalltests – einer Mercedes-internen Härteprüfung, bei der die Karosserie in leichter Schräglage aus

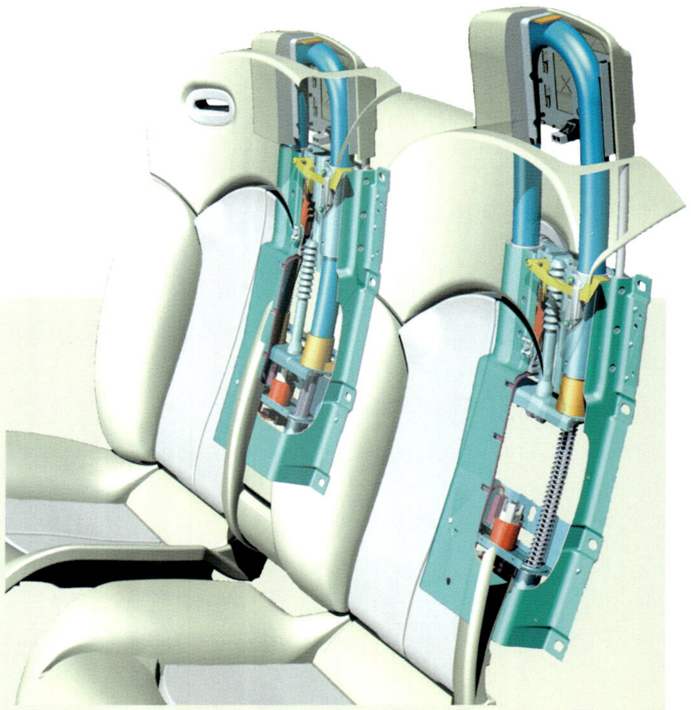

Automatik:
Beim CLK-Cabriolet besteht der automatische Überrollschutz aus zwei Bügeln mit jeweils 35 Millimetern Durchmesser, die beim Unfall mittels vorgespannter Federn in nur 0,3 Sekunden ausfahren.

50 Zentimeter Höhe auf die Dachstruktur fällt. Dabei prallt das Fahrzeug mit voller Wucht auf eine der beiden A-Säulen, die sich laut Testvorschrift nur geringfügig verformen dürfen. Die SL-Klasse hat diesen Dachfalltest mehrmals mit Bravour bestanden.

Überrollschutz in nur 0,3 Sekunden aktiviert

Beim Cabriolet der CLK-Klasse besteht der Überrollschutz aus zwei stabilen Bügeln mit jeweils 35 Millimeter Durchmesser, die zusammen mit den Fondkopfstützen in Kassetten hinter der Fondsitzlehne untergebracht sind. Sendet der Sensor ein Crash-Signal, werden mittels Elektromagnet vorgespannte Druckfedern aktiviert, die beide Überrollbügel und die Fondkopfstützen gleichzeitig ausfahren. Nach maximal nur 0,3 Sekunden haben sie ihre höchste Position erreicht und werden automatisch verriegelt. Im Zusammenspiel mit den stabilen, rohrverstärkten A-Säulen bilden die Stahlbügel einen zuverlässigen Überrollschutz.

Auch die E- und S-Klasse sowie der Supersportwagen SLR sind mit einem Überschlagsensor ausgestattet. Mit seiner Hilfe werden Windowbags (E- und S-Klasse) und Gurtstraffer aktiviert, um die Insassen beim Überschlag zu schützen.

Härteprüfung:
Der Dachfalltest zählt zu den härtesten Prüfungen für offene Automobile. Dank stabiler Dach- und Rahmenstruktur absolviert die SL-Klasse diesen Test mit Bravour.

INNENRAUMTECHNIK

Heiße Phase

In der Sonnenglut des US-Wüstenstaats Arizona bestehen die Klimaanlagen der Mercedes-Personenwagen die härtesten Bewährungsproben.

Highnoon in Arizona:
Aufwärmtest eines SL-Testwagens in der so genannten „Idle-Box“.

Highnoon in der Wüste. Zwölf Uhr mittags irgendwo in Arizona (USA). Seit 20 Minuten sitzen wir im Schatten eines riesigen Kaktus und warten. Nichts rührt sich. Nur die Hitze flimmert über dem Asphalt.

In 30 Meter Entfernung stehen sich die beiden Kandidaten gegenüber: zwei Testwagen der SL-Klasse von Mercedes-Benz. Aufgestellt zum so genannten Aufwärmtest. Bei über 40 Grad im Schatten. Highnoon.

Alle Augen sind auf die Sportwagen gerichtet – und voller Ungeduld auch immer wieder auf das Display eines Computers, der mit den beiden Autos verbunden ist und regelmäßig Temperaturdaten aus ihren Innenräumen abruft: 70 Grad Celsius unterhalb des Dachhimmels, 80 Grad an der Oberfläche der Instrumententafel, 50 Grad an der Sitzkonsole. Ein Backofen auf Rädern. „Noch etwa zehn Minuten", sagt Bernd Eichberger zu seinen Kollegen Astrid Harting und Norbert Koch, „dann starten wir".

Testalltag auf dem „Arizona Proving Grounds" von Daimler Chrysler, einem besonders heißen Pflaster vor den Toren der Millionenstadt Phoenix, mitten in der Sonora-Wüste.

108 Grad Fahrenheit im Schatten meldet der US-Wetterdienst am Morgen, als die Testserie beginnt. Das ist die höchste Temperatur in ganz USA an diesem Julitag. 42 Grad Celsius: Idealbedingungen für Entwicklungsingenieure von Auto-Klimaanlagen.

Windmesser: Die klimatischen Rahmenbedingungen wie Temperatur, Windgeschwindigkeit und Luftfeuchtigkeit messen die Ingenieure regelmäßig während ihrer Testfahrten.

STOP-AND-GO IN DER WÜSTE

Die Sonne hat den Innenraum der Autos jetzt auf über 72 Grad Celsius aufgeheizt. Testbeginn: Tür öffnen, einsteigen, den Motor starten und schnellstmöglich losfahren, damit die Klimaanlage in Gang kommt und die Hitze verdrängt. Der Schweiß rinnt in Strömen, doch das Versuchsprogramm kennt kein Pardon mit Mensch und Technik. Anfahren, bremsen, Leerlauf; anfahren, bremsen, Leerlauf. Nach diesem Muster kriechen die Testwagen eine halbe Stunde lang über das Gelände. Mit Höchsttempo 40.

Anfahren, bremsen, Leerlauf – so simulieren die Mercedes-Ingenieure eine der schlimmsten Hitze-Torturen für Motor, Kühlsystem und Klimaanlage: Stop-and-go-Verkehr bei sengender Hitze. Das ist durchaus keine Theorie. Ein Großteil der Mercedes-Kunden wohnt in Regionen mit sehr hohen Sommertemperaturen. Deshalb müssen Stadt- oder Staufahrten auch unter diesen extremen Bedingungen simuliert werden, damit die Autos auf alle Eventualitäten des Alltags vorbereitet sind und ein Optimum an Klimakomfort bieten.

250 MESSDATEN PRO SEKUNDE

An Bord der Versuchswagen laufen die Computer auf Hochtouren. 110 Sensoren messen alle erdenklichen Temperaturen – vom Kühler bis zur Auspuffblende. Andere Messfühler erfassen Daten wie Fahrgeschwindigkeit, Bordspannung oder Motordrehzahl. Insgesamt 250 verschiedene Messwerte pro Sekunde.

Die Mercedes-Ingenieure interessiert aber vorerst nur ein Wert: die Innenraumtemperatur. Sie fällt seit dem Start der Motoren kontinuierlich und erreicht bereits nach einer Viertelstunde in Kopfhöhe des Fahrers angenehme 23 Grad Celsius. Klimatisierungs-Automatik sei Dank.

Der nächste Extremtest steht auf dem Programm: Hitzestau. Am Rande der Strecke haben Norbert Koch und zwei Mechaniker drei rund 1,50 Meter hohe Zeltplanen zur so genannten „Idle-Box" aufgestellt. Der Versuchswagen fährt in die Box – ganz dicht an die vordere Zeltplane, sodass der Motor keinen kühlenden Windstoß mitbekommt und voll auf die Leistungsfähigkeit seines eigenen Lüfters angewiesen ist. Das ist Zweck der Übung, denn so simulieren die Mercedes-Ingenieure einen Super-Stau in extremer Hitze. 30 Minuten lang muss der Motor im Stand arbeiten. „Idle", wie die Amerikaner sagen – untätig: Das Automatikgetriebe steht in Stellung „D“, der Fuß des Fahrers auf dem Bremspedal und die Klimatisierungs-Automatik bläst bei voller Leistung kühle Luft in den Innenraum. Ein Extremtest. Denn jetzt wird das Kühlsystem des Motors aufs Härteste beansprucht.

IM TAL DER SONNE

Danach beginnen Teil drei und vier des Testprogramms: 30 Minuten Schleichfahrt im dritten Gang mit Konstanttempo 40 und danach wieder die „Idle“-Prüfung. Zwischendurch werden immer wieder die Klimadaten notiert, die eine kleine Wetterstation am Rande einer Teststrecke liefert: 41 Grad Celsius; 18 Prozent Luftfeuchtigkeit; 7,8 Meter Windgeschwindigkeit – und Sonne pur. Das Messgerät meldet eine Sonnenintensität von 1000 Watt pro Quadratmeter, die um gut 20 bis 25 Prozent über der üblichen „Sonnenlast“ im europäischen Hochsommer liegt.

Kein Wunder also, dass sich die Millionenstadt Phoenix (300 Sonnentage pro Jahr) mit dem Beinamen „Valley of the Sun“ schmückt. Gegründet wurde die Metropole zwar schon 1865, doch der richtige Aufschwung kam für Phoenix erst in den vierziger Jahren des vorigen Jahrhunderts – nach der Erfindung der Klimaanlage.

Neue Mercedes-Modelle gehen auf Wunsch mit einem modernen Klimasystem an den Start, das seine Umgebung mittels verschiedener Sensoren sehr genau beobachtet und die Klimaregelung kontinuierlich anpasst, wenn sich zum Beispiel die Luftfeuchtigkeit oder der Sonnenstand verändern. Elektromotoren steuern die Lüftungsklappen je nach Befehl eines Mikro-Computers, der alle Sensordaten und Messwerte analysiert.

Auch der Klima-Kompressor lässt sich bedarfsgerecht und stufenlos steuern, wobei stets die aktuellen Daten über Luftfeuchtigkeit und Temperatur berücksichtigt werden. Die wichtigsten Vorteile: Optimaler Klimakomfort für die Insassen und geringerer Kraftstoffverbrauch, weil der Kältemittel-Kompressor stets bedarfsgerecht zugeschaltet wird.

Von den rund 250 Messsignalen, die während der Tests gespeichert werden, ist den Mercedes-Experten eines stets besonders wichtig: die Sonnenintensität. Denn sie ist eines der Hauptkriterien für die exakte Beurteilung der Klimatisierungs-Automatik. Ein tellerförmiges Gerät auf dem Dach der Testwagen, das wegen seiner gläsernen Kuppel wie ein Blinklicht aussieht, liefert diese Informationen. „Sternpyranometer“ nennen die Fachleute das Gebilde. Es registriert den Stand der Sonne und ihre Energiestrahlung, die in Arizona schon am frühen Morgen für Temperaturen von immerhin knapp 34 Grad Celsius sorgt.

Arbeitsplatz: In einer Werkstatt am Rande der Teststrecke wechseln Techniker die verschiedenen Bauteile aus, die sich bei der Versuchsfahrt bewähren müssen.

Doch Hitze allein ist längst nicht das einzige Kriterium beim Test einer Mercedes-Klimaanlage. Mindestens ebenso wichtig ist den Fachleuten, dass die kühlende Technik auch unter anderen Extrembedingungen gut funktioniert – also zum Beispiel auch bei großer Hitze und gleichzeitig hoher Luftfeuchtigkeit. Deshalb sind umfangreiche Tests und Vergleichsuntersuchungen notwendig. Sie beginnen regelmäßig im trockenen Wüstenklima Arizonas, führen durchs Death Valley im US-Bundesstaat Nevada und werden anschließend in Houston (Texas) fortgesetzt, wo es regelmäßig heiß und zugleich extrem feucht ist.

Mit anderen Worten: Der Weg, bis die Entscheidung für den Serienstart einer neu entwickelten Klimaanlage oder eines modifizierten Bauteils im Klimasystem fällt, ist bei Mercedes-Benz buchstäblich sehr weit – tausende Testkilometer weit.

AIRSCARF

Unsichtbarer Schal

Wärmebilder aus dem Windkanal: Mithilfe der Thermographie-Technik testeten Mercedes-Ingenieure das AIRSCARF-System.

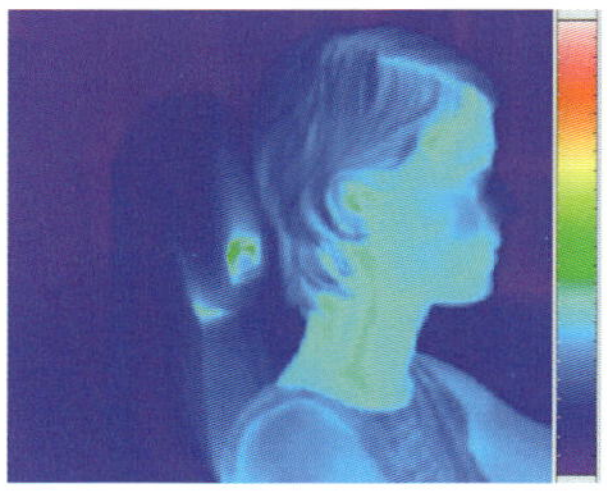

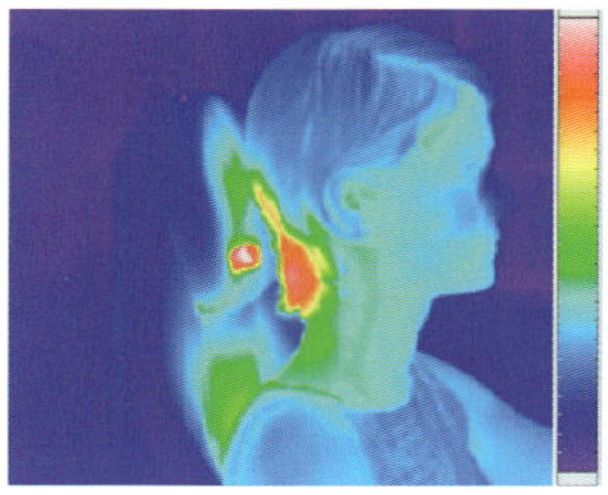

Öfter und länger – das ist die Botschaft der Mercedes-Benz SLK-Klasse an die Freunde des Offenfahrens. Sie bedeutet, dass noch mehr Touren bei geöffnetem Variodach möglich sind und dass sich die automobile Open-Air-Saison mit dem Sport-Roadster verlängert. Eine neu entwickelte Kopfraumheizung für Fahrer und Beifahrer (Wunschausstattung) macht es möglich.

AIRSCARF – zu deutsch: „Luftschal" – nennen die Mercedes-Ingenieure ihre Weltneuheit. Und so funktioniert sie auch: Aus speziellen Belüftungsöffnungen in den Kopfstützen strömt per Tastendruck warme Luft, die wie ein unsichtbarer Schal Kopf, Hals und Nacken der SLK-Insassen umströmt. Damit leistet die Stuttgarter Automobilmarke einen weiteren Beitrag zum Thema „Thermische Behaglichkeit", die seit jeher bei der Entwicklung offener Mercedes-Automobile eine Rolle spielt. Denn aufgrund ihrer langjährigen Erfahrung bei der Entwicklung von Cabriolets und Roadstern wissen die Mercedes-Ingenieure, dass ein offenes Dach allein auf Dauer kein Garant für Fahrspaß ist. Nicht minder wichtig ist der Komfort beim Offenfahren. Er wird nicht selten durch Zugluft oder ungünstige Sitzposition getrübt.

Deshalb arbeiteten die AIRSCARF-Entwickler eng mit ihren Aerodynamik-Kollegen zusammen und widmeten sich unter anderem bei Windkanaltests dem Thema Zugfreihaltung, um auf diese Weise die Grundvoraussetzung für eine wirksame Kopfraumheizung zu schaffen. Das Ergebnis ist eine auf die Höhe des Frontscheibenrahmens abgestimmte Sitzposition, sodass der Fahrtwind über die Köpfe der SLK-Passagiere geführt wird; sie sitzen also buchstäblich windgeschützt und fahren damit auch komfortabler. Zusätzlich ist die SLK-Klasse serienmäßig mit einem Windschott ausgestattet. Es wird mit wenigen Handgriffen über die beiden Überrollbügel gezogen und mittels Druckknöpfen befestigt. Seine feinmaschige Struktur bewirkt eine gleichmäßige Luftverteilung und vermeidet dadurch hohe Strömungsgeschwindigkeiten, die als Zugluft empfunden werden. Die gleiche Funktionalität bietet auch das dreiteilige Transparent-Windschott, das als Zubehör für die neue SLK-Klasse lieferbar ist.

Mit diesen aerodynamischen Maßnahmen wurden die Rahmenbedingungen für thermische Behaglichkeit beim offenen Autofahren geschaffen. Doch die SLK-Entwickler wollten noch mehr: Die Luft, die durch das Windschott beruhigt wird, sollte zusätzlich auch erwärmt werden. So entstand nach mehrjähriger Entwicklungs- und Erprobungsphase AIRSCARF.

Warmluft für den Hinterkopf:
Die Lamellen der Belüftungsöffnungen in den Kopfstützen sind nach innen gerichtet, um die warme Luft während der Fahrt optimal zu verteilen.

PTC-Heizelement in den Sitzlehnen

Bei ihren zahlreichen Testfahrten hatten die Sindelfinger Sitzentwickler verschiedene Ideen und Konzepte für die Kopfraumheizung untersucht, erkannten jedoch rasch, dass nur ein im Sitz oder in der Kopfstütze integriertes System die gewünschte Heizwirkung garantiert. Mit anderen Worten: Sehr klein und zugleich sehr leistungsstark muss die Technik sein, die einerseits im SLK-Sitz Platz findet und andererseits genügend Wärmeenergie erzeugt, um den Luftstrom im offenen Roadster-Innenraum zu temperieren.

Diesen technischen Zielkonflikt lösten die Mercedes-Ingenieure mithilfe der modernen Hochleistungskeramik: Verschiedene Elemente aus Bariumtitanat und anderen Metalloxiden werden mit Strom versorgt, erhitzen sich dabei sekundenschnell und geben kontinuierlich Wärme ab. Das 12-Volt-Bordnetz des Autos wird dabei nicht überstrapaziert, denn ab einer bestimmten Temperatur steigt der elektrische Widerstand der Keramik sprunghaft an und verringert dadurch die Leistungsaufnahme; die Wärmeleistung bleibt dennoch konstant. So wird ein Gleichgewicht zwischen der zugeführten elektrischen Energie und der Wärmeabgabe erzielt.

Fachleute sprechen in diesem Zusammenhang von einem positiven Temperaturkoeffizienten – oder auf Englisch „Positive Temperature Coefficient" (PTC). Neben dem geringen Platzbedarf zählen vor allem die Schnelligkeit beim Aufheizen und die gleich bleibende Wärmeleistung zu den Vorteilen dieser Technik.

Der nur wenige Zentimeter große PTC-Luftheizer des AIRSCARF-Systems, der in der Rückenlehne des SLK-Sitzes Platz findet, besteht aus mehreren rechteckigen Keramikelementen mit einer Heizleistung von insgesamt rund 216 Watt. Sie geben die Wärme über Aluminiumlamellen an die Luft ab, die zwischen den einzelnen Keramiken angeordnet sind. Ein Gebläse verteilt die Luft über einen Kunststoffkanal bis in die Kopfstütze, wo sie aus einer speziellen Belüftungsöffnung strömt und Nacken, Hals und Kopf der SLK-Insassen erwärmt.

Regelung je nach Fahrgeschwindigkeit und Außentemperatur

AIRSCARF ist mit einer Dreistufen-Schaltung und einem elektronischen Steuergerät ausgestattet, das die Kopfraumheizung bedarfsgerecht regelt. Der Mikro-Computer steht via Datenbus mit dem Tachometer, dem Temperatursensor in der Mittelkonsole und dem Außenthermometer des Mercedes-Roadsters in Kontakt. Diese aktuellen Daten vergleicht er mit gespeicherten Kennlinien für bestimmte Umgebungs- und Fahrsituationen.

Das System startet auf Knopfdruck in der Schalterstellung 3 und regelt sich anschließend je nach Außentemperatur und Fahrtempo ein. Dabei passt AIRSCARF die Gebläsedrehzahl stets so an, dass in der jeweiligen Situation die bestmögliche Warmluftverteilung erzielt wird. Diese adaptive Steuerung ist bis 120 km/h aktiv – danach arbeitet das System mit einer konstanten Einstellung.

Heizung in der Rückenlehne:
Das Kernstück des AIRSCARF-Systems ist ein PTC-Heizelement, das in der Rückenlehne Platz findet.

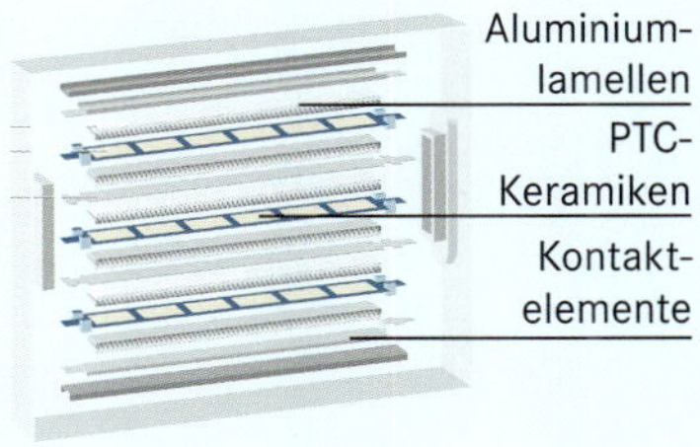

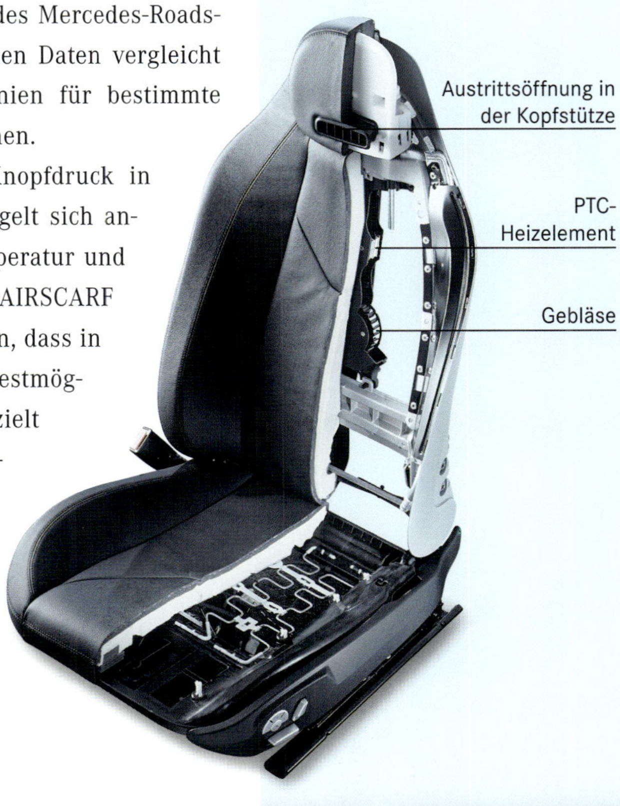

Intelligenter laden

Beim T-Modell der E-Klasse bezeichnet Mercedes-Benz Innovationen, die dem Autofahrer das Be- und Entladen des Gepäckabteils, die sichere Befestigung des Ladeguts und das Platz sparende Unterbringen verschiedenster Utensilien erleichtern, mit dem Begriff EASY-PACK. In der neuen A-Klasse trägt dieses Paket die Namen EASY-VARIO und EASY-VARIO PLUS. Stets ist die Fondsitzanlage das Kernstück der intelligenten Systeme. Sie ermöglicht ein Maximum an Variabilität, denn mit ihrer Hilfe lässt sich der Innenraum nach individuellem Sitzplatz- und Raumbedarf an die verschiedensten Transportaufgaben anpassen.

In der neuen A-Klasse lautet das Variabilitätsprinzip „Umbau vor Ausbau.“ Mit jeweils nur einem Handgriff klappen zuerst die Sitzkissen und anschließend die Lehnen einzeln oder gemeinsam vor, sodass sich die Tiefe des Laderaums um 649 auf 1372 Millimeter und das Fassungsvermögen des Kofferraums von 435 auf bis zu 980 Liter vergrößert. Um noch mehr Platz für Gepäck, Freizeit- oder Sportgeräte zu schaffen, kann das 2/3-Sitzkissen der fünftürigen A-Klasse vollständig herausgenommen und unter dem in der Höhe einstellbaren Laderaumboden verstaut werden. In diesem Fall beträgt das maximale Gepäckraumvolumen 1485 Liter und entspricht damit den Dimensionen eines Mini-Vans.

Durch den in der Höhe um 90 Millimeter verstellbaren Laderaumboden entsteht im Fond nach dem Vorklappen der Fondsitzlehne eine ebene Ladefläche. Da die neue A-Klasse serienmäßig mit dem innovativen Reifendichtmittel TIREFIT ausgestattet ist, dient die Reserveradmulde als praktischer, nicht einsehbarer Stauraum. Je nach Position des Laderaumbodens hat er ein Volumen von 67 oder 118 Litern.

Das auf Wunsch lieferbare EASY-VARIO-System beinhaltet bei der dreitürigen A-Klasse den höheneinstellbaren Laderaumboden und die herausnehmbaren Fondsitzkissen (1/3- und 2/3-Teil). Für den Fünftürer ist das EASY-VARIO-PLUS-System lieferbar, das die neue A-Klasse im Innenraum auf Wunsch zum Lastenträger verwandelt:

Beide Fondsitze lassen sich komplett – einzeln oder gemeinsam – herausnehmen und die Füße der Sitzkissen können weggeklappt werden. Dadurch vergrößert sich das Ladevolumen bei Ausbau ...

Intelligentes Konzept: Das EASY-VARIO-Paket der A-Klasse bietet vielerlei Möglichkeiten für die Gestaltung des Innenraums. Das herausnehmbare Fondsitzkissen lässt sich unter dem Laderaumboden verstauen (kleines Foto oben).

- des $^{1}/_{3}$-Fondsitzes auf 710 Liter (bei dachhoher Beladung: 945 Liter)
- des $^{2}/_{3}$-Fondsitzes auf 870 Liter (bei dachhoher Beladung: 1185 Liter)
- beider Fondsitze auf 1150 Liter (bei dachhoher Beladung: 1580 Liter)

Die Lehne des Beifahrersitzes klappt nach vorne, sodass sich der Ladebereich von der Heckklappe bis zur Instrumententafel auf rund 2,34 Meter verlängert. Der Beifahrersitz ist komplett demontierbar. Auf diese Weise bietet die A-Klasse ein maximales Ladevolumen von bis zu 1995 Litern. Der Ladebereich von der Heckklappe bis zum vorderen Fußraum misst dann etwa 2,75 Meter.

Beim T-Modell der E-Klasse erleichtert ein hydraulisch angetriebener EASY-PACK-Laderaumboden (Wunschausstattung) das Be- und Entladen des Fondbereichs: Auf Knopfdruck an der Heckklappe wird er angehoben und fährt um 400 Millimeter heraus. Überdies lässt sich der 933 Millimeter breite Laderaumboden hochklappen; eine Gasdruckfeder hält ihn selbsttätig in geöffneter Stellung. Darunter überrascht das Heckabteil des T-Modells der E-Klasse je nach Line mit bis zu zwei weiteren „Untergeschossen“: Die Modelle ELEGANCE und AVANTGARDE stattet Mercedes-Benz mit einem zusätzlichen, vielseitig nutzbaren EASY-PACK-Ladeboden aus, dessen abgeteilte Fächer sich zum Beispiel für die Unterbringung von Regenschirm, Atlas, Compact Discs und Einkaufsbox eignen. Im zweiten „Untergeschoss“ befindet sich in Form der Reserveradmulde ein weiteres Staufach mit einem beachtlichen Fassungsvermögen von 120 Litern – Platz genug für Schuhe, Rollerskates und andere Utensilien. Bei eingesetztem Fachboden bietet das Staufach 40 Liter Ladevolumen. Die Reserveradmulde wird normalerweise nicht benötigt, denn ebenso wie die Limousine der E-Klasse fährt auch das T-Modell serienmäßig mit dem praktischen Reifendichtmittel **TIREFIT** (▶ Seite 155) von der Montagelinie.

Praktische Helfer:
Das EASY-PACK-System enthält unter anderem eine Ablagebox hinter den Fondsitzen, einen elektrisch ausfahrbaren Ladeboden (oben) sowie einen zusätzlichen Ladeboden mit Fächern (links).

Den Raum hinter den Rückenlehnen der Fondsitze können Passagiere des T-Modells der E-Klasse für die von außen nicht sichtbare Unterbringung von Regenschirm, Schuhen, Strandmatte oder anderen Utensilien bis zu einem Gesamtgewicht von 20 Kilogramm nutzen. Eine mit wenigen Handgriffen herausnehmbare EASY-PACK-Ablagebox macht es möglich. Zum praktischen EASY-PACK-System gehört ebenfalls ein praktisches „Fixkit“ zur **Ladegutsicherung** (▶ Seite 67).

Dritte Sitzreihe für Kinder

Auf Wunsch liefert Mercedes-Benz das T-Modell der E-Klasse auch als Siebensitzer. Die beiden zusätzlichen Sitzplätze entgegen der Fahrrichtung werden im Gepäckraum untergebracht, lassen sich mit wenigen Handgriffen wegklappen und verschwinden dann vollständig unter dem Laderaumboden. Ausgestattet mit höheneinstellbaren Kopfstützen, Dreipunkt-Automatikgurten, Cupholdern und kleinen Gepäcknetzen bietet diese dritte Sitzreihe Kindern bis zu einer Körpergröße von 1,40 Metern und einem Gewicht von maximal 50 Kilogramm eine bequeme Mitfahrmöglichkeit.

Interieur-Gestaltung mit Gefühl

Tasten und testen: Haptik-Untersuchung im Forschungslabor und in Prototypen neuer Mercedes-Modelle.

Haptik und Ergonomie – das sind zwei wichtige Aufgaben bei der Innenraumentwicklung neuer Mercedes-Personenwagen. Oberflächenmaterialien, Anzeige-Instrumente, Schalter und Bedienregler kommen auch unter diesen Gesichtspunkten auf den Prüfstand: Im Customer Research Center der DaimlerChrysler-Forschung in Berlin untersuchen Wissenschaftler bei Tests mit Autofahrerinnen und Autofahrern verschiedene Varianten der Ausstattungsmaterialien und entwickeln Methoden, um die subjektive Wahrnehmung ihrer Testteilnehmer wissenschaftlich objektiv zu messen und zu beurteilen. Damit geben sie wertvolle Hinweise für Technik und Gestaltung des Interieurs.

Auf Basis der aufwändigen wissenschaftlichen Untersuchungen definieren die Fachleute die Mercedes-Formel für bestmögliche Haptik und Ergonomie, den „TAF-Faktor“ (Touch-and-feel-Faktor).

Haptik – die Lehre vom Tastsinn – verstehen die Mercedes-Fachleute als einen wichtigen Beitrag zum Wohlbefinden. Das Ertasten von Materialien kommt einer sinnlichen Entdeckung gleich, die ebenso wie das visuelle Erlebnis die Meinungsbildung und die Einstellung zu einem neuen Automobil prägen. Mehr noch: Die Untersuchungen der Forschung zeigen, dass Qualität und Anmutung von Materialen vorrangig durch die haptische Wahrnehmung erlebt werden. Deshalb arbeitete das Entwicklungsteam nach einem unmissverständlichen Grundsatz: „Was schön aussieht, muss sich auch gut anfühlen.“

Beispiel A-Klasse: Die Mittelkonsole zeigt das perfekte Zusammenspiel von Haptik und Ergonomie. Die Sichtflächen der Schalter und Bediengeräte sind mit einem speziellen Lack behandelt, der für den seidigen Glanz und die weiche Oberfläche sorgt. Die Fachleute haben auch diesen „Soft-Touch-Lack“ in den Berliner Haptik-Labors der DaimlerChrysler-Forschung untersucht und ermittelt, welche Schichtdicke erforderlich ist, damit die Oberflächen von den Autofahrerinnen und Autofahrern als angenehm empfunden werden. Der haptische Sinn erwies sich dabei als so feinfühlig, dass Unterschiede von wenigen Mikrometern ertastet wurden.

Schalten und fühlen: Ergonomisch günstige Push-Push-Schalter mit sanftem „Klick“-Geräusch.

Taster mit neuer Technik

Technik und Funktionsprinzip der Taster und Regler entsprechen ebenfalls Erkenntnissen, die DaimlerChrysler-Forscher bei Haptik-Tests mit rund 120 Autofahrerinnen und Autofahrern gewannen. Dabei wurden sowohl die Betätigungskräfte und der Kraft-Weg-Verlauf als auch die sinnliche Wahrnehmung beim Tastendruck oder beim anschließenden „Klick“-Geräusch beurteilt. Das Ergebnis ist eine neue Schaltergeneration, die auf dem so genannten Push-Push-Prinzip basiert. Im Klartext: Einmal drücken genügt, um die jeweilige Funktion ein- oder auszuschalten. Stets rasten die Taster mit einem sanften „Klick“ ein und geben den Auto-Insassen auf diese Weise auch akustisch eine Rückmeldung, dass die gewünschte Funktion aktiviert ist.

Qualität und Wertanmutung: Die haptische Wahrnehmung der Materialien prägt die Einstellung der Kunden zu einem neuen Modell.

Ein weiteres wichtiges Kriterium für Mercedes-typische Haptik lautet Material-Ehrlichkeit. Weil die menschlichen Sinne miteinander interagieren und die Wahrnehmung deshalb stets ganzheitlich erfolgt, wollen die Fachleute der Stuttgarter Automobilmarke ihre Kunden nicht durch „unechte“ Materialien enttäuschen. Ein Beispiel für den Mercedes-Anspruch: „Was wie edles Holz aussieht, ist auch echtes **Holz**.“ (▶ Seite 89)

Komfort in vier Zonen

Die zahlreichen Testreihen der Pkw-Entwicklung von Mercedes-Benz und der DaimlerChrysler-Forschung belegen es mit aller Deutlichkeit: Eine leistungsfähige Klimaanlage ist eine der wichtigsten Voraussetzungen, um auf langen Strecken fit zu bleiben. Konzentrationsvermögen und Reaktionsbereitschaft des Autofahrers hängen in entscheidendem Maße vom Raumklima ab. So leistet die Klimaanlage wichtige Beiträge für die so genannte **Konditionssicherheit** (▶ Seite 65), einer Entwicklungsdisziplin, die bei Mercedes-Benz immer größere Bedeutung erlangt, weil sie Sicherheit und Komfort eines Automobils gleichermaßen tangiert. Eine der modernsten und leistungsfähigsten Klimasysteme ist die THERMOTRONIC. Hier lässt sich nicht nur die Temperatur, sondern auch die Luftverteilung für Fahrer- und Beifahrerseite getrennt einstellen; die gewünschten Temperaturwerte erscheinen als Displayanzeige. Überdies bietet das Bediengerät auch die Möglichkeit, einen serienmäßigen Aktivkohlefilter zuzuschalten, der sowohl im Frischluft- als auch im Umluftbetrieb einsatzbereit ist und Schadgase adsorbiert.

Wie alle modernen Mercedes-Klimaanlagen arbeitet auch die THERMOTRONIC auf Basis verschiedener Sensorinformationen, die Daten über die Innentemperatur, über die Außentemperatur sowie über die Luftfeuchtigkeit enthalten. In Verbindung mit einem stufenlos regelbaren Kältemittelverdichter ermöglicht der Taupunktsensor für die Luftfeuchtigkeit eine bedarfsgerechte und damit wirtschaftliche Steuerung der Klimatisierungs-Automatik. Die stufenlose Regelung übernimmt ein Magnetventil; es variiert das Hubvolumen des Klima-Kompressors.

Variabel steuert die Klimaanlage auch die Umluftschaltung: Bei hohen Außentemperaturen verändert der Mikro-Computer automatisch den Umluftanteil der einströmenden Luft, um den Innenraum schneller abzukühlen und den Leistungsbedarf der Anlage zu begrenzen. Eine weitere Besonderheit ist die so genannte Tunnelschaltung: Drückt der Autofahrer für längere Zeit (ca. zwei bis drei Sekunden) auf die Umlufttaste, schließen sich neben der Umluftklappe im Klimagerät automatisch auch alle offenen Seitenfenster und das Schiebedach. Bei nochmaligem Knopfdruck fahren sie in die vorherigen Positionen.

Das Nonplusultra des Klima-Komforts ist aber zweifellos die so genannte Vier-Zonen-Klimatisie-

Mobiler Kühlschrank: Die THERMOTRONIC arbeitet mit einem variabel regelbaren Klima-Kompressor, dessen Leistung je nach Luftfeuchtigkeit gesteuert wird.

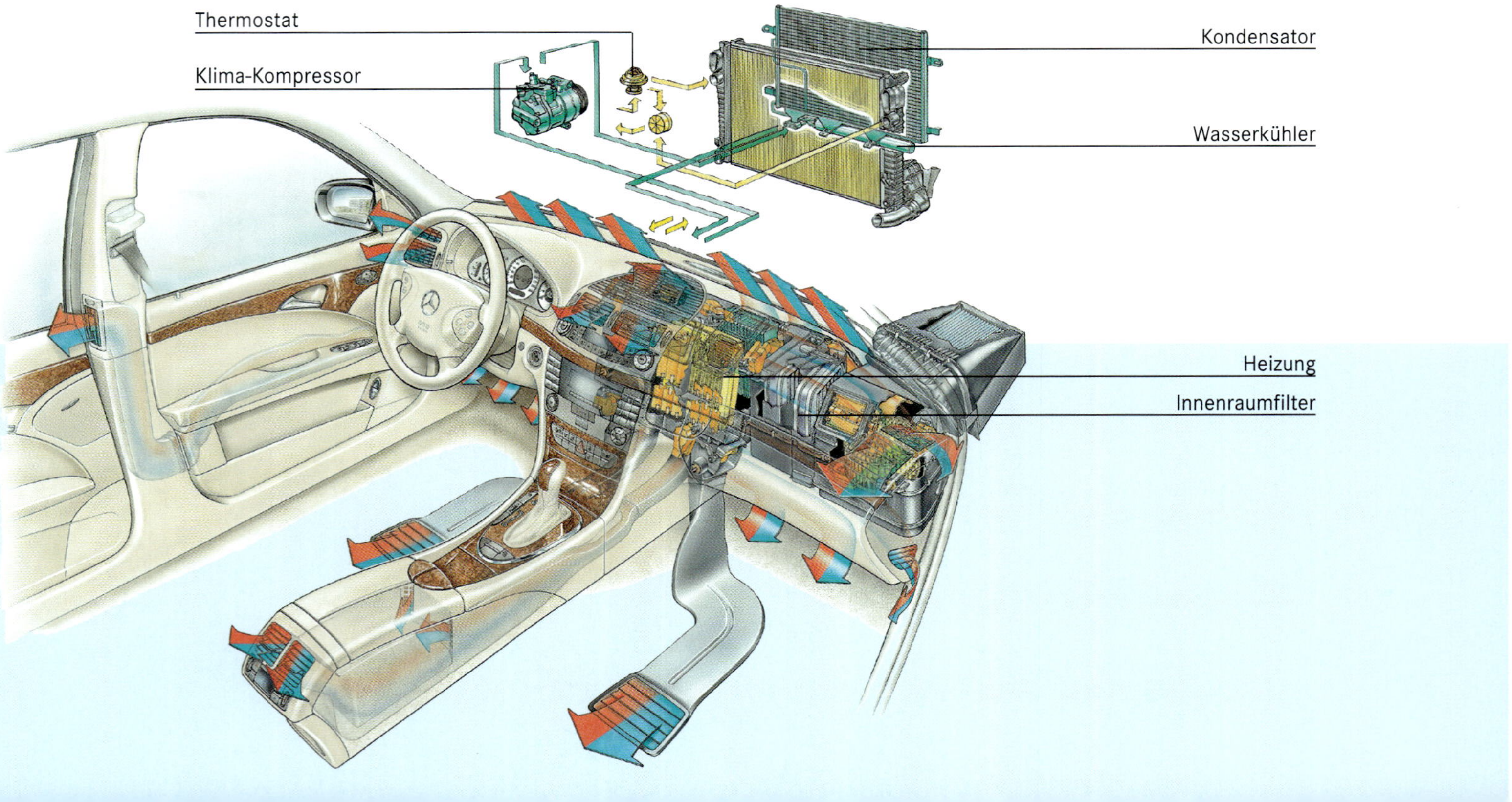

rung der THERMOTRONIC in der E-Klasse. „Vier Zonen“ bedeutet, dass der Mikro-Computer die Temperatur für Fahrer und Beifahrer sowie für die Mitfahrer auf den äußeren Sitzplätzen im Fond individuell berechnet und dosiert. Jeder dieser vier Passagiere kann seine persönliche Wunschtemperatur einstellen – zusätzlich erfasst das System den Sonnenstand und sorgt mittels automatischer Temperatur- und Luftmengenregelung dafür, dass die gewünschten Werte an jedem der vier Sitzplätze konstant bleiben.

Ebenso wie Fahrer und Beifahrer steht auch den Fondpassagieren ein Bediengerät zur Einstellung der Wunschtemperatur und zur Dosierung der Luftmenge zur Verfügung.

Sensor für die Sonneneinstrahlung

Für die Luftverteilung sind bei der Vier-Zonen-Klimatisierung insgesamt zwölf Elektromotoren im Klimagerät und ein leistungsfähiger Mikro-Computer erforderlich, der eine Vielzahl von Sensordaten verarbeitet. Dazu gehören unter anderem nicht nur die Werte der Innen-, Außen- und Kühlmitteltemperatur, sondern auch die Position der Seitenfenster und des Schiebedachs. Ebenso wichtig ist die Messung der Sonneneinstrahlung ins Fahrzeug, die ein Vier-Quadranten-Sonnensensor auf der Motorhaube übernimmt. Er steuert Luftmenge und Lufttemperatur je nach Einfallswinkel der Sonne für jeden der vier Sitzplätze.

Über die Luftfeuchtigkeit und den Schadstoffgehalt der Außenluft wacht ein Multifunktionssensor. Übersteigt die Stickoxid- und Kohlenmonoxidkonzentration in der Luft einen bestimmten Wert, schaltet die Vier-Zonen-THERMOTRONIC in den Umluftmodus. Die individuellen Temperatureinstellungen des Autofahrers und seiner drei Passagiere werden bei Ausstattung mit dem Memory-Paket automatisch im elektronischen Zündschlüssel der E-Klasse gespeichert.

Zweite Klimaanlage im Fond

In der S-Klasse ermöglicht eine auf Wunsch lieferbare, separate Fond-Klimaanlage die Vier-Zonen-Klimatisierung. Sie ist via **Datenbus** (▶ Seite 97) mit dem Klima-Steuergerät verbunden, das die von den Passagieren vorgewählten Soll-Werte zusammen mit den Informationen über die Sonneneinstrahlung an den verschiedenen Sitzplätzen verarbeitet und somit eine individuelle Luft- und Temperaturverteilung vornehmen kann. Die Regulierung des Fondbereichs übernimmt der Mikro-Rechner der dortigen Klimaanlage. Nehmen auf den Einzelsitzen bzw. auf der Sitzbank im Fond der S-Klasse keine Mitfahrer Platz, stellt die Elektronik automatisch einen Wert von 22 Grad Celsius ein.

Getrennte Regelung:
Sowohl Fahrer und Beifahrer als auch die Fondpassagiere können die gewünschte Temperatur individuell einstellen.

Interessante Vorschau:
Bei der Klimaanlagen-Entwicklung untersuchen Mercedes-Ingenieure die Luft- und Temperaturverteilung im Innenraum mittels Computersimulation.

MASSKONZEPTION

Millimeterarbeit für den Menschen

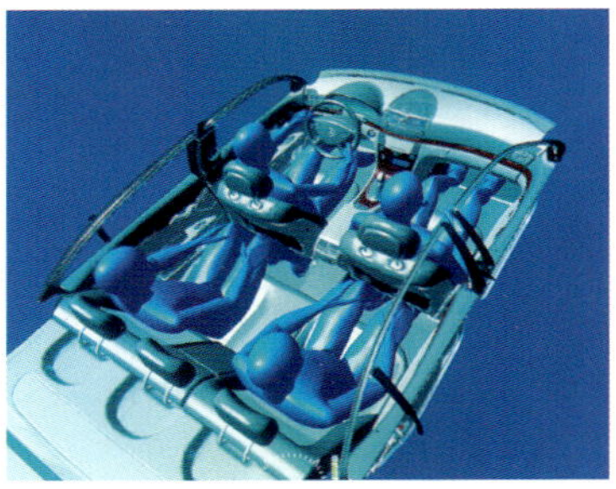

Probesitzen:
Im frühen Entwicklungsstadium ermöglicht das RAMSIS-Programm (oben) die Maßkonzeption neuer Modelle.

Zu einem harmonischen, optimal an den Autofahrer adaptierten Fahrzeuggesamtkonzept gehört vor allem die ergonomische Gestaltung des Innenraums. Mercedes-Benz widmet diesem Aspekt schon seit vielen Jahren besondere Aufmerksamkeit und berücksichtigt dabei auch wissenschaftliche Erkenntnisse anderer Forschungsdisziplinen wie der Psychologie, der Medizin und der Bio-Mechanik.

Die Anpassung des Automobils an den Menschen beginnt mit einfachen Dingen – mit messbaren Größen, die für Platzangebot, Ergonomie, Komfort und Sicherheit ausschlaggebend sind: Kopffreiheit, Knieraum, Schulterbreite, Sitzplatzabstand und andere Maßangaben geben darüber Aufschluss. Ihre Festlegung erfordert von den Ingenieuren buchstäblich Weitblick: Der Maßkonzeption der Mercedes-Personenwagen liegt das Gardemaß des so genannten „95-Prozent-Mannes" des Jahres 2005 zugrunde, dessen Körperhöhe den heutigen Wert deutlich überragt. Der „95-Prozent-Mann" ist für die Automobilentwickler die obere Grenze der menschlichen Körpermaße; nur fünf Prozent der männlichen Bevölkerung Europas sind noch größer.

Diesem Größenwachstum tragen die Ingenieure von Mercedes-Benz bei der Maßkonzeption Rechnung, entwickeln jedoch Auto-Innenräume, in dem sich Menschen aller Größenklassen wohl fühlen. Dazu gehört auch die „Fünf-Prozent-Frau", die das Maß für die untere Grenze der menschlichen Längenskala markiert. Vordersitze mit vielen individuellen Einstellmöglichkeiten und einem großen, stufenlosen Längsverstellweg von bis zu 290 Millimetern sowie eine Lenksäule, die sich in der Höhe und in der Länge einstellen lässt, machen die individuelle Anpassung leicht.

Um auch bei der Maßkonzeption und Interieurgestaltung schon in einem frühen Planungsstadium neuer Modelle präzise Daten zu bekommen, setzen Mercedes-Ingenieure neuartige Testverfahren ein, die mittels Computersimulation die Nachbildung menschlicher Verhaltens- und Bewegungsmuster ermöglichen. Sie erzeugen einen Auto-Passagier namens RAMSIS, der per Mausklick nicht nur stehen und gehen kann, sondern auch jede gewünschte Sitzposition einnimmt oder seine Arme und Hände bewegt. Das Akronym RAMSIS steht für „Rechnergestütztes Anthropologisch-Mathematisches System zur Insassensimulation".

Großzügiges Platzangebot, perfekte Ergonomie, moderne Assistenzsysteme, höchsten Klimakomfort – das wünschen sich Autofahrer auf langen Strecken. Auch fürs körperliche Wohl soll bestens gesorgt sein, zum Beispiel durch gute Sitze und vielerlei Möglichkeiten für individuellen Sitzkomfort.

Durchblick:
Die Antenne der automatischen Kindersitzerkennung und die Ventilatoren der aktiven Sitzbelüftung befinden sich unter dem Sitzpolster.

Mercedes-Benz trägt diesen Wünschen Rechnung – durch vielseitige Einstellmöglichkeiten der Vordersitze und aufwändige Konstruktionen für guten Federungs- und Schwingungskomfort. Dafür sorgen zum Beispiel in der E-Klasse zwei Schwingschalen aus Aluminium, die im vorderen Bereich zwecks Neigungseinstellung drehbar gelagert sind und sich hinten auf zwei kleinen Schraubenfedern abstützen. Dadurch schwingen die Sitzschalen auf dem Metallrahmen und können neben den Schaumkissen, die ebenfalls in den Aluminiumschalen liegen, weitere Federungs-Dämpfungs-Aufgaben übernehmen. Die Technik dieses so genannten Schwingsitzes bewährt sich in ähnlicher Weise auch in der Mercedes-Benz C-Klasse und in den Roadstern der SLK-Klasse.

In den Stahlrahmen der Rückenlehnen liegen großflächige Gummihaarmatten, die zusammen mit Schaumpolstern hohen Sitzkomfort bieten. Zur Serienausstattung gehört außerdem eine manuell einstellbare Lordosenstütze im Fahrer- und Beifahrersitz. Den Beifahrersitz statten die Mercedes-Ingenieure serienmäßig mit einem Antennensystem für die automatische **Kindersitz-Erkennung** (▶ Seite 59) aus.

Noch mehr Sitzkomfort bietet der auf Wunsch lieferbare Multikontursitz. Er ist mit verschiedenen aufblasbaren Luftkammern ausgerüstet, die eine individuelle Einstellung der Lehnen- und Sitzkontur erlauben. Auf dieser Technik basiert der neuartige fahrdynamische Multikontursitz, der in der E-Klasse Weltpremiere feierte. Auch er ist mit verschiedenen Luftkammern ausgestattet – eine am vorderen Sitzkissen, zwei im Lendenbereich und jeweils eine in beiden Seitenwangen der Rücklehne –, die sich je nach Fahrsituation automatisch füllen oder leeren. Diese elektropneumatische Steuerung übernimmt ein Computer im Sitz, der binnen Sekundenbruchteilen Daten wie Lenkwinkel, Querbeschleunigung und Fahrgeschwindigkeit verarbeitet, um den Fülldruck und das Volumen der Luftkammern situationsgerecht zu variieren. So pumpt das System beispielsweise in einer Linkskurve die

Bewegung:
Der fahrdynamische Multikontursitz passt die Sitzkontur automatisch der jeweiligen Fahrsituation an.

Luftkammern in der rechten Lehnenseite automatisch stärker auf, um den Passagieren auf diese Weise mehr Seitenhalt zu bieten.

Neu entwickelte, überaus leistungsfähige und schnell schaltende Magnetventile im integrierten Steuergerät machen diese Dynamikfunktion möglich. Fahrer und Beifahrer können zwischen zwei Stufen der fahrdynamischen Unterstützung wählen.

Propeller:
Mehrere dieser Mini-Ventilatoren belüften den Sitz und kühlen ihn wirksam ab.

Sanfte Rückenmassage und aktive Belüftung

Überdies beinhaltet dieser Sitz eine Massagefunktion, die spürbar zur Entlastung der Rückenmuskulatur beiträgt und den Stoffwechsel der Bandscheiben fördert: Nach dem Druck auf die Taste „Pulse“ pulsieren die beiden unteren Luftkammern im Lendenwirbelbereich, weil das System in genau definierter Programmfolge Luft hineinpumpt und anschließend wieder abbläst. Dabei wird ständig zwischen einer Einstellung mit mittlerem und mit hohem Luftdruck gewechselt. Diese „Rückenmassage“ – die Fachleute sprechen von „dynamischer Lordosenstütze“ – dauert fünf Minuten und kann jederzeit wiederholt werden.

Auch die aktive Sitzbelüftung ist eine Mercedes-Entwicklung, die den Sitzkomfort deutlich verbessert. Die Technik: Mini-Ventilatoren in jedem der beiden Vordersitze saugen aus dem Fußraum kühle Luft an und lassen sie mittels spezieller Kunststoffkanäle und eines luftdurchlässigen Gewebes gleichmäßig aus der Perforation in der Sitzoberfläche strömen. Auf diese Weise kühlen sich die von der Sonne aufgeheizten Sitzflächen ab und sorgen für ein angenehmes Sitzklima. Die Luftgeschwindigkeit lässt sich in drei Stufen regulieren.

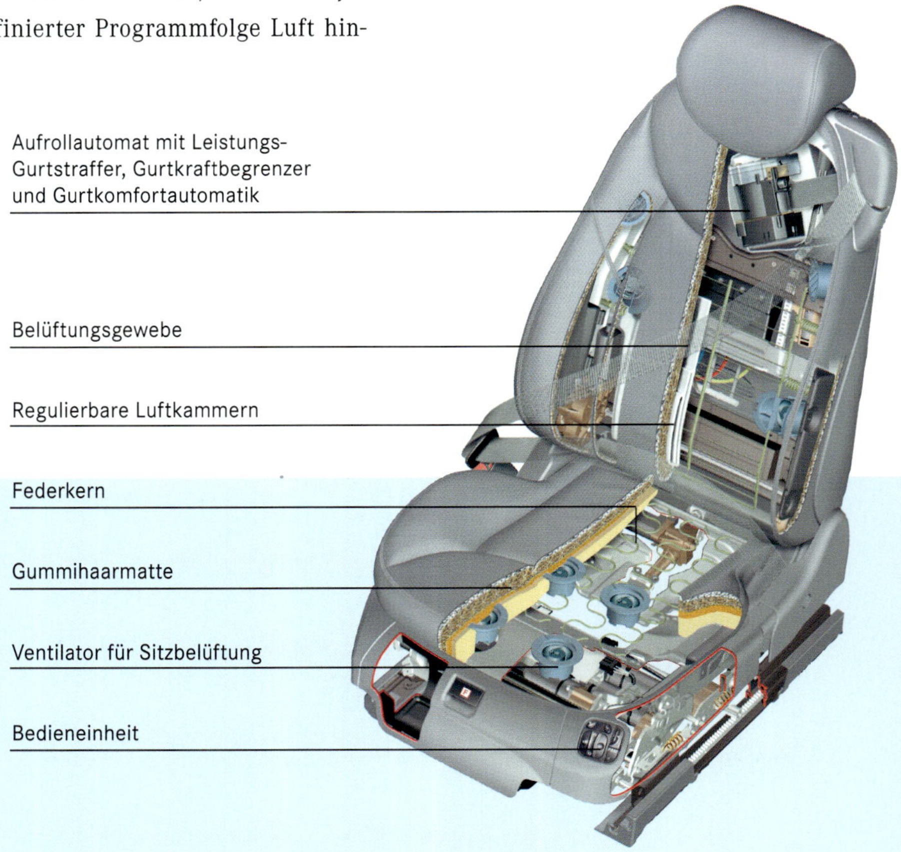

Struktur:
Der serienmäßige Integralsitz der SL-Klasse zeichnet sich durch eine stabile Aluminiumstruktur, Federkerntechnik und Lordosenstütze aus. Der Dreipunkt-Sicherheitsgurt ist in die Sitzlehne integriert.

Naturprodukt:
Weiches Leder, hochwertiges Aluminium und edle Hölzer zieren die Innenräume der Mercedes-Modelle.

Das Naturprodukt Holz verleiht dem Innenraum eines Mercedes-Benz eine exklusive Atmosphäre. Die Zierteile aus Esche, Kastanie, Vogelaugenahorn, Wurzelnuss oder anderen edlen Holzsorten werden mithilfe aufwändiger Verfahren geformt und individuell je nach Farbe und Struktur zusammengestellt. So bekommt jedes Interieur seine ganz persönliche Note. Bewusst werden seit vielen Jahrzehnten nur Echthölzer verwendet, um den exklusiven Charakter der Mercedes-Modelle zu unterstreichen. In der S-Klasse wird zum Beispiel für alle Modellvarianten eine Edelholz-Ausstattung in Calyptus-Holz angeboten, das von australischen Plantagen stammt. Darüber hinaus steht auf Wunsch Kastanien- oder Wurzelnuss-Holz aus nordamerikanischer Plantagen-Produktion zur Auswahl.

Die geschwungene Gestaltung der Holz-Zierteile, beispielsweise an der Instrumententafel der S-Klasse, lässt sich nur mithilfe spezieller Produktionsverfahren verwirklichen: Nachdem die Furniere aus den vorbehandelten Wurzelknollen geschnitten wurden, stehen vom Sortieren der Furniere nach Qualität bis zum Reinigen der fertigen Teile mehr als ein Dutzend weitere Arbeitsschritte auf dem Programm, die inklusive aller Trockenphasen rund 25 Arbeitstage in Anspruch nehmen. Anschließend werden einzelne Holz-Zierteile von Fachleuten sorgfältig zu kompletten Sätzen zusammengestellt, die farblich und in ihrer Struktur harmonieren. So bekommt jedes Modell durch das hochwertige Naturprodukt Holz eine individuelle Note – kein Mercedes-Benz gleicht in diesem Punkt dem anderen.

Eine weitere Besonderheit ist die schmale Chromleiste an der oberen Kante der Holz-Zierstäbe. Erstmals bringen die Mercedes-Designer auf diese elegante Weise die Werkstoffe Holz und Metall zusammen – ein neuartiges, aufwändiges Herstellungsverfahren macht es möglich.

Hochwertiges Aluminium ist ein weiteres Ziermaterial für den Innenraum der Mercedes-Personenwagen. Es kommt zum Beispiel im SL-Sportwagen zum Einsatz und gibt den Bedienelementen in der Mittelkonsole einen stilvollen Rahmen. Die Oberfläche des Zierteils wird in einem aufwändigen Verfahren zuerst fein strukturiert und anschließend mit Klarlack beschichtet.

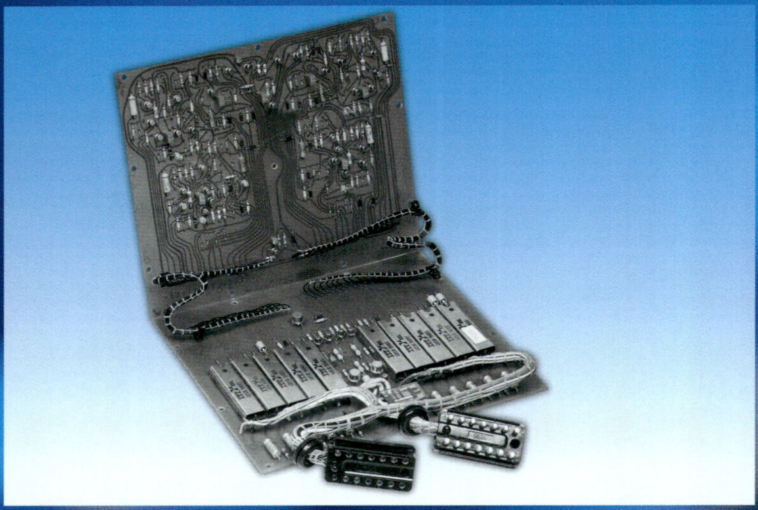

Vorläufer: Beim Steuergerät des Anti-Blockier-Systems zeigte die Mikro-Elektronik erstmals 1970 ihre Stärken. Serientauglich wurde die Technik allerdings erst acht Jahre später.

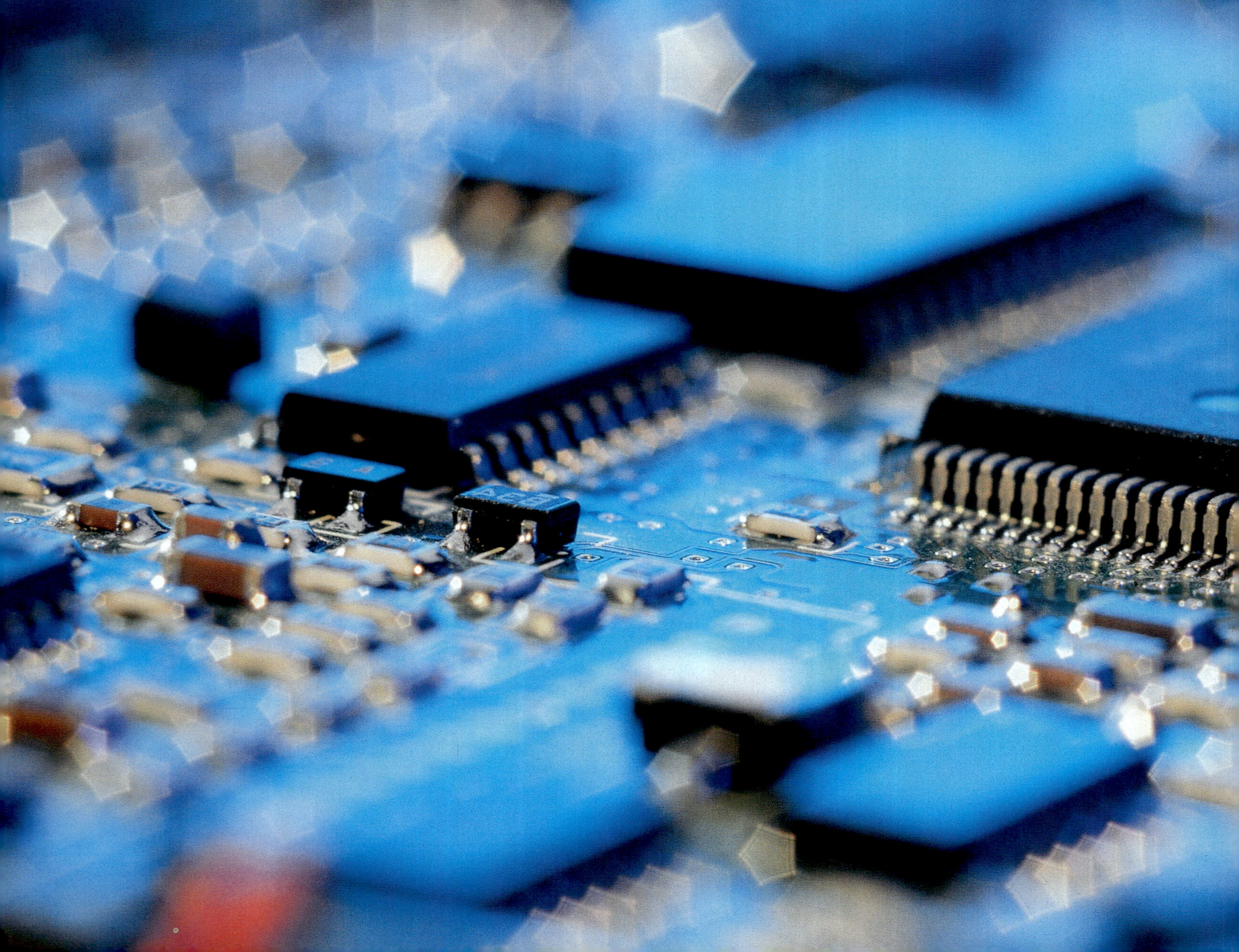

ELEKTRONIK

Total digital

Ob ESP®, Getriebe oder Airbag – ohne die Mikro-Elektronik funktioniert in modernen Automobilen fast nichts. Sie ist der Motor des technischen Fortschritts, steigert den Komfort, verringert den Kraftstoffverbrauch und erhöht die Sicherheit.

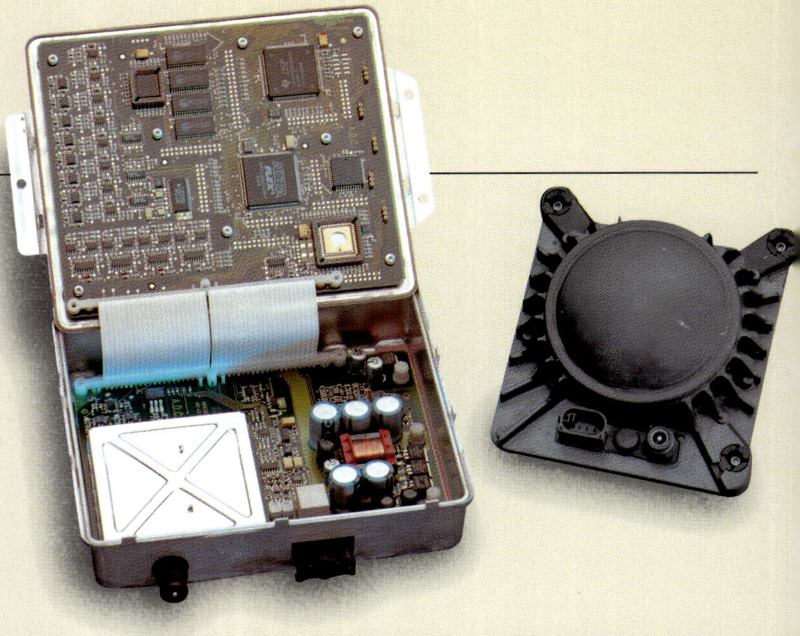

Schnellrechner: Der Abstandsregel-Tempomat DISTRONIC ist mit einem der leistungsfähigsten Mikro-Prozessoren im Automobilbau ausgestattet.

Revolutionen beginnen oft im Stillen – vor allem, wenn es sich um Revolutionen auf dem Gebiet der Naturwissenschaften handelt. Ein kleines Labor, eine zum Experimentier-Zimmer umgebaute Küche oder eine schlichte Werkstatt, solche verborgenen Orte waren in der Vergangenheit nicht selten Geburtsstätten bedeutsamer technologischer Errungenschaften. Auch William Shockley, John Bardeen und Walter Brattain hatten nur recht bescheidene Möglichkeiten. Mehr als eine Büroklammer, ein Stück Germanium und eine Goldfolie brauchten die amerikanischen Wissenschaftler allerdings auch nicht, um gegen Ende des Jahres 1947 das Prinzip ihrer bahnbrechenden Entdeckung zu demonstrieren: den Transistor, ein kleines und langlebiges Verstärker-Bauelement.

Mit diesem Halbleiter, dessen Grundlagenforschung schon rund 20 Jahre vorher begonnen hatte, nahm eine technologische Revolution ihren Lauf, die unser Leben komplett veränderte. Vom Radiowecker bis zum Heimtrainer, vom Toaster bis zum Radio, von der Waschmaschine bis zum Telefon, kaum ein technischer Gebrauchsgegenstand kommt heute ohne Mikro-Elektronik aus.

Aus dem einzelnen Transistor als Ersatz für die Elektronenröhre wurden im Laufe der Zeit Platinen mit mehreren solcher Bauelemente, die sich später zu immer komplexeren Schaltkreisen entwickelten: den Mikro-Chips. Auf wenigen Quadratmillimetern sind hier Millionen von Transistor-Funktionen zusammengefasst – einschließlich aller notwendigen Verbindungsleitungen und zusätzlicher Bauteile wie Widerstände und Dioden.

CHANCE FÜR AIRBAG UND ABS

Für die Automobiltechnik brachte die Leistungssteigerung und Miniaturisierung der elektronischen Bauteile einen gewaltigen Fortschritt. Das erste moderne Autoradio, die erste kontaktlose Zündanlage oder die erste Benzineinspritzung waren transistorgesteuert. Sie hielten gegen Ende der sechziger Jahre Einzug in die Personenwagen. Auch moderne Sicherheitssysteme wie **ABS** (▶ Seite 144), **Airbag** (▶ Seite 58) oder **PRE-SAFE** (▶ Seite 68) wären ohne diese bahnbrechende Technologie nicht vorstellbar.

Mercedes-Benz – seit jeher weltweit Vorreiter auf dem Gebiet der Insassensicherheit – war auch bei der elektronischen Entwicklung stets ganz vorne dabei. Als beispielsweise 1969 in den USA die ersten Mikro-Prozessoren einsatzbereit waren, sahen die Stuttgarter Ingenieure als erste eine reale Chance, um ihre Vorarbeiten für neuartige Schutzsysteme, wie Gurtstraffer und Airbag, fortzusetzen. Mit Erfolg: Zwei Jahre später – am 23. Oktober 1971 – meldeten Mercedes-Ingenieure den Airbag zum Patent an.

CHIPS MIT LEISTUNGSPLUS

Das Leistungsspektrum der Prozessoren des ersten Anti-Blockier-Systems oder des Airbag-Steuergeräts übertreffen die heutigen Mini-Computer bei weitem. Mit einer Speicherkapazität von 48 Kbyte ist die Komplexität des Mikro-Computers für das **elektronische Stabilitäts-Programm ESP®** (▶ Seite 134) beispielsweise vier Mal größer als die des Anti-Blockier-Systems. Und die Steuerung des aktiven Fahrwerks **Active Body Control** (▶ Seite 140) teilen sich zwei Prozessoren, von denen jeder die Leistungsfähigkeit eines Personal Computers für den Hausgebrauch erreicht.

Zu den schnellsten und leistungsfähigsten Mikro-Computern im Automobileinsatz gehört auch der Rechner des Abstandsregel-Tempomaten **DISTRONIC** (▶ Seite 98): ein digitaler Signalprozessor (DSP) mit 40 Megahertz Taktfrequenz.

Ein weiterer wesentlicher Pluspunkt der elektronischen Schaltungen ist ihre Fähigkeit, binnen Sekundenbruchteilen miteinander zu kommunizieren. Ein leistungsfähiger Datenverbund macht es möglich: der so genannte CAN-**Datenbus** (Controller Aera Network) (▶ Seite 97). Er basiert auf dem Prinzip der Digitalisierung von Informationen: Für die Übertragung im Datenbus werden die verschiedenen, komplexen Messsignale in einfache binäre Kombinationen (Bits) übersetzt, die aus den Ziffern „1“ und „0“ bestehen. Die Kombination dieser Ziffern in achtstelligen Zahlenkolonnen ergeben einen Code. Mit acht Bits können bereits 256 verschiedene Informationen codiert werden.

Durch diese einfache aber logische Sprache lassen sich die Signale und Daten der Messsensoren und Steuergeräte schnell zusammenfassen und via CAN-Bus an die vernetzten elektronischen Systeme übertragen. Dieses Tempo ist vor allem bei Sicherheitskomponenten wie ABS, **ASR** (▶ Seite 146), ESP® oder den Motor/Getriebesteuerungen von großer Bedeutung.

DATEN-TRANSFER FÜR DIE SICHERHEIT

Mercedes-Benz war 1991 der erste Automobilhersteller, der an Bord der damaligen S-Klasse einen solchen Datenbus schaltete. Seitdem haben die Ingenieure diese Technologie weiter perfektioniert und ihre Leistungsfähigkeit um ein Vielfaches gesteigert. Heute arbeiten an Bord der modernen Mercedes-Personenwagen bis zu drei verschiedene Datenbus-Systeme, die durch Schnittstellen – so genannte Gateways – miteinander verknüpft sind. So entsteht ein systemübergreifendes Netzwerk, das zum Beispiel auch den schnellen digitalen Informationsaustausch zwischen dem Motor und der Fahrdynamikregelung ESP® ermöglicht, um das Auto bei Schleudergefahr durch automatische Verringerung des Motor-Drehmoments zu stabilisieren.

Die erfreuliche Unfallbilanz der mit ESP® ausgestatteten Mercedes-Personenwagen ist ein aussagekräftiger Beweis für die Tatsache, dass die moderne Mikro-Elektronik hilft, das Autofahren sicherer zu machen.

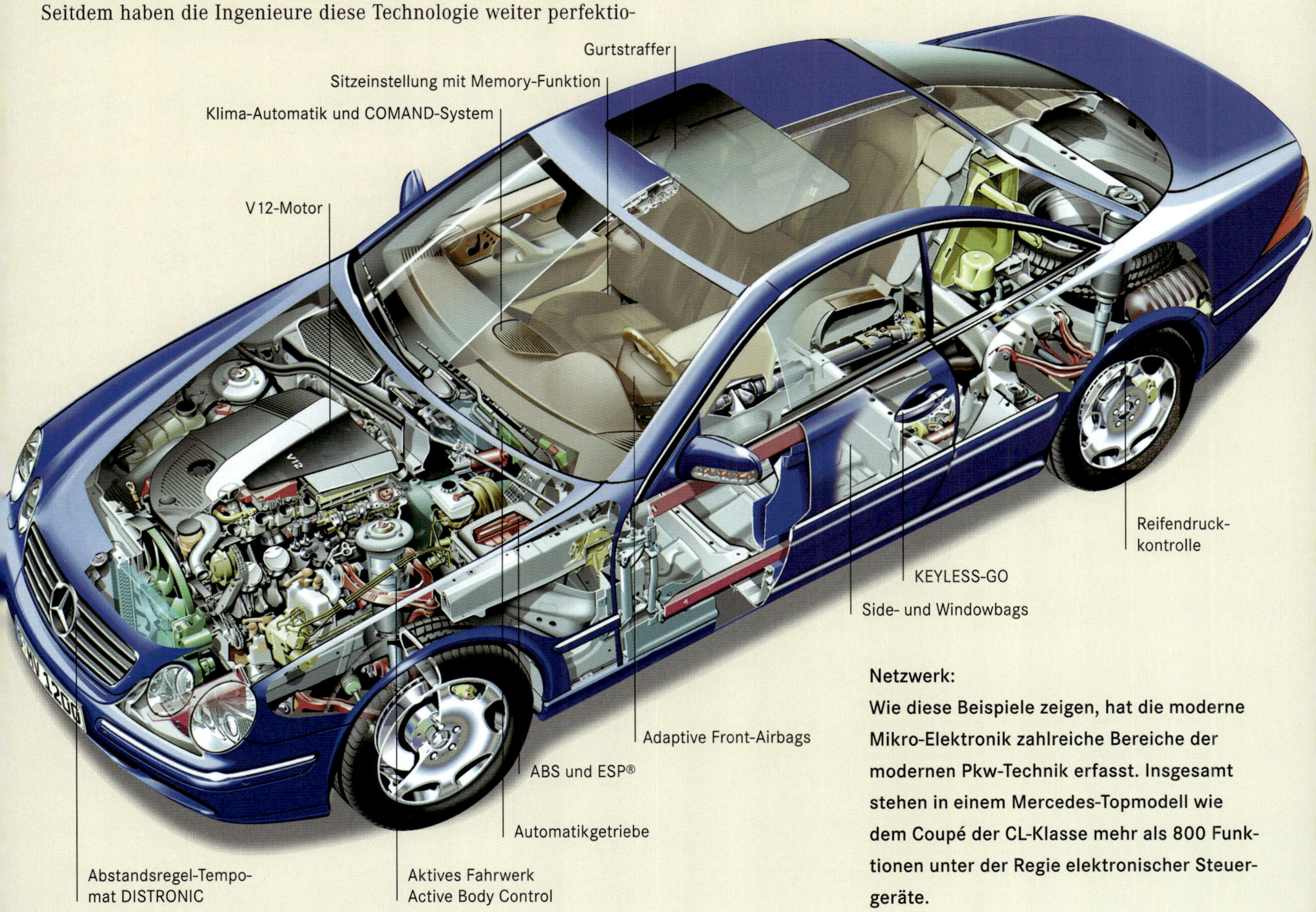

Netzwerk:
Wie diese Beispiele zeigen, hat die moderne Mikro-Elektronik zahlreiche Bereiche der modernen Pkw-Technik erfasst. Insgesamt stehen in einem Mercedes-Topmodell wie dem Coupé der CL-Klasse mehr als 800 Funktionen unter der Regie elektronischer Steuergeräte.

Immer auf Empfang

Die Ausstattung moderner Personenwagen mit immer leistungsfähigeren Kommunikations- und Navigationssystemen macht den Einsatz einer Vielzahl von Antennen an unterschiedlichen Stellen der Karosserie erforderlich. Die Zeiten als die Autos mit nur einer einfachen Stabantenne ausgestattet waren, die für guten Radioempfang sorgte, sind längst vorbei. Heute stellen an Bord der Mercedes-Personenwagen bis zu 20 Antennensysteme den Kontakt zur Außenwelt her. Sie senden oder empfangen die Signale für Radio, TV, Autotelefon und Satelliten-Navigation; sie ermöglichen aber auch die Funktionen der modernen Zugangsberechtigungssysteme **ELCODE** (▶ Seite 105) und **KEYLESS-GO** (▶ Seite 105), die ein komfortables Öffnen und Schließen der Türen, des Kofferraumdeckels, des Cabrioverdecks, des Schiebedachs oder der Seitenscheiben mittels Funk-/Infrarotfernbedienung bieten.

Bei der Platzierung und Ausrichtung der Antennen müssen die Mercedes-Ingenieure nicht nur die Sende- und Empfangseigenschaften der verschiedenen Systeme, sondern auch die Platzverhältnisse und das stilistische Konzept der Automobile beachten. Deshalb greifen sie mitunter auf neuartige Materialien zurück. Beispiel CLK-Cabriolet: Hier wird der Kofferraumdeckel aus einem hochwertigen Kunststoff hergestellt, der es ermöglicht, die Antennen für den Kurz-, Mittel- und Langwellen-Empfang des Autoradios sowie für die Wunschausstattungen Autotelefon und Navigationssystem unsichtbar an seiner Innenseite zu montieren, sodass das elegante Erscheinungsbild des Cabriolets nicht durch außen angebrachte Antennen gestört wird. Bei herkömmlicher Stahlbauweise wäre dies aus empfangstechnischen Gründen nicht möglich gewesen.

Doppelfunktion:
Die Antennen für Radio- und TV-Empfang sind in die Scheiben integriert. Fürs Autotelefon dient meist eine Stabantenne.

Noch aufwändiger ist das Antennenkonzept des SL-Sportwagens. Hier ist die Antenne für den Langwelle-, Mittelwelle- und Kurzwellen-Empfang in die Heckscheibe integriert; sie schaltet automatisch auf ein gleichartiges System in der Hutablage um, wenn der Autofahrer das **Variodach** (▶ Seite 52) öffnet. Drei weitere Antennensysteme befinden sich in der Frontscheibe und sind mit den dazugehörigen Verstärkermodulen verbunden, die ihren Platz unterhalb der Instrumententafel haben. Hier sorgt ein spezieller Multibandverstärker dafür, dass diese Antennen auch die Funktionen Zentralverriegelung, Navigation und TV-Empfang übernehmen. Sechs Induktionsantennen in den Türen, der Mittelkonsole, im Kofferraum sowie am Kofferraumdeckel ermöglichen die Funktionen des komfortablen Zugangs- und Fahrberechtigungssystems KEYLESS-GO. So ist schließlich nur eine Antenne sichtbar – sie ragt aus dem hinteren Kotflügel und ist mit dem Autotelefon verbunden.

Die vier UKW-Antennen in der Frontscheibe wechseln sich ständig bei ihrer Aufgabe ab, Stereoprogramme möglichst störungsfrei zu empfangen. Sie sind unterschiedlich ausgerichtet, sodass sich meist eine von ihnen im optimalen Bereich befindet und Reflexionsstörungen vermieden werden. Ein so genannter Diversity-Chip überwacht regelmäßig die Empfangsqualität und schaltet stets nur das beste Signal ans Autoradio weiter.

COMAND
Einer für alles

Mit dem Cockpit Management and Data System - kurz COMAND - hält modernste Kommunikationstechnik Einzug in die Mercedes-Personenwagen. Das System feierte erstmals Ende 1998 in der S-Klasse Premiere und hat sich mittlerweile zehntausendfach auch in anderen Modellreihen der Stuttgarter Automobilmarke bewährt.

COMAND hat die Größe zweier Autoradios und dient als Kommandozentrale für alle Audio-, Telematik- und Telekommunikationsfunktionen: Im Gerät integriert sind je nach Ausstattung Autoradio, CD-Laufwerk, **Navigation** (▶ Seite 101) mit dynamischer Zielführung, und Verstärker. Ein leistungsfähiger Prozessor steuert das System und verwaltet die Programme. Je nach Kundenwunsch werden zusätzlich CD-Wechsler, **Soundsystem** (▶ Seite 104), TV-Empfänger, Autotelefon und das Sprachbedienungssystem **LINGUATRONIC** (▶ Seite 100) angeschlossen. Der Autofahrer kann diese Funktionen entweder direkt am COMAND-Gerät in der Mittelkonsole steuern und die notwendigen Bedienhinweise auf dem großflächigen Farb-Display ablesen oder er gibt seine Wünsche mithilfe der Tasten des Multifunktions-Lenkrads ein. Hier lassen sich Lautstärke, Autoradio, CD-Spieler, Telefon und die Anzeige des Navigationssystems steuern. Das Zentral-Display im Kombi-Instrument und die Anzeige auf dem COMAND-Display in der Mittelkonsole sind gekoppelt, können aber auch einzeln bedient werden. So lassen sich auf dem Cockpit-Display beispielsweise die grafischen Fahrhinweise (Pfeile) des Navigationssystems einblenden, während der Beifahrer auf dem COMAND-Bildschirm im elektronischen Telefonbuch blättert.

Am COMAND-Gerät in der Mittelkonsole bedienen Fahrer oder Beifahrer die verschiedenen Funktionen durch Tastendruck links neben dem Farb-Display. Anschließend erfolgt die weitere Bedienung im Wesentlichen über einen kombinierten Dreh-/Druckknopf an der rechten Seite des Bedienteils. Per „Return“-Taste springt das Anzeigesystem jeweils um eine Menü-Ebene zurück. Ein Drehregler für die Lautstärke, eine Schalterwippe für die Sender- oder Titelwahl und ein Tastenfeld für numerische Eingaben wie Telefonnummern oder Senderfrequenzen und Taster für den Landkarten-Maßstab, dynamische Zielführung, Ziel- und Routeninformationen, Stummschaltung und Display-Anzeige zählen zu den weiteren Bedienelementen. Auf Wunsch lässt sich auch ein TV-Tuner anschließen. Er liefert die Fernsehbilder terrestrischer Sender auf das Farb-Display des COMAND-Systems, das für den TV-Empfang bis zu einer Geschwindigkeit von etwa acht km/h eingeschaltet bleibt.

Kommandozentrale:
Im COMAND-System der neuen A-Klasse sind Autoradio und CD-Spieler integriert. Außerdem können hier Autotelefon, CD-Wechsler und andere Geräte bedient werden.

Kino:
Das COMAND-Gerät ermöglicht nicht nur perfekten Musikgenuss, sondern spielt dank des eingebauten DVD-Players auch Kinofilme ab.

Autoradio mit zwei Empfängern

Das COMAND-Autoradio verfügt über Empfangsteile für UKW, Mittel- und Langwelle, die nach dem Zwei-Tuner-Prinzip arbeiten: Während ein Empfangsteil das vom Autofahrer gewünschte Radioprogramm einstellt, überwacht ein zweiter Tuner im Hintergrund ständig die Qualität aller empfangbaren Sender. Auf diese Weise kann das Radio bei Störungen sofort auf einen anderen Sender des gewünschten Programms umschalten oder Verkehrsfunk-Nachrichten anderer Stationen einblenden.

Direkte Frequenzeingabe, Scan-Suchlauf (kurzes Anspielen aller Programme) und Programmauswahl (News, Sport, Pop, Klassik, Wirtschaft etc.) sind weitere Leistungsmerkmale des COMAND-Autoradios. Bei RDS-Empfang zeigt das Gerät eine Liste der jeweils stärksten UKW-Sender in alphabetischer Reihenfolge an, die per Knopfdruck ausgewählt werden können.

Der HiFi-Verstärker des COMAND-Systems leistet 4 mal 25 Watt und bietet neben der üblichen Höhen- und Tiefenregulierung eine besondere Möglichkeit der Klangeinstellung: Der Mikro-Prozessor hat feste Klangbilder für Pop-Musik, Klassik und Sprache gespeichert, die eine optimale Wiedergabe garantieren.

DVD-Spielfilme auf dem COMAND-Display

In einigen Mercedes-Modellen arbeitet das COMAND-System der neuesten Generation. Man erkennt es bereits auf den ersten Blick an dem großen Color-Display (6,5") in moderner TFT-Technik, das sich durch perfekte Brillanz und Farbwiedergabe auszeichnet. Das Bildformat beträgt 16 : 9 und ist damit Spielfilm-tauglich. Diese können entweder mithilfe des integrierten DVD-Players abgespielt oder per TV-Tuner (Wunschausstattung) empfangen werden – allerdings nicht während der Fahrt. Das DVD-Laufwerk eignet sich ebenfalls für die Wiedergabe von Audio-CDs. Zur weiteren Ausstattung gehört ein Navigationsrechner mit einem zweiten (integrierten) DVD-Laufwerk. Auf der Navigations-DVD sind das europäische Straßennetz und eine Reihe touristischer Informationen gespeichert.

DIE COMAND-FUNKTIONEN AUF EINEN BLICK*

Autoradio	UKW-, MW-, LW-Empfang
DVD-/CD-Spieler	im Gerät integriert
Verstärker	4 x 25 Watt
Klangeinstellungen	Höhen/Tiefen, Klangbilder, Raumgrößen
Display	Größe 6,5" Bildformat 16 : 9
Telefon	Bedientastatur, persönliches Telefonbuch, SMS-Nachrichten
Navigation	europäisches Straßennetz auf DVD, dynamische Zielführung, Zielspeicher, Landkartendarstellung
Systemfunktionen	Uhr, Datumsanzeige
Anschlussmöglichkeiten	TV-Empfänger, CD-Wechsler, LINGUATRONIC, Kassettenspieler, MP3-Player

* je nach Modell und Ausführung unterschiedlich

Je nach Modell und Ausstattung arbeiten an Bord der modernen Mercedes-Personenwagen mehr als 45 elektronische Steuergeräte via Datenbus in einem Netzwerk zusammen, tauschen blitzschnell Nachrichten aus und ermöglichen auf diese Weise auch eine Vielzahl neuer Funktionen. In jeder Sekunde rasen bis zu 5,6 Millionen Informationseinheiten (Bits) über diese digitale Autobahn – vom Steuercode für Motor oder Getriebe bis zum Audiosignal für brillante Musikwiedergabe. So schnell und präzise steuert die Bordelektronik über 800 verschiedene Funktionen.

Die Steuergeräte, Bedienelemente oder Audio-Systeme sind verschiedenen Datenbus-Systemen zugeordnet, die durch zwei „Gateways" miteinander in Verbindung stehen. Die Basis bilden zwei so genannte CAN-Datenbus-Systeme (Controller Area Network), die mit einer digitalen Übertragungsgeschwindigkeit von 83,3 bzw. 500 Kilobaud arbeiten. Die Signale der Audio-, Video- und Telekommunikationsgeräte werden in manchen Modellen durch so genannte polymere optische Fasern übertragen – mit Lichtgeschwindigkeit. Diese nur rund ein Millimeter dünnen Lichtwellenleiter ermöglichen einen Datentransfer von bis zu 5,64 Millionen Bits pro Sekunde; das entspricht 5,64 Megabaud. Für die Audio-Funktionen beträgt die maximale Übertragungsrate 4,2 Megabaud. An diese optische Leitung sind zum Beispiel **COMAND** (▶ Seite 95) oder Autoradio, **Soundsystem** (▶ Seite 104), CD-Wechsler, Autotelefon oder Handy und die Sprachbedienung **LINGUATRONIC** (▶ Seite 100) angeschlossen.

Durch die moderne Netzwerk-Technologie verringert sich die Anzahl der Kabel und Leitungen – beim SL-Sportwagen beispielsweise um bis zu 19 Prozent gegenüber dem Vorgängermodell. Die Gesamtlänge des Kabelbaums verkürzt sich im Vergleich zum SL-Vorgängermodell um rund 14 Prozent auf 2110 Meter.

Netzwerk:
Im Elektroniklabor entwickeln und testen Mercedes-Ingenieure das Datenbus-System, bevor es sich im Praxisversuch bewähren muss.

In sicherer Distanz

Abstandsmessung:
Die DISTRONIC hält den richtigen Abstand zum vorausfahrenden Auto ein und sorgt für entspanntes Fahren.

Die moderne Mikro-Elektronik entlastet den Autofahrer, bietet ihm mehr Sicherheit und mehr Komfort. Eines der derzeit leistungsfähigsten Assistenz-Systeme dieser Art trägt die Bezeichnung DISTRONIC. Es ist eine Weiterentwicklung des bewährten Tempomaten und sorgt dafür, dass das Auto im richtigen Abstand zum Vordermann bleibt. Daher beschreiben die Mercedes-Ingenieure das System auch als Abstandsregel-Tempomat.

Ein digitaler Signalprozessor mit 40 Megahertz Taktfrequenz verarbeitet blitzschnell die Signale eines Radarsensors in der Kühlermaske, der das Verkehrsgeschehen vor dem Auto bis auf eine Entfernung von 150 Metern beobachtet. Die drei Sende- und Empfangseinheiten des Sensors erfassen mit einem Öffnungswinkel von jeweils drei Grad auf rund 100 Meter Entfernung die gesamte Breite einer dreispurigen Autobahn und erkennen die vorausfahrenden Autos. Sie reflektieren die kurzwelligen Radarimpulse (77 Gigahertz), wobei die Laufzeit der Signale zur Berechnung des Abstands und gleichzeitige Frequenzänderung (Doppler-Effekt) zur Bestimmung der Relativgeschwindigkeit zwischen beiden Fahrzeugen dient.

Rückt das Auto einem anderen Wagen zu dicht auf den hinteren Stoßfänger, nimmt die DISTRONIC automatisch Gas weg oder aktiviert – falls notwendig – die Bremse, um den gewünschten Abstand einzuhalten. Vergrößert sich die Distanz zwischen beiden Fahrzeugen wieder, beschleunigt das System den Wagen auf die ursprünglich eingestellte Wunschgeschwindigkeit oder stellt den gewünschten Abstand wieder her. Ist die Strecke frei, arbeitet die DISTRONIC wie ein konventioneller Tempomat und hält bis 180 km/h das programmierte Wunschtempo konstant.

Grundsätzlich ist die DISTRONIC auf einen Abstand von 1,5 Sekunden programmiert; das entspricht beispielsweise bei 100 km/h rund 42 Meter Abstand. Je nach Verkehrsdichte und -fluss können jedoch andere Distanzen empfehlenswert sein, sodass der Autofahrer auch individuelle Einstellmöglichkeiten hat. Dies geschieht mithilfe eines stufenlosen Drehreglers in der Mittelkonsole mit „Min"- und „Max"-Markierung.

Die DISTRONIC bremst das Auto mit einer maximalen Verzögerung von bis zu zwei Metern pro Sekunde im Quadrat, was etwa einem Fünftel der größtmöglichen Verzögerung entspricht. Errechnet der Computer, dass eine größere Verzögerung erforderlich ist, informiert das System den Autofahrer mittels einer Warnleuchte im Kombi-Instrument und eines akustischen Signals. Er muss dann selbst aufs Bremspedal treten.

Stressfreies Autofahren mit DISTRONIC

Den positiven Einfluss des von Mercedes-Benz entwickelten Abstandsregel-Tempomaten DISTRONIC auf die Fahr- und **Konditionssicherheit** (▶ Seite 65) hat Mercedes-Benz bei Langstreckentests in den USA und in Deutschland untersucht. Daran nahmen mehr als 140 Autofahrerinnen und Autofahrer teil, die insgesamt knapp 200 000 Kilometer abspulten. Die Ergebnisse: Der Sicherheitsabstand vergrößerte sich zwischen 70 und 110 km/h im Durchschnitt um 29 Prozent, wenn die Testfahrer die DISTRONIC eingeschaltet hatten. In den USA bewirkte das Assistenz-System, dass sich der Abstand im Mittel um 13 bis 25 Prozent vergrößerte. Die Fahrweise war bei eingeschalteter DISTRONIC gleichmäßiger und damit entspannter als ohne das System. Das zeigen die gemessenen Beschleunigungs- und Verzögerungszeiten. Die mittlere Herzfrequenz der Testfahrerinnen und Testfahrer war bei aktiviertem Abstandsregel-Tempomaten gegenüber dem Ruhepuls durchschnittlich nur um 1,8 Schläge pro Minute erhöht. Bei Fahrten ohne DISTRONIC stieg die Herztätigkeit dagegen um 3,2 Schläge pro Minute an, was auf eine stärkere Beanspruchung der Autofahrer hinweist.

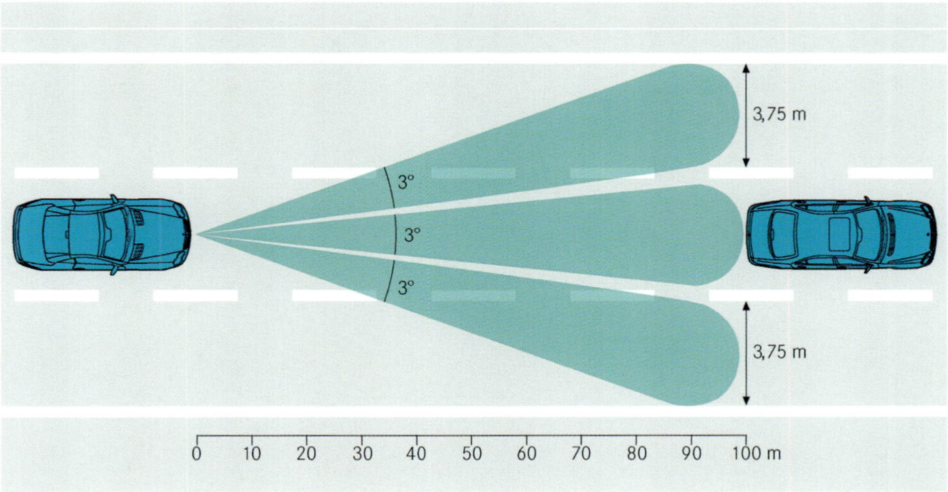

Abstandsmessung:
Der Radarsensor tastet auf eine Reichweite von 100 Metern drei Fahrspuren einer Autobahn ab.

Tempolimit auf Knopfdruck

Eine Weiterentwicklung des Tempomaten ist auch das Mercedes-System SPEEDTRONIC, das in den meisten Modellen zur Serienausstattung gehört. Es sorgt dafür, dass die vom Autofahrer gewünschte Höchstgeschwindigkeit jederzeit eingehalten wird. Dazu betätigt er den „Limit“-Schalter am Tempomathebel und speichert den gewünschten maximalen km/h-Wert, der anschließend im Zentral-Display erscheint. Die Elektronik sorgt jetzt für die strikte Einhaltung des selbst gewählten Tempolimits. Droht an Gefällstrecken ein Überschreiten der eingestellten km/h-Marke, schaltet die SPEEDTRONIC automatisch zurück. Reicht diese Maßnahme nicht aus, ertönt ein Warnsignal. Wird der SPEEDTRONIC-Hebel nach dem Start des Motors nur einmal kurz angetippt, stellt die Elektronik automatisch ein Tempolimit von 30 km/h ein.

Komponenten:
Die Radarantenne verbirgt sich hinter der Kühlermaske. Der Autofahrer erfährt per Display-Anzeige, wie groß der Abstand zum vorausfahrenden Auto ist.

Die Technik gehorcht aufs Wort

Sprechstelle:
In der E-Klasse sind die Mikrofone für die LINGUATRONIC im Gehäuse des Innenspiegels untergebracht.

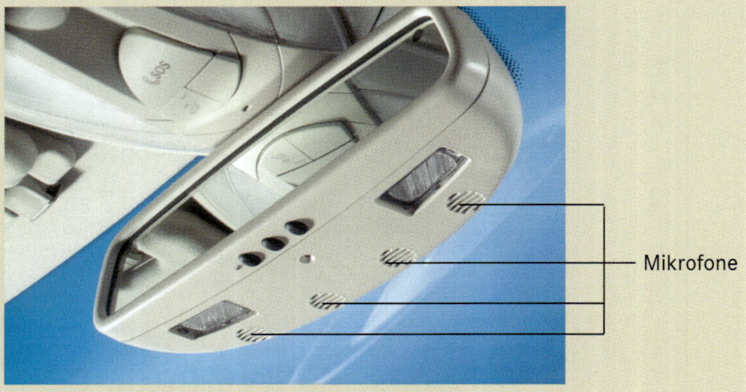

Das innovative Sprachbedienungssystem LINGUATRONIC, das Mercedes-Benz als weltweit erster Automobilhersteller entwickelte, steuert in den neuen Modellen der Stuttgarter Automobilmarke Autotelefon, Autoradio und Navigationssystem. Das bedeutet: Ein paar Worte des Autofahrers genügen, und das Autoradio sucht automatisch einen anderen Sender, wechselt zum nächsten Musiktitel der CD oder programmiert das Navigationssystem mit dem gewünschten Ziel.

Mit dieser Technik leistet Mercedes-Benz einen weiteren wichtigen Beitrag zur Verkehrssicherheit, denn Autofahrer müssen die Hände nicht mehr vom Lenkrad nehmen, um Autotelefon oder Audiogeräte zu bedienen. So entlastet die LINGUATRONIC den Fahrer, der sich ganz auf das Verkehrsgeschehen konzentrieren kann, und bietet ihm obendrein deutlich mehr Komfort. Nur die Einstellung von Klang und Lautstärke ist nicht mittels Sprachbefehls möglich.

Die LINGUATRONIC erfasst die Wünsche des Autofahrers per Mikrofon und beginnt anschließend mit einem kurzen interaktiven Dialog. So antwortet eine sympathische Frauenstimme auf den Befehl „Nummer wählen“ mit dem Hinweis „Bitte sprechen Sie die Nummer“ und beginnt nach Eingabe der Telefonnummer und dem Befehl „Wählen“ automatisch den Wählvorgang. Und auf das Kommando „CD-Spieler“ oder „CD-Wechsler“ ertönt kurze Zeit später Musik aus den Lautsprechern. Außerdem können Namen, Rufnummern und Sender aus den jeweiligen Speichern aufgerufen werden. In diesem Fall beginnt der Dialog zum Beispiel mit dem Befehl „Senderliste anhören“, auf den das System mit der Aufzählung der gespeicherten Sendernamen antwortet. Hat der Computer einen Wunsch des Autofahrers nicht richtig verstanden, lässt er höflich nachfragen: „Wie bitte?“

Software für Hochdeutsch und Dialekt

Das Kernstück der LINGUATRONIC ist eine Software, die auf Algorithmen zur Spracherkennung und auf Eigenheiten der menschlichen Stimme programmiert ist. Dadurch kann sich das System sogar auf die individuelle Sprechweise des jeweiligen Benutzers einstellen und versteht neben Hochdeutsch auch Dialekte – auch Schweizerdeutsch.

Um mit der freundlichen Frauenstimme, die immerhin 30 Worte sprechen kann, plaudern zu können, genügt ein Druck auf einen speziellen Hebel an der Lenksäule.

Das Auto-Pilot-System, das für die Mercedes-Personenwagen lieferbar ist, führt Autofahrer auf dem schnellsten oder kürzesten Weg zum Ziel. Es arbeitet mit Navigationsrechner, Satellitenortung, Sensor, digitaler Straßenkarte und den Drehzahlfühlern des **Anti-Blockier-Systems** (▶ Seite 144). Vor Fahrtantritt gibt der Autofahrer das gewünschte Ziel (Ort, Straße, Hausnummer) ein oder wählt eine seiner individuellen Adressen aus, die er im Computer des Navigationssystems speichern kann.

Die geografische Standortbestimmung übernimmt dabei das Global Positioning System (GPS), das beispielsweise auch Schiffskapitäne und Piloten für die Navigation nutzen. Der Computer vergleicht diese Daten mit den Informationen einer digitalen Landkarte, die auf einer CD-ROM oder DVD gespeichert ist, und berechnet die exakte Position des Fahrzeugs. Nach der Zieleingabe bestimmt das System - je nach Wunsch des Autofahrers - die kürzeste, die schnellste oder eine Strecke nach eigener Wahl. Unterwegs erfährt der Autofahrer per Display im Autoradio oder auf dem **COMAND**-Farbdisplay (▶ Seite 95) in der Mittelkonsole, per Zentral-Display im Kombi-Instrument sowie per Sprachcomputer, wohin er fahren soll. Die akustischen Hinweise ertönen rechtzeitig vor jeder Kreuzung oder Abbiegemöglichkeit und enthalten aufeinander abgestimmte Empfehlungen: „Bitte rechts einordnen“, „Bitte rechts abbiegen“, „Jetzt rechts“, könnte eine Folge der Lotsen-Informa-

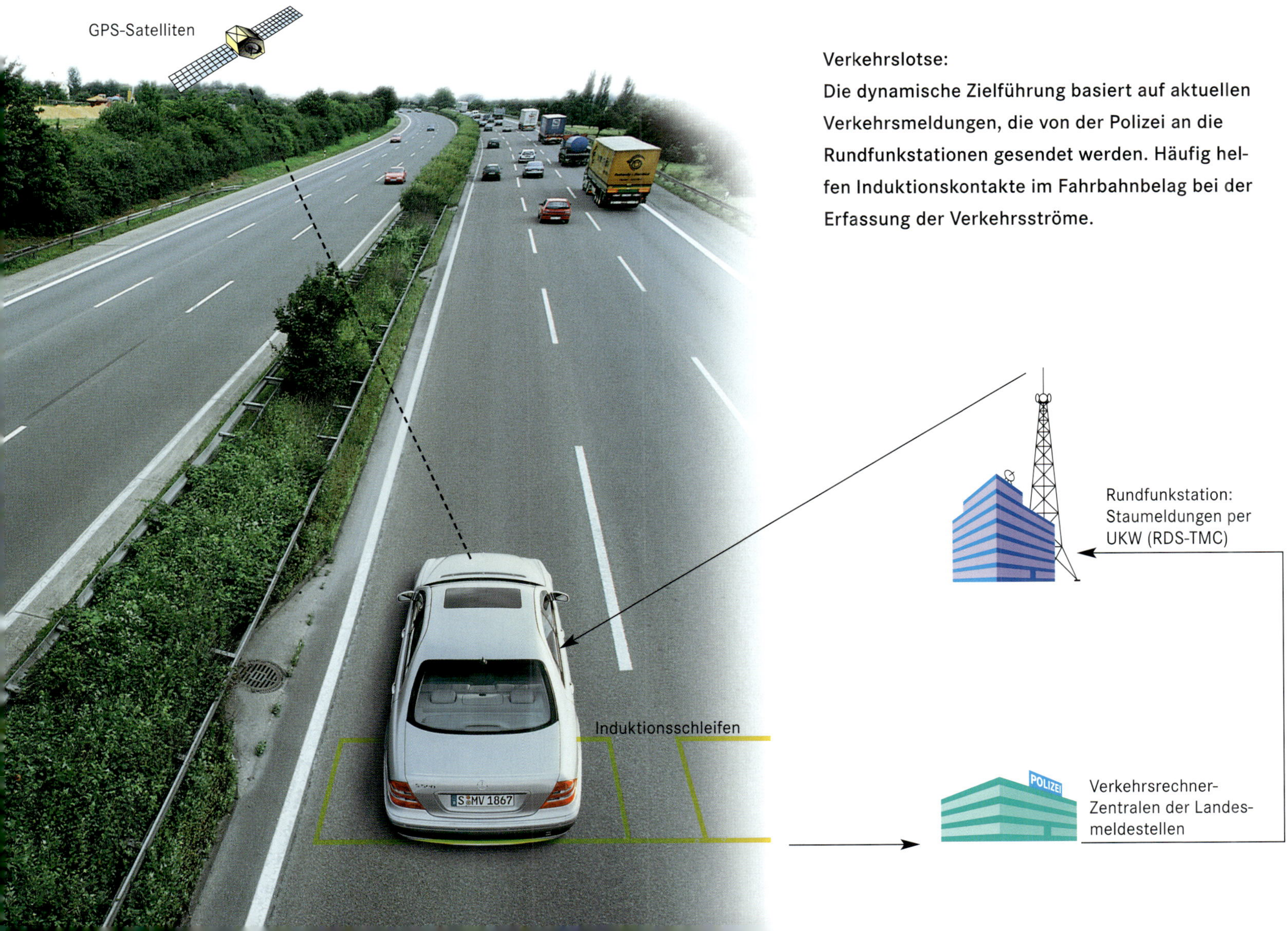

Verkehrslotse:
Die dynamische Zielführung basiert auf aktuellen Verkehrsmeldungen, die von der Polizei an die Rundfunkstationen gesendet werden. Häufig helfen Induktionskontakte im Fahrbahnbelag bei der Erfassung der Verkehrsströme.

Komponenten:
Das COMAND APS-System in der E-Klasse verfügt über ein separates DVD-Laufwerk im Kofferraum.

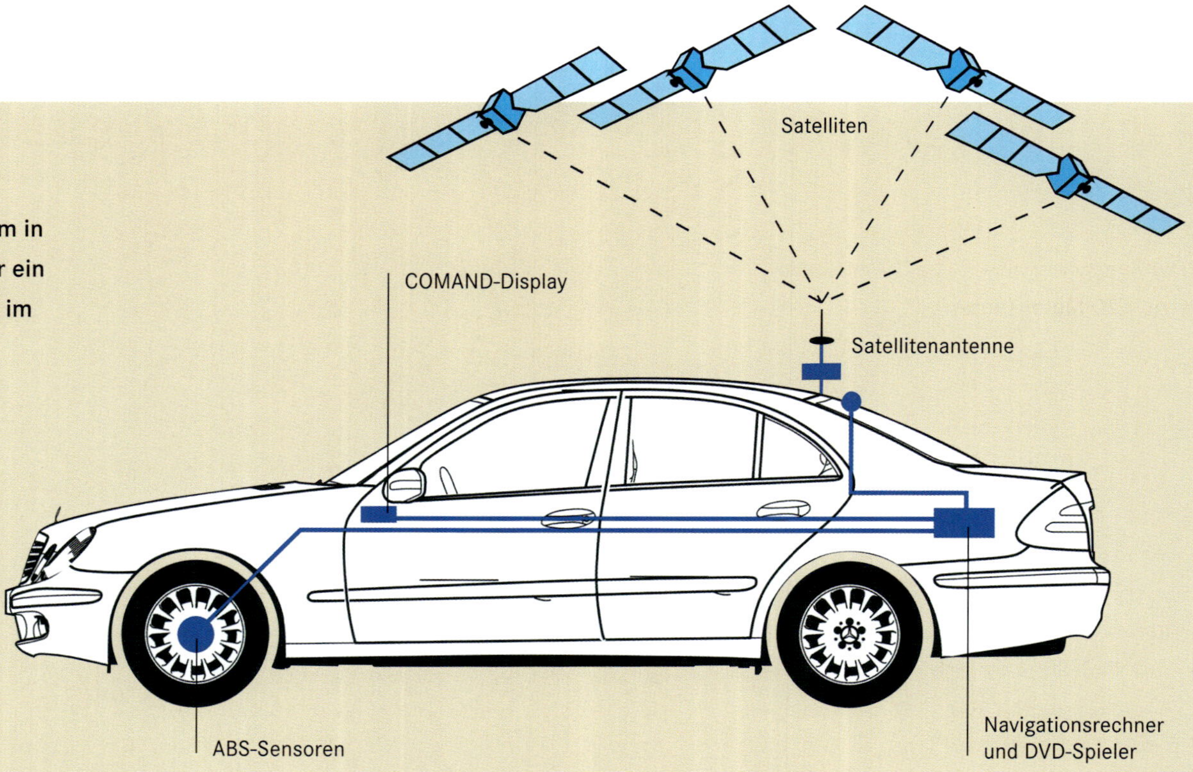

tionen lauten. Den Zeitpunkt der jeweiligen Ansage berechnet das System stets in Relation zur aktuellen Geschwindigkeit des Autos. Kann der Autofahrer einem oder mehreren Streckentipps nicht folgen, ermittelt das System eine Alternativroute.

Während der Fahrt erfasst das Zielführungssystem mittels der ABS-Sensoren an den Vorderrädern und einem speziellen Sensor den Straßenverlauf (Streckenlänge, Kurvenradien, geografische Position) und vergleicht diese Daten mit dem auf der CD-ROM oder auf der DVD gespeicherten Straßennetz. Die DVD beinhaltet das Streckennetz der meisten europäischen Länder.

Zielführung:
Das COMAND-System berechnet die Route auch auf Basis aktueller Verkehrsinformationen und zeigt sie durch eine übersichtliche, farbige Landkarten-Darstellung an.

Staufrei ans Ziel

Durch eine dynamische Variante wird das Navigationssystem noch leistungsfähiger. Dynamisch bedeutet, dass bei der Routenberechnung auch die aktuelle Verkehrslage im Straßennetz berücksichtigt und der Autofahrer somit möglichst staufrei ans Ziel geführt werden kann. Dies geschieht mithilfe des so genannten Traffic Message Channel (TMC) des Radio-Data-Systems (RDS) im UKW-Rundfunk. Die nicht hörbaren TMC-Signale enthalten aktuelle Verkehrsinformationen. Das Navigationssystem wertet sie aus, vergleicht sie mit den Daten der individuellen Routenführung und berechnet bei Stau eine Alternativstrecke.

Die von Mercedes-Benz entwickelte Sprachbedienung **LINGUATRONIC** (▶ Seite 100) für Autotelefon und Autoradio steuert in manchen Modellen auch das Navigationssystem. Das System wird durch einen Hebel an der Lenksäule aktiviert.

Einparken mit Ultraschall

Parkhilfe:
Farbige Displays auf der Instrumententafel und im hinteren Bereich des Auto-Innenraums informieren beim Einparken über den Abstand zu einem Hindernis. Die Reichweite der Ultraschallsensoren beträgt bis zu 1,20 Meter (unten).

Im Nahbereich und bei Rangiergeschwindigkeit warnt bei Mercedes-Benz auf Wunsch ein Assistenz-System den Fahrer, wenn es vor oder hinter seinem Auto eng wird: die PARKTRONIC.

Sie arbeitet nach dem Prinzip des Echolots: Sensoren am vorderen und hinteren Stoßfänger senden Ultraschallsignale aus, die von anderen Fahrzeugen oder Hindernissen reflektiert werden. Aufgrund der Zeitdifferenz zwischen Sendung und Empfang berechnet ein Mikro-Computer die Distanz und informiert den Autofahrer durch ein optisches und/oder akustisches Signal. Je nach Vorwärts- oder Rückwärtsfahrt leuchtet das erste gelbe Segment eines Displays in der Instrumententafel oder an der Rückwandverkleidung auf, wenn der Abstand zu einem Hindernis weniger als ein Meter misst (hinten: 1,20 Meter). Verringert sich die Distanz, erscheinen schrittweise weitere gelbe Displaysegmente. Unterhalb eines Abstands von 30 Zentimetern leuchtet das erste rote Segment auf und zusätzlich ertönt ein Intervallwarnton, der sich bei 20 Zentimeter Abstand zu einem Dauerton verändert. Bei Rückwärtsfahrt beginnt die akustische Warnung gleich von Anfang an - die Signale verändern ihre Frequenz je nach Abstand. So erleichtert die PARKTRONIC das Einparken oder das Rangieren auf engem Raum.

Surround-Klang an jedem Sitzplatz

Auch beim Klangerlebnis auf Rädern führt kein Weg mehr an der modernen Digitaltechnik vorbei. Sie ermöglicht eine individuelle, maßgeschneiderte Klangabstimmung: Ein Mikrofon überwacht einerseits die Signale des Soundsystems und andererseits die Fahrgeräusche. Das Messergebnis wertet ein Signalprozessor (DSP) aus und trennt dabei die unerwünschten Wind- oder Abrollgeräusche von den Klängen des Soundsystems. Das Resultat ist eine geräuschabhängige Anpassung des Frequenzgangs, der Klang-Dynamik und der Lautstärke.

Die maßgeschneiderte Klangabstimmung wird durch programmierte Einstellungen optimiert, die auf den unterschiedlichen Musikgeschmack abgestimmt sind und den Raumeindruck bei der Stereo-Wiedergabe beeinflussen:

- **Standard:** Die Einstellung entspricht dem „normalen" Hörgenuss. Der Klang wird linear für die Mitte des Innenraums eingestellt.
- **Sprache:** Der Klang wird so eingestellt, dass er für die Sprachwiedergabe optimal ist.
- **Fahreroptimiert:** Das System optimiert den Klang für die Sitzposition des Fahrers.
- **Raumgrößen:** Die Elektronik bildet bei der Musikwiedergabe die Klangcharakteristik kleiner, mittlerer oder großer Räume nach – je nach Wunsch der Insassen.

An Bord der E-Klasse sorgen zum Beispiel serienmäßig zehn Lautsprecher für einen perfekten HiFi-Klang. Auf Wunsch ist ein Multikanal-Soundsystem lieferbar, das exakt auf die akustischen Verhältnisse im Innenraum abgestimmt ist und bei der Klangsteuerung nicht nur den jeweiligen Fahrgeräuschpegel berücksichtigt, sondern auch jedes herkömmliche Stereosignal des Autoradios, des CD- oder Kassettenspielers zu einem Surround-Klang mit sieben Ausgangskanälen verwandelt. Somit bietet die Anlage ein perfektes räumliches Klangerlebnis – an jedem Sitzplatz. Mit anderen Worten: Jeder Passagier an Bord der E-Klasse kommt in den gleichen Klanggenuss.

Das Soundsystem der E-Klasse leistet insgesamt 420 Watt und besteht neben einem digitalen Signalprozessor aus zwölf Hochleistungslautsprechern. Für den Surround-Effekt sind zwei zusätzliche Lautsprecher auf der Hutablage zuständig.

Konzertsaal:
Das Soundsystem der E-Klasse basiert auf zwölf Lautsprechern und bietet an jedem Sitzplatz Surround-Klang.

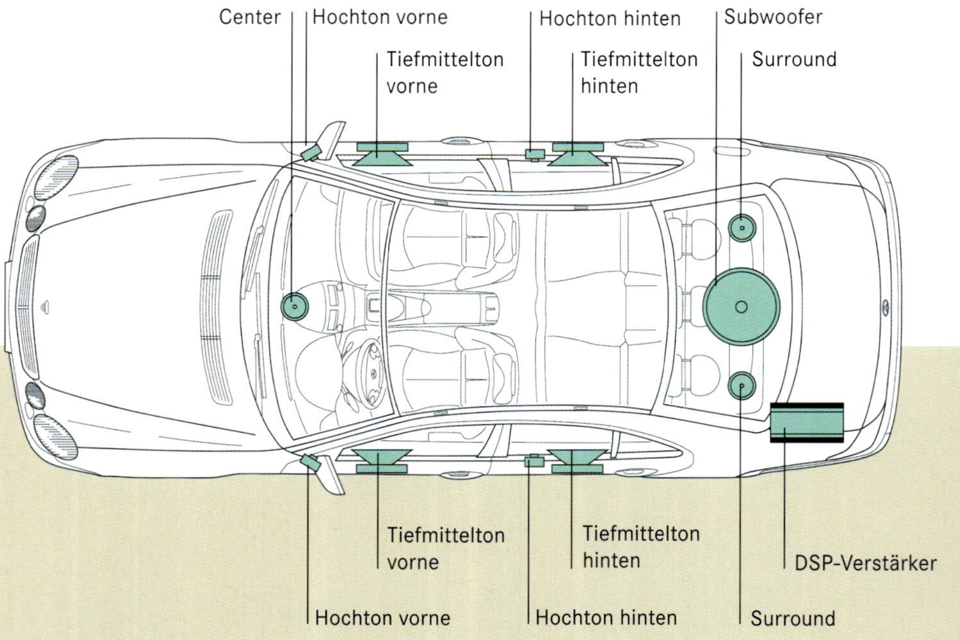

Dass die Mikro-Elektronik Automobile auch in puncto Diebstahlschutz immer perfekter macht, zeigt das von Mercedes-Benz entwickelte Zugangs- und Fahrberechtigungssystem **ELCODE** (Electronic Code System): Per Funk- und/oder Infrarotsignal ermöglicht es aus der Ferne das Ver- und Entriegeln der Türen, des Kofferraumdeckels und der Tankklappe, das Öffnen des Kofferraumdeckels sowie – je nach Modell – das schlüsselbezogene Speichern der individuellen Sitz-, Lenkrad- und Spiegelpositionen und der individuellen Einstellung im Kombi-Instrument. Auch die Seitenscheiben lassen sich mit dieser Technik aus der Ferne öffnen oder schließen. Und bei den Roadstern der SLK- und SL-Klasse sowie beim CLK-Cabriolet klappen auch die Dächer per Tastendruck an der ELCODE-Fernbedienung auf.

Darüber hinaus fungiert das System als elektronische Wegfahrsperre, denn vor jedem Start des Motors erfolgt zwischen dem elektronischen Schlüssel und dem Zündstartschalter in der Instrumententafel ein blitzschneller doppelter Datenaustausch, der für das Anlassen des Motors erforderlich ist.

Chipkarte statt Schlüssel

Noch höheren Bedienungskomfort bietet das System KEYLESS-GO, ein elektronischer „Türöffner" KEYLESS-GO, bei dem der Autofahrer vor dem Einsteigen keinen Schlüssel in die Hand nehmen muss. Statt dessen genügt es, wenn der Schlüssel in seiner Hemd-, Hosen- oder Jackentasche steckt und wenn der Fahrer einen der Türgriffe umfasst oder den Griff am Kofferraumdeckel betätigt. In diesen Fällen empfängt der elektronische Schlüssel Signale induktiver Antennen, die in den Türen, in der Mittelkonsole, unter der Hutablage und im hinteren Stoßfänger untergebracht sind. Der Schlüssel sendet daraufhin per Funk einen Identifikations-Code, der von einem elektronischen Steuergerät an Bord des Mercedes-Modells geprüft wird. Stimmt dieser Code mit dem gespeicherten Wert überein, kann der Autobesitzer sofort einsteigen oder den Kofferraumdeckel öffnen.

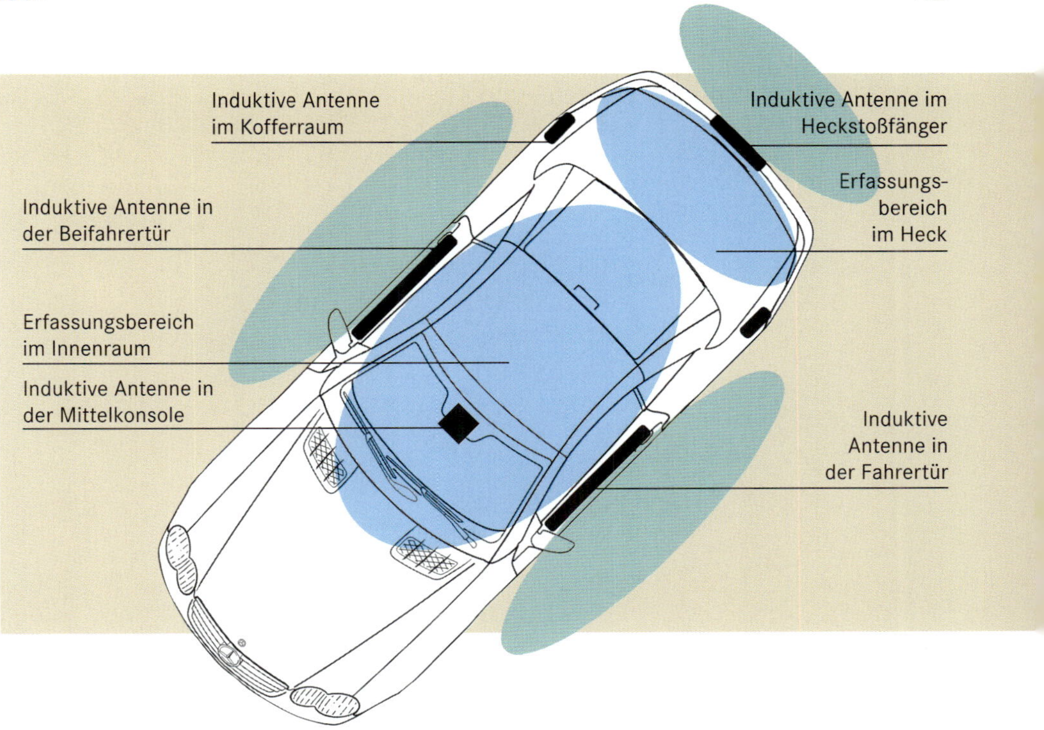

Auch das Starten des Motors wird durch KEYLESS-GO einfacher und komfortabler. Dazu wird das Auto mit einem Taster auf dem Schalt- oder Automatik-Wählhebel ausgestattet: Sitzt der Fahrer mit seinem elektronischen Schlüssel im Fahrzeug, löst der Druck auf den Start-Taster eine nochmalige Identifikation aus. Bei positivem Antwortsignal wird die Wegfahrsperre deaktiviert und der Motor springt automatisch an, sofern der Fahrer aufs Bremspedal tritt. Umgekehrt schaltet der Tastendruck den Motor auch wieder aus, wenn der Automatik-Wählhebel in Position „P" oder „N" steht.

Bequemes Türöffnen: Sechs induktive Antennen empfangen beim System KEYLESS-GO das Signal des elektronischen Schlüssels.

ANTRIEBSTECHNIK

Sechs Richtige

Mercedes-Benz hat einen neuen Sechszylindermotor entwickelt, der mit seiner vorbildlichen Leistungs- und Drehmomentcharakteristik perfekt zu den sportlich-dynamischen Modellen der Marke mit dem Stern passt. Eine Reihe technischer Innovationen sorgen für günstigen Kraftstoffverbrauch, niedrige Abgaswerte und hohen Geräuschkomfort. Einen seiner letzten großen Praxistests absolvierte der neue V6-Motor auf einem Versuchsgelände in Süddeutschland.

RT ZQ 245

Kritischer Tonmeister:
Wolfgang Lewerenz hat den sportwagentypischen Sound des V6-Motors gestaltet.

Samstagmorgen, 7.30 Uhr. Das ist nicht unbedingt die schönste Arbeitszeit. Doch die vier Männer, die im frühen Sonnenlicht die Schranke eines Testgeländes im württembergischen Hinterland passieren, sind trotzdem gut gelaunt. Die einstündige Autofahrt von Stuttgart hierher hat ihre Stimmung positiv beeinflusst – eine Stunde am Lenkrad des neuen SLK 350 von Mercedes-Benz.

„Das ist wirklich ein ganz besonderer Dienstwagen. Dieses Fahr-Erlebnis hätte ich gerne jeden Morgen auf dem Weg zur Arbeit", scherzt Anton Waltner als er seinen Versuchs-SLK vor dem Werkstattgebäude am Rande der Teststrecke abstellt. Kurze Zeit später treffen seine Kollegen Klaus Joos, Wolfgang Lewerenz und Jürgen Frasch ein – ebenfalls mit jenem unverkennbaren Lächeln der Begeisterung. Das frühe Aufstehen hat sich gelohnt. Wieder einmal.

Denn für die Mercedes-Ingenieure ist dies nicht die erste Begegnung mit dem reinrassigen Sport-Roadster: Anton Waltner und sein Team haben den neuen Sechszylindermotor entwickelt, der den SLK 350 mit 200 kW/272 PS Leistung und 350 Newtonmetern Drehmoment auf Touren bringt.

An diesem Wochenende beginnt ein weiterer mehrtägiger Testzyklus, bei dem einige Detailmaßnahmen in der Praxis getestet und das Triebwerk perfektioniert werden soll. Eines der heutigen Themen lautet Geräuschoptimierung. Das ist das Fachgebiet von Wolfgang Lewerenz, der dem Motor mit Stethoskop, Kopfhörer und einem besonders geschulten Gehör auf den Zahn fühlt. Wenn es sein muss, bis ins Detail. „Jedes Bauteil hat sein eigenes, typisches Klangbild, das wir je nach Lautstärke und Frequenz beurteilen", erklärt der Mercedes-Ingenieur und spricht von Geräuschen „erster, zweiter, dritter Ordnung", die das klangliche Eigenleben des Motors und vieler seiner rund 210 Einzelteile beschreiben.

Heute hat der Mercedes-Ingenieur vor allem das Ansauggeräusch im akustischen Visier. Er will neu entwickelte Ansaugrohre testen, durch die auf beiden Seiten des Motors Luft von den Ansaugöffnungen in der Kühlermaske zu den Luftfiltern strömt.

Ovale Form: Der Heißfilm-Luftmassenmesser wurde strömungstechnisch verbessert.

Anders als die bisherigen Leitungen aus glattflächigem Kunststoff bestehen die Neuentwicklungen aus einem Nylongewebe, das schallabsorbierend wirken soll. „Wir sind ziemlich sicher, damit vor allem das Ansauggeräusch bei höherer Drehzahl noch weiter senken zu können", sagt Mercedes-Ingenieur Lewerenz. Dann greift er zu einem neuen Hightech-Instrument in seiner Werkzeugtasche: dem „Noise-Book". Das ist ein tragbarer Computer mit spezieller Software, die das Geräuschbild aufzeichnet und die Messergebnisse als farbige Diagramme – genauer gesagt: Spektrogramme – auf dem Bildschirm anzeigt. Was für den Laien wie ein bunter Wirrwarr aus Kurven und Linien aussieht, verrät den Ingenieuren die Ursachen störender Resonanzen und Frequenzen oder hoher Schalldrücke, die sie dann gezielt lokalisieren können. Auf diese Weise „hört" Wolfgang Lewerenz das Ansauggeräusch zunächst im Stand ab und startet danach gemeinsam mit Projektleiter Waltner zum Fahrtest auf das Hochgeschwindigkeitsoval des Prüfgeländes. Dort sind bis zu 200 km/h möglich, doch um die Vorteile der neu entwickelten Ansaugleitungen aus Nylongewebe zu hören, reichen schon niedrigere Geschwindigkeiten. „Die Ansauggeräusche breiten sich mit ihren Frequenzen sehr stark in Richtung Innenraum aus", erklärt Akustik-Fachmann Lewerenz. „Die Messungen mit dem Noise-Book zeigen auch hier deutliche Unterschiede gegenüber den Kunststoffrohren."

Bei dem neuen Mercedes-Sechszylinder, der künftig in verschiedenen Modellreihen zum Einsatz kommt, verfolgten die Stuttgarter Ingenieure konsequent das Konzept, Geräusch zu reduzieren und Klang zu gestalten. Deshalb wurden zunächst zahlreiche aufwändige Maßnahmen entwickelt, um die Motorengeräusche zu reduzieren – vom Zwei-Patronen-Luftfilter mit integrierten Resonatoren bis zur Dämmmatte unter der Motorhaube. Gleichzeitig begannen die Fachleute aber auch damit, den Sportwagen-Sound der SLK-Klasse zu kreieren, indem sie bestimmte, angenehme Frequenzen betonten – vor allem durch eine gezielte Abstimmung der Auspuffanlage. Das Ergebnis kann sich hören lassen. Schon beim Starten gibt der Sechszylinder unzweifelhaft zu erkennen, welche Kraft in ihm steckt.

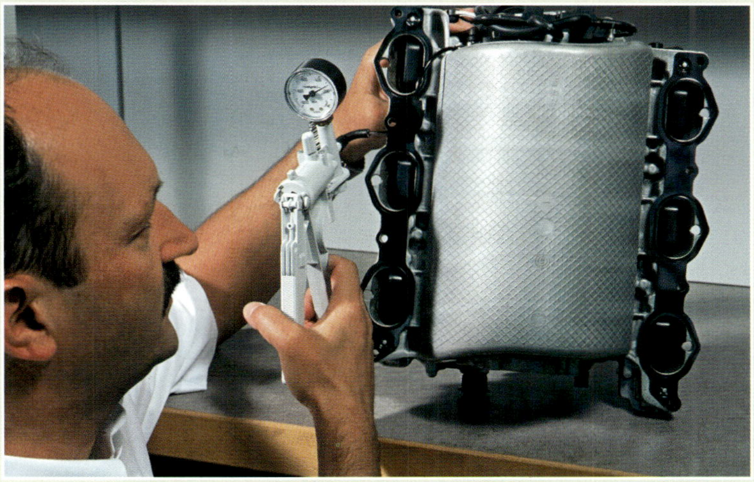

Innovative Drucksache: Mercedes-Ingenieur Klaus Joos prüft die elektropneumatisch betriebenen Tumble-Klappen in den Einlasskanälen des Saugmoduls.

SAUGMODUL MIT „TUMBLE-KLAPPEN"

In der Zwischenzeit hat Mercedes-Ingenieur Klaus Joos einen zweiten SLK-Versuchswagen in die Werkstatthalle gefahren. Auch sein Augenmerk gilt vor allem dem Ansaugtrakt des neuen V6-Motors – allerdings nicht unter akustischen Gesichtspunkten. Joos ist für die Beatmung des Sechszylinders zuständig. Bezogen auf die Motorkonstruktion beginnt sein Aufgabengebiet damit unmittelbar hinter den Luftfiltern. Hier münden die Leitungen in einem Bauteil, das für die Motorfunktionen von großer Bedeutung ist: der Heißfilm-Luftmassenmesser, kurz HFM. In seinem Gehäuse verbirgt sich ein elektrisch beheiztes Sensor-Element, das die Masse der angesaugten Luft ermittelt und dem Steuergerät damit eine wichtige Basisinformation für die Zusammensetzung des Verbrennungsgemischs liefert.

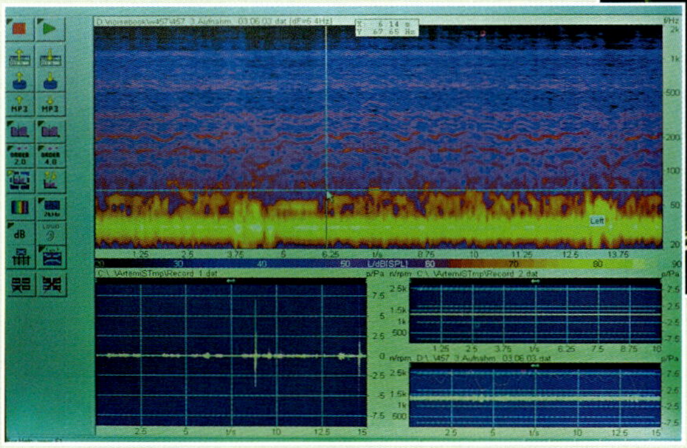

Gründliche Erprobung: Auf Prüfständen wurde der neue Sechszylinder unter Volllast getestet (kleines Foto oben). Mithilfe der Kunstkopf-Messtechnik untersuchten Mercedes-Ingenieure im Akustiklabor Geräuschentwicklung und Klangbild (oben und links).

Klaus Joos hat eine Weiterentwicklung dieser bewährten Technik mitgebracht, die sich nach erfolgreichen Prüfstandtests jetzt beim Praxisversuch bewähren soll. „Wir wollen eine optimale Luftversorgung des Motors erreichen und haben deshalb auch das HFM-Bauteil unter strömungstechnischen Gesichtspunkten verbessert", erklärt Mercedes-Ingenieur Joos. Aerodynamik unter der Motorhaube: Die strömungsgünstige Ovalform des Gehäuses und ein neu entwickeltes Gitter mit geringem Luftwiderstand sind zwei der sichtbaren Ergebnisse dieser Detailoptimierung, die jetzt getestet wird.

Das Saugmodul ist für die Beatmung des Sechszylinders besonders wichtig, denn mit seiner Hilfe lässt sich die Luftzufuhr je nach Last und Drehzahl variieren. Das Besondere an dem Saugmodul des neuen Mercedes-Sechszylinders sind spezielle Klappen am Ende eines jeden Saugarms. Die Ingenieure sprechen von „Tumble-Klappen" und beschreiben damit deren Aufgabe: Sie bringen den Luftstrom buchstäblich zum Taumeln (engl.: to tumble) und steigern dadurch die Turbulenz der Strömung, die folglich mit höherer Geschwindigkeit in die Brennräume gelangt und das Kraftstoff-Luft-Gemisch gleichmäßig verteilt. Das Ergebnis ist eine bessere – sprich: vollständigere – Verbrennung, die sich wiederum positiv auf den Kraftstoffverbrauch auswirkt.

Für die situationsgerechte Steuerung der Tumble-Klappen ist die Motorelektronik zuständig. Dazu sind in dem elektronischen Steuergerät verschiedene Kennlinien gespeichert, die der Rechner mit den tatsächlichen Ist-Werten vergleicht und dementsprechend Befehle erteilt, um die Klappen vor- oder wegzuschwenken. Das klingt einfach, erfordert jedoch jede Menge zeitintensive Versuchsarbeit für die Programmierung und Überprüfung der Kennlinien in verschiedenen Fahrsituationen – eine Aufgabe, der sich Klaus Joos im Rahmen des Testprogramms mit Akribie widmet.

RUND 400 MOTOREN IM PRAXISTEST

Samstag Mittag. Jetzt sind alle drei SLK-Versuchswagen auf dem Testgelände unterwegs. Anton Waltner hat sich in dem Büro neben der Werkstatt eingerichtet, spricht mit seinen Ingenieurskollegen, sammelt deren Testerfahrungen und gewinnt so ein recht umfassendes Bild über die Qualitäten „seines" Sechszylinders. Der Projektleiter kann zufrieden sein. Das V6-Triebwerk bewährt sich bestens und bekommt von allen Ingenieuren, die an der Erprobung beteiligt sind, sehr gute Noten – vor allem wegen seiner vorbildlichen Leistungs- und Drehmomentcharakteristik.

Gegen Ende des Jahres 2000 hat Waltner das Entwicklungsprojekt „Neuer V6-Motor“ gestartet und nach sorgfältigen Analysen, Berechnungen und Wettbewerbsvergleichen das Konzept des Triebwerks und seine technischen Besonderheiten definiert. Knapp 500 Ingenieure, Techniker, Mechaniker, Produktionsplaner und Lieferanten waren an der Entwicklung des Sechszylinders beteiligt; rund 400 Versuchsmotoren haben sich seit dem Projektstart auf Prüfständen und in Testwagen bewährt.

Trotz der Vielzahl von Messungen und Testfahrten, an denen Anton Waltner in den vergangenen drei Jahren teilnahm, wird er seinen wichtigsten Tag als Projektleiter nie vergessen. Das war im September 2001, als der allererste von Hand zusammengebaute Motor der neuen Generation auf dem Prüfstand zum Leben erwachte. „In diesem Augenblick haben wir alle den Atem angehalten“, erinnert sich Anton Waltner. „Das war der mit Abstand aufregendste Moment. Doch es hat gut geklappt – so gut, dass wir anschließend eine Flasche Sekt geköpft haben.“

Das nächste große Ereignis, das Grund zum Feiern bot, war der so genannte „Job No. 1“ im Frühjahr 2004. Das war der erste V6-Motor für den ersten SLK-Roadster, den Mercedes-Benz an einen Kunden auslieferte. Waltners Job ist damit allerdings noch lange nicht zu Ende, denn auf den Mercedes-Ingenieur wartet schon die nächste Aufgabe. Lächelnd macht er neugierig: „Wir haben mit dem neuen V6-Motor in Zukunft noch große Pläne.“

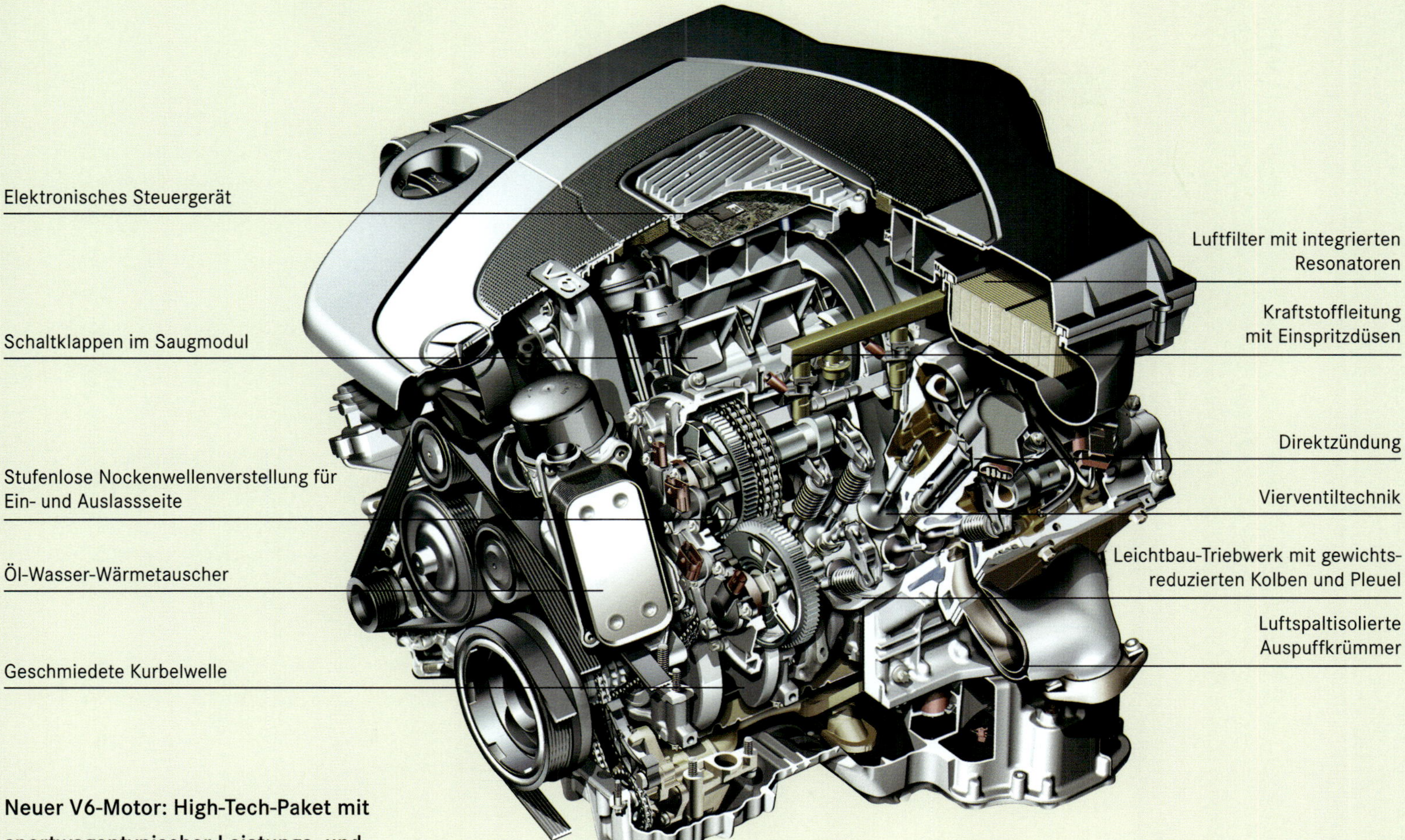

Neuer V6-Motor: High-Tech-Paket mit sportwagentypischer Leistungs- und Drehmomentcharakteristik.

Solide Basis:
Der Allradantrieb der M-Klasse wird elektronisch mittels 4ETS gesteuert. Die G-Klasse ist zusätzlich mit Differenzialsperren ausgestattet (Grafik).

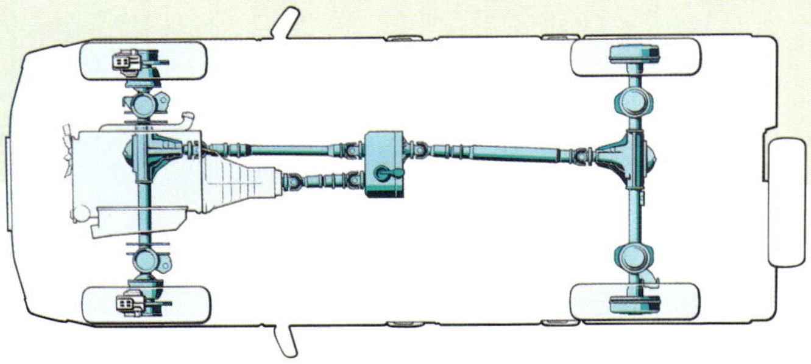

In der M-Klasse von Mercedes-Benz trägt der permanente Allradantrieb die Bezeichnung 4ETS. Ebenso wie die **4MATIC** (▶ Seite 114) kommt auch dieses System ohne herkömmliche Sperrdifferenziale aus. An ihrer Stelle steuert ein Mikro-Computer die Verteilung des Antriebsmoments mittels kurzzeitiger Brems-Impulse an den durchdrehenden Rädern.

Dabei nutzt 4ETS die Radsensoren des **Anti-Blockier-Systems** (ABS) (▶Seite 144): Melden diese Drehzahlfühler, dass eines oder mehrere Räder die Bodenhaftung verloren haben, werden sie automatisch abgebremst. Im gleichen Augenblick verändert sich die Kraftverteilung: Die Antriebsleistung an den Rädern mit guter Traktion steigt in dem Maße, wie die durchdrehenden Räder abgebremst werden, sodass die Fahrt auf losem oder rutschigem Untergrund weitergehen kann.

Bis zu 60 Prozent Steigfähigkeit im Gelände

Das Verteilergetriebe der M-Klasse ist mit zwei Planetenradsätzen ausgestattet, die das Zuschalten eines speziellen Geländegangs ermöglichen. Beim Druck auf die Taste „Low Range“ in der Instrumententafel schaltet das Verteilergetriebe von der üblichen Straßen-Übersetzung (1 : 1) in eine Gelände-Untersetzung (2,64 : 1) um, mit der das Auto auf unwegsamem Terrain noch besser vorankommt. Der Grund: Die Antriebswellen übertragen das hohe Motor-Drehmoment mit verringerter Drehzahl, sodass die Steigfähigkeit des Offroaders – je nach Untergrund – mehr als 60 Prozent erreichen kann.

Bei eingeschalteter Gelände-Untersetzung „Low Range“ bleibt ein eventuell benötigter 4ETS-Bremsdruck auch bei sehr niedriger Geschwindigkeit über lange Zeit konstant und ermöglicht somit eine noch bessere Traktion. Einen weiteren Pluspunkt bietet 4ETS beim Anfahren an steilen Hängen: Im „Low-Range“-Modus arbeitet das System auch, wenn der Fahrer gleichzeitig Gas- und Bremspedal betätigt, damit die M-Klasse beim langsamen Anfahren nicht zurückrollt.

Auch auf rutschigen Gefällstrecken oder bei Steilabfahrten im Gelände steigert das 4ETS-System die Fahrsicherheit. Der Grund: Die Elektronik erkennt solche Situationen automatisch und greift ein, wenn ein Rad die Bodenhaftung verliert und das Bremsmoment des Motors deshalb nicht in vollem Umfang genutzt werden kann. In diesem Fall bremst 4ETS die Räder mit gutem Bodenkontakt ab und übernimmt auf diese Weise die Rolle der Motorbremse. Dabei entspricht die vom Traktionssystem dosierte Bremskraft exakt dem Bremsmoment, das im Schubbetrieb normalerweise vom Motor zur Verfügung gestellt wird. Durch diesen automatischen Bremsdruckaufbau ist gewährleistet, dass die M-Klasse im Gelände mit konstanter Geschwindigkeit bergab fährt – ohne zusätzlichen Eingriff des Fahrers.

Die automatische Bremsdruckregelung beginnt bei einer Geschwindigkeit unterhalb von 20 km/h, wenn die Gelände-Untersetzung „Low Range“ aktiviert ist.

Souveräner Alleskönner: In der G-Klasse bietet der permanente Allradantrieb verschiedene Zusatzfunktionen für Fahrten im Gelände oder auf rutschigen Gefällstrecken.

Traktionsregelung durch automatische Brems-Impulse

Die von Mercedes-Benz entwickelte 4MATIC zählt zu den leistungsfähigsten Pkw-Allradsystemen. Sie arbeitet mit dem bei allen Mercedes-Personenwagen serienmäßigen **elektronischen Stabilitäts-Programm ESP®** (▶ Seite 134 und 149) zusammen, sodass die 4MATIC-Modelle dank dieser intelligenten Kombination als Trendsetter in puncto Fahrsicherheit (= ESP®) und Traktion (= 4MATIC) gelten.

Die 4MATIC offenbart ihre Stärken vor allem bei ungünstigen Wetterbedingungen wie Nässe, Glatteis oder Schnee durch vorbildliche Fahrstabilität und perfekte Traktion. Beim Anfahren, beim Beschleunigen, bei dynamischer Kurvenfahrt oder in unwegsamem Gelände sorgt das System ebenfalls für zusätzliche Traktionsreserven und unterstützt den Autofahrer, seinen Wagen besser zu beherrschen. Damit verstärkt die 4MATIC die vorbildlichen Fahreigenschaften der Mercedes-Modelle und bietet auch bei außergewöhnlichen fahrdynamischen Anforderungen Mercedes-typische Sicherheit und Souveränität. Die Grundlage dafür bildet das Zusammenspiel zwischen der 4MATIC und dem elektronischen Stabilitäts-Programm ESP®, das bei den Allrad-Limousinen und -Kombis durch das Traktions-System **4ETS** (▶ Seite 112) ergänzt wird.

Diese vorbildlichen Fahreigenschaften gehen bei den 4MATIC-Modellen von Mercedes-Benz mit markentypischem Komfort einher. Das garantieren zum einen die neu konstruierten Vorderachsen sowie zum anderen die sorgfältigen Feder- und Dämpferabstimmungen der Allradmodelle, die bei den Limousinen und Kombis im Wesentlichen den Einstellungen der Modelle mit Hinterradantrieb entsprechen. Ein weiterer komfortrelevanter Pluspunkt der 4MATIC ist der Verzicht auf herkömmliche Differenzialsperren, die bei anderen Allrad-Personenwagen Komfortnachteile mit sich bringen und einen höheren Wartungsaufwand erfordern.

Traktions-System statt Differenzialsperren

Anstelle von Differenzialsperren nutzt die 4MATIC der Mercedes-Modelle das elektronisch gesteuerte Traktions-System 4ETS. Es schaltet sich automatisch ein, wenn ein oder mehrere Räder die Fahrbahnhaftung verlieren, und bremst sie individuell ab. Dadurch erhöht sich gleichzeitig das Antriebsmoment an den Rädern mit ausreichender Traktion. Dank der Brems-Impulse lässt sich die Wirkung von drei Differenzialsperren erzielen:

- **1. Hinterachse:** Dreht ein Rad durch, wird es abgebremst und ein dem Bremsmoment entsprechendes Antriebsmoment auf das andere Hinterrad übertragen. Das entspricht der Funktion einer hinteren Sperre.

Kompakte Einheit:
Das Kernstück der 4MATIC ist ein Verteilergetriebe, das direkt mit dem Automatikgetriebe verbunden ist. Das Vorderachsgetriebe befindet sich an der Ölwanne des Motors. Zwischen Verteilergetriebe und Vorderachsgetriebe arbeitet eine Kreuzgelenkwelle.

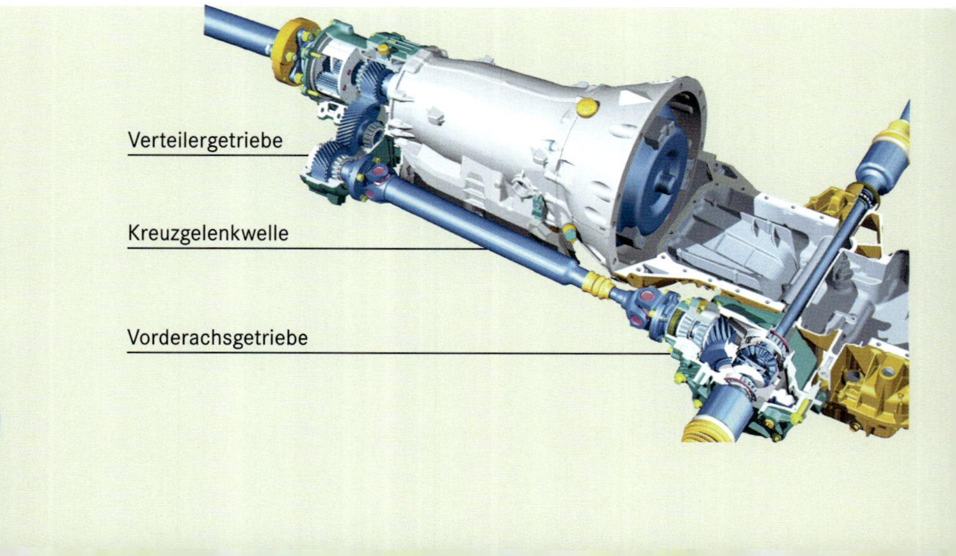

- **2. Vorderachse:** Das gleiche Prinzip wie bei der Hinterachse gilt für die vorderen Räder, sodass die ESP®-Komponente 4ETS auch die vordere Sperre ersetzt.
- **3. Zentralsperre:** Drehen beide Räder der Hinterachse durch, werden sie gleichzeitig abgebremst und ein dem Bremsmoment entsprechendes Antriebsmoment auf die Vorderachse übertragen, das jedoch aufgrund der festgelegten Quote maximal 40 Prozent des gesamten Antriebsmoments entspricht. So übernimmt ESP®/4ETS die Wirkung einer Zentraldifferenzialsperre.

Das Antriebsmoment wird im Verhältnis 40 : 60 auf Vorder- und Hinterachse verteilt. Die Mercedes-Ingenieure wählten diese Momentenverteilung, weil sie die beste Voraussetzung für sicheres Fahrverhalten und optimale Traktion bietet.

Stabilitäts-Programm und Traktionsregelung im Zusammenspiel

Als integraler Bestandteil des elektronischen Stabilitäts-Programms (ESP®) stehen auch der Traktionsregelung 4ETS eine Reihe von Sensor-Informationen über die Drehzahlen der Räder, den Lenkeinschlag sowie die Drehbewegung und die Querbeschleunigung des Wagens zur Verfügung. Auf Basis dieser Daten dosiert ein Mikro-Computer je nach Fahrsituation die automatischen Brems-Impulse, die einerseits beim Anfahren auf rutschigem Untergrund die Traktion verbessern und andererseits bei kritischen Fahrmanövern die Stabilität erhöhen.

Wie beim ESP® der Modellvarianten mit Heckantrieb erfährt der Autolenker auch bei der 4MATIC sofort, wenn er sich dem Grenzbereich nähert. In diesem Fall blinkt im Kombi-Instrument eine gelbe Warnlampe. Sie ist das unmissverständliche Signal, die Fahrweise den Straßenverhältnissen anzupassen.

Antriebseinheit aus Motor, Automatik- und Verteilergetriebe

Das Kernstück der 4MATIC ist ein einstufiges Verteilergetriebe mit offenem Zentraldifferenzial, das den Drehzahlausgleich zwischen den Achsen übernimmt. Es ist direkt mit dem Automatikgetriebe verbunden und bildet zusammen mit Motor, Drehmomentwandler und Vorderachsgetriebe eine komplette Antriebseinheit. Das Vorderachsgetriebe haben die Ingenieure als so genannte „Hang-on-Unit“ konzipiert: Es „hängt“ Platz sparend an der neu konstruierten Ölwanne des Motors. Zwischen Verteilergetriebe und Vorderachsgetriebe sorgt eine Kreuzgelenkwelle für die Kraftübertragung. Der Abtrieb zur Vorderachse erfolgt über geräuschoptimierte Stirnräder, die zugleich auch als Ölpumpe fungieren und die Schmierstoffversorgung des Verteilergetriebes sicherstellen. An der Hinterachse arbeitet das Differenzial der heckangetriebenen Modelle, das über eine gekürzte Gelenkwelle mit der Antriebseinheit gekoppelt ist.

Sieben Gänge unter der Regie des Computers

Moderne Schaltbox: Die 7G-TRONIC von Mercedes-Benz ist das weltweit erste Siebengang-Automatikgetriebe für Personenwagen.

Seit 1959 hat Mercedes-Benz bereits über elf Millionen Automatikgetriebe produziert. In der E-Klasse bestellen rund 88 Prozent aller Mercedes-Kunden ein Modell mit automatischem Getriebe; in der C-Klasse liegt der Anteil der mit Automatikgetriebe ausgestatteten Limousinen, T-Modelle und Sportcoupés bei etwa 65 Prozent – Tendenz steigend. Je nach Leistung und Hubraum bietet die Stuttgarter Automobilmarke für ihre Personenwagen ein elektronisch gesteuertes Fünfgang-Automatikgetriebe oder die neu entwickelte 7G-TRONIC an – das weltweit erste Siebengang-Automatikgetriebe für Personenwagen.

Eines der wichtigsten Bauteile des modernen Automatikgetriebes ist der hydrodynamische Drehmomentwandler. Er ermöglicht das Anfahren und entspricht somit in seiner Funktion einer Kupplung. Der Wandler sorgt aber auch dafür, dass die einzelnen Gangstufen geschaltet werden können. Die Technik: In dem geschlossenen Wandlergehäuse arbeitet ein vom Motor angetriebenes Pumpenrad und setzt Öl in Bewegung. Auf der gegenüberliegende Seite sitzt das Turbinenrad, das mit der Eingangswelle des Getriebes verbunden ist. Pumpen- und Turbinenrad haben keine mechanische Berührung miteinander. Durch die Drehung des Pumpenrades wird das Öl aufgrund der Zentrifugalkraft nach außen beschleunigt und nimmt dadurch das Turbinenrad mit. Die Getriebewelle dreht sich und damit drehen sich auch die Räder des Autos.

Da zwischen Pumpen- und Turbinenrad immer etwas Schlupf besteht, ist der Wirkungsgrad eines Automatikgetriebes etwas schlechter als der eines Schaltgetriebes. Um dieses Manko wettzumachen, setzen die Techniker eine so genannte Wandlerüberbrückungs-Kupplung ein: Pumpen- und Turbinenrad werden ab einer bestimmten Fahrgeschwindigkeit mechanisch miteinander verbunden, sodass kein Schlupf besteht. Die Mercedes-Automatikgetriebe greifen auf diese Überbrückung allerdings nicht nur bei hohem Tempo, sondern vor allem auch im unteren Geschwindigkeitsbereich zurück, denn hier lässt sich mit Hilfe dieses Verfahrens deutlich Kraftstoff einsparen. Damit die starre Verbindung nicht zu komfortmindernden Schwingungen und Vibrationen führt, arbeiten die Mercedes-

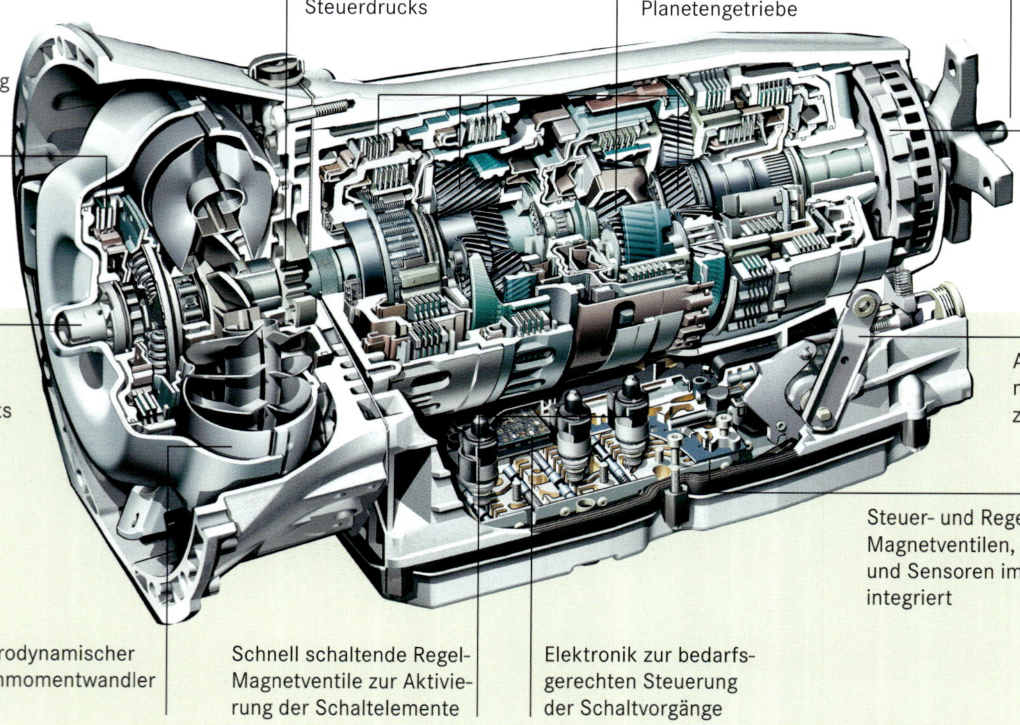

Automaten mit einem dosierten Dauerschlupf, der von einem Mikro-Computer exakt berechnet wird.

Fortschritt mit sieben Gängen

Das weltweit erste Siebengang-Automatikgetriebe für Personenwagen trägt die Bezeichnung 7G-TRONIC und bietet eine Reihe technischer Innovationen, die für kraftvollere Beschleunigung, schnellere Zwischenspurts, günstigeren Kraftstoffverbrauch und höheren Schaltkomfort sorgen. Ihre überragenden Qualitäten verdankt die Mercedes-Entwicklung mehreren konstruktiven Maßnahmen. Am wichtigsten ist die Zunahme der Zahl der Vorwärtsgänge von bisher fünf auf sieben. Dadurch lässt sich eine größere Gesamtspreizung realisieren, bei der die Drehzahlsprünge zwischen den einzelnen Gängen kleiner ausfallen als beim Fünfgang-Getriebe. Auf diese Weise steht für nahezu jede Fahrsituation die optimale Übersetzung zur Verfügung.

Zudem hat die elektronische Steuerung noch mehr Möglichkeiten, um die Schaltvorgänge hinsichtlich Verbrauch und Komfort weiter zu optimieren. Die Motordrehzahlen liegen zum Beispiel bei Tempo 100 – je nach Fahrsituation – um bis zu zwölf Prozent niedriger als bei einer Fünfgang-Automatik. Dank dieser optimalen Drehzahlanpassung verbraucht der Motor weniger Kraftstoff und läuft zudem noch leiser.

Weitere wichtige Fortschritte erzielen die Mercedes-Ingenieure in puncto Schaltungssteuerung: Muss bei zügiger Beschleunigung schnell über mehrere Gangstufen heruntergeschaltet werden – etwa beim „Kick-down“-Befehl – schaltet die 7G-TRONIC die Gänge nicht mehr nacheinander. Stattdessen nutzt das Getriebe die Technik der so genannten Mehrfach-Rückschaltungen: Je nach Fahrsituation wird nicht nur ein Gang, sondern bis zu vier Gänge zurückgeschaltet. Dabei sind Doppelschaltungen, zum Beispiel vom siebten in den fünften Gang, vom fünften in den dritten oder vom dritten in den ersten sowie Vierfachschaltungen vom sechsten in den zweiten Gang, direkt durch den Wechsel eines zu- bzw. abschaltenden Elementes möglich. Damit ist die Drehzahländerung vom Ist- in den Zielgang sehr schnell, spontan und analog einer Einfachrückschaltung umsetzbar.

Für Mehrfach-Rückschaltungen, die nicht direkt ausgeführt werden – zum Beispiel die häufigen Schaltungen vom siebten in den vierten Gang oder vom siebten in den dritten Gang – wird die zweite Teilschaltung durch Ineinanderfallen oder Verschleifen so moduliert, dass der Fahrer dies als eine stetige Drehzahländerung wahrnimmt. Die Schaltzeiten konnten gegenüber dem bisherigen Fünfgang-Automatikgetriebe dadurch erheblich verkürzt werden.

Manuelles Schaltprogramm: Per Tastendruck am Lenkrad können sportlich ambitionierte Autofahrer die Fahrstufen der Automatik wechseln.

Schalten wie im Rennwagen

Dem dynamisch-agilen Charakter der Mercedes-Modelle entsprechend, kann der Autofahrer sowohl die Fünfgang- als auch die Siebengang-Automatik mithilfe von Schalttasten im Lenkrad (Wunschausstattung) bedienen und die Fahrstufen begrenzen oder manuell direkt anwählen und so das beachtliche Leistungsvermögen der Motoren in jeder Fahrsituation optimal abrufen. Dazu schaltet er mittels eines Tasters auf der Tunnelverkleidung in den Modus „M“ (manuelles Fahrprogramm). Der jeweils aktuelle Gang wird im Zentral-Display des Kombi-Instruments angezeigt. Auch in diesem manuellen Fahrprogramm schaltet das Automatikgetriebe bei Erreichen der Drehzahlgrenze in den nächsthöheren Gang. Neben dem manuellen Fahrprogramm stehen auch die Getriebemodi „C“ (Komfort) und „S“ (Sport) zur Auswahl. Dabei werden die Gänge automatisch gewechselt; die Lenkrad-Schalttasten sind jedoch ebenfalls aktiv, sodass der Autofahrer das Getriebe auch jederzeit manuell bedienen kann.

Emissionen um über 99 Prozent verringert

Die Abgas-Emissionen der Personenwagen haben sich in den letzten Jahren stufenweise um mehr als 56 Prozent verringert. Mercedes-Personenwagen erfüllen die strengen Grenzwerte der EU-4-Abgasnorm, die bei den Kohlenwasserstoffen (HC) und den Stickoxiden (NO_X) um über 48 Prozent unter den bisherigen EU-3-Limits liegen. Beim Kohlenmonoxid (CO) beträgt die Verringerung 56,5 Prozent. Bezogen auf das Jahr 1990 verminderten sich die Abgas-Emissionen der Benzinermodelle sogar um bis zu 99,5 Prozent.

Dieser beachtliche Fortschritt basiert im Wesentlichen auf der Leistungsfähigkeit des geregelten Dreiwege-Katalysators, der nach wie vor die effektivste Technik zur Abgasreinigung darstellt. Mit seiner Hilfe werden Schadstoffe in ungiftige Sekundärverbindungen umgewandelt. In seiner ursprünglichen Definition steht das Wort Katalysator für einen Stoff, der eine chemische Reaktion beschleunigt oder überhaupt erst möglich macht. Der Stoff selbst wird dabei nicht verändert. Beim Katalysator für Benzinmotoren übernehmen Edelmetalle die Rolle dieses Umwandlungsstoffes. Sie sind Bestandteile der Beschichtung der Keramikwaben. Die Bezeichnung „Dreiwege-Katalyator" steht nicht etwa für drei verschiedene Wege, die sich die Abgase durch den Katalysator suchen. Vielmehr ist damit die chemische Umwandlung der drei wesentlichen Schadstoffe Kohlenmonoxid (CO), Kohlenwasserstoffe (HC) und Stickoxide (NO_X) gemeint: Durch Verbindung mit Sauerstoff (Oxidation) entstehen aus Kohlenmonoxid und Kohlenwasserstoffen die ungiftigen Verbindungen Kohlendioxid und Wasserdampf (H_2O). Für die Verminderung der Stickoxid-Emissionen benötigt der Katalysator Kohlenmonoxid als Hilfsmittel, das den Stickoxiden den Sauerstoff entzieht, sodass die Stickoxide zu Stickstoff (N_2) reagieren. Diese Prozesse laufen allerdings nur bei einem genau dosierten Verhältnis von einem Kilogramm Kraftstoff und etwa 14,6 Kilogramm Sauerstoff ab. Die Techniker bezeichnen diese Gemischzusammensetzung als „Lambda 1".

Der neue V6-Motor von Mercedes-Benz verfügt über zwei motornah angeordnete Katalysatoren, die mit jeweils zwei Lambda-Sonden ausgestattet sind – einer Regel- und einer Diagnose-Sonde. Sie werden linear geregelt. Das bedeutet: Die Lambda-Sonden sind bereits unmittelbar nach dem Kaltstart des Triebwerks aktiv und liefern Informationen über die Abgaszusammensetzung, die das elektronische Steuergerät des V6-Motors unter anderem für eine gezielte Warmlaufsteuerung verarbeitet. Dadurch erreichen die Katalysatoren ihre Betriebstemperatur schneller.

Für den **TWINPULSE**-Motor (▶ Seite 126) mit Benzin-Direkteinspritzung, der im Teillastbetrieb und bei niedrigen Drehzahlen „mager" – also ungedrosselt und mit hohem Luftüberschuss – arbeitet haben die Stuttgarter Fachleute einen speziellen NO_X-Speicherkatalysator entwickelt. Er absorbiert die Stickoxide während des Magerbetriebs und gibt sie in kurzen Regenerationsphasen wieder frei, sodass sie mithilfe der anderen Abgaskomponenten zu unschädlichem Stickstoff reagieren.

Unter ständiger Kontrolle: Motornah angeordneter Abgas-Katalysator mit linearer Lambda-Regelung.

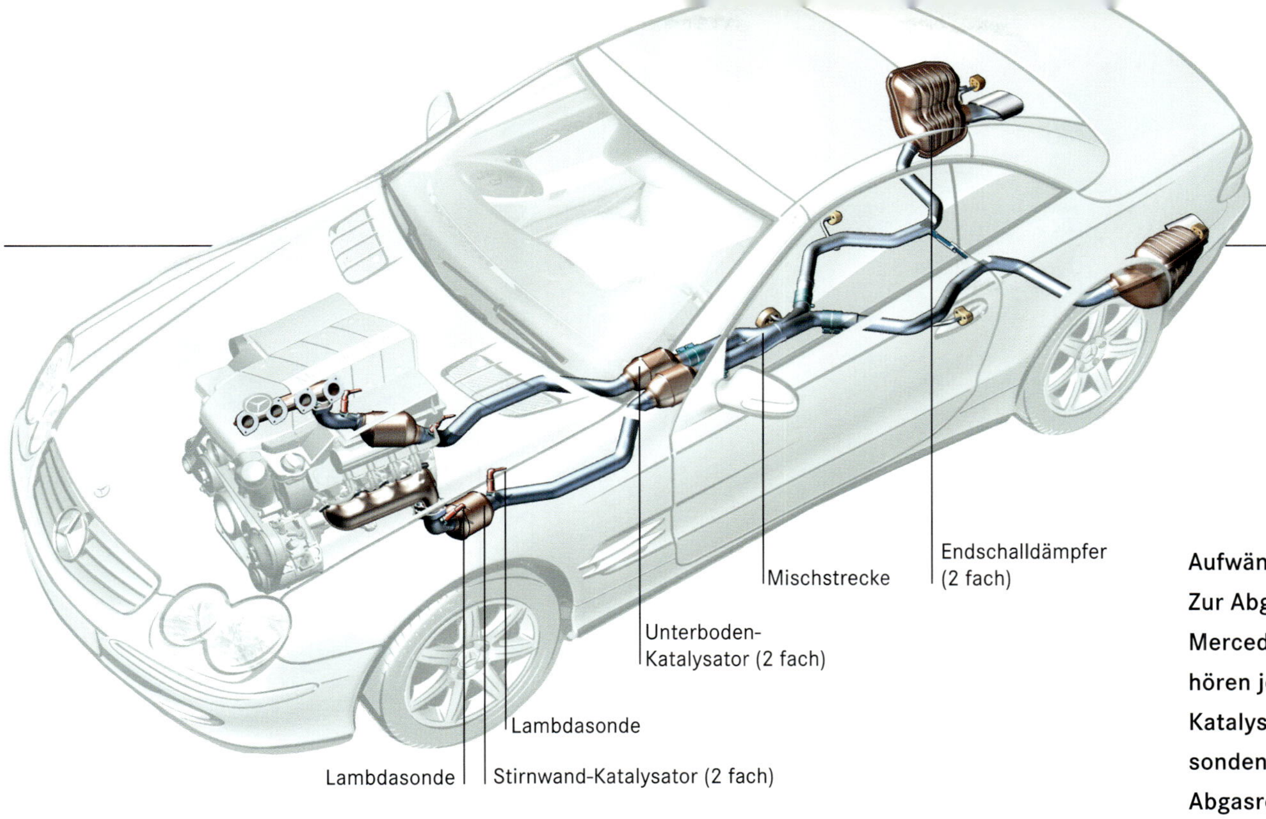

Aufwändiges System:
Zur Abgasreinigung moderner Mercedes-Benzinmodelle gehören je nach Motortyp vier Katalysatoren sowie Lambdasonden vor und hinter den Abgasreinigern.

Diesel-Katalysator und Partikelfilter in Kombination

Auch die Abgas-Emissionen der Diesel-Personenwagen wurden in den letzten Jahren kontinuierlich verringert – um bis zu 97 Prozent gegenüber 1990. Weitere Fortschritte ermöglicht die Einführung des Partikelfilters, den Mercedes-Benz in einigen Modellreihen anbietet. Er regeneriert sich ohne Zusatzstoffe und bleibt damit über eine sehr hohe Laufleistung wirksam. Dadurch unterscheidet sich das Mercedes-System von bisher bekannten Verfahren dieser Art. Der Verzicht auf Kraftstoff-Additive, mit deren Hilfe der im Filter angesammelte Ruß bei geringerer Temperatur verbrennt, wirkt sich positiv auf Kraftstoffverbrauch, Dauerhaltbarkeit und Motorleistung aus.

Ähnlich wie der Katalysator ist auch der Diesel-Partikelfilter in Längsrichtung von einer Vielzahl rechteckiger Kanäle durchzogen. Im Gegensatz zum Katalysator sind diese Kanäle beim Partikelfilter an ihren Vorder- und Rückseiten jedoch verschlossen. Die einströmenden Abgase müssen sich deshalb ihren Weg durch die porösen Zwischenwände suchen. Dabei lagern sich die im Abgas enthaltenen Rußpartikel im Filter ab und werden von dem Filtermaterial zurückgehalten.

Da nur eine begrenzte Menge dieser Kohlenstoffteilchen aufgenommen wird, ist von Zeit zu Zeit eine Rußregeneration des Partikelfilters erforderlich. Auf Basis der variablen und bedarfsgerechten **CDI-Direkteinspritzung** (▶ Seite 128) hat Mercedes-Benz innermotorische Maßnahmen entwickelt, um den Ruß im Filter gezielt abzubrennen. So wird in der Regenerationsphase nicht nur die Kraftstoffeinspritzung verändert, sondern auch die Abgasrückführung, der Ladedruck und die Ansaugluftdrosselung werden bedarfsorientiert gesteuert. Sensoren im Abgassystem erkennen die Rußbeladung des Filters, sodass die Regeneration automatisch gestartet wird.

Dem Partikelfilter ist ein Oxidations-Katalysator vorgeschaltet. Seine Aufgabe ist es, die gasförmigen Schadstoffe im Dieselabgas umzuwandeln: Durch chemische Bindung an Sauerstoff (Oxidation) reduziert der Diesel-Katalysator das Kohlenmonoxid und die Kohlenwasserstoffe im Abgasstrom deutlich.

Sauberer Diesel:
Der Partikelfilter hält Abgaspartikel und Asche in den porösen Zwischenwänden der einseitig geschlossenen Filterkanäle zurück.

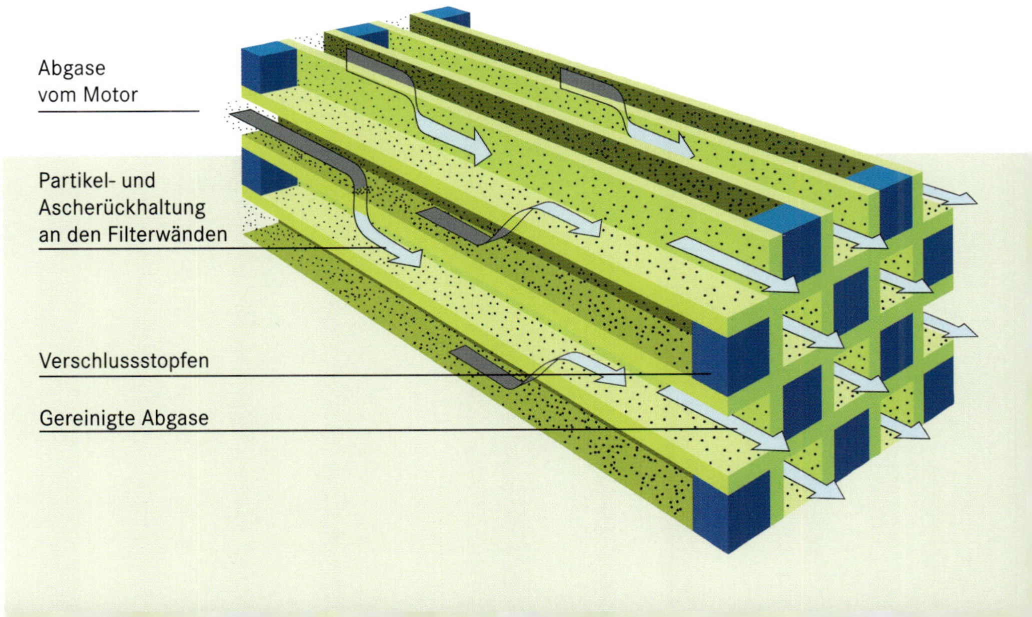

Wartung nach Bedarf

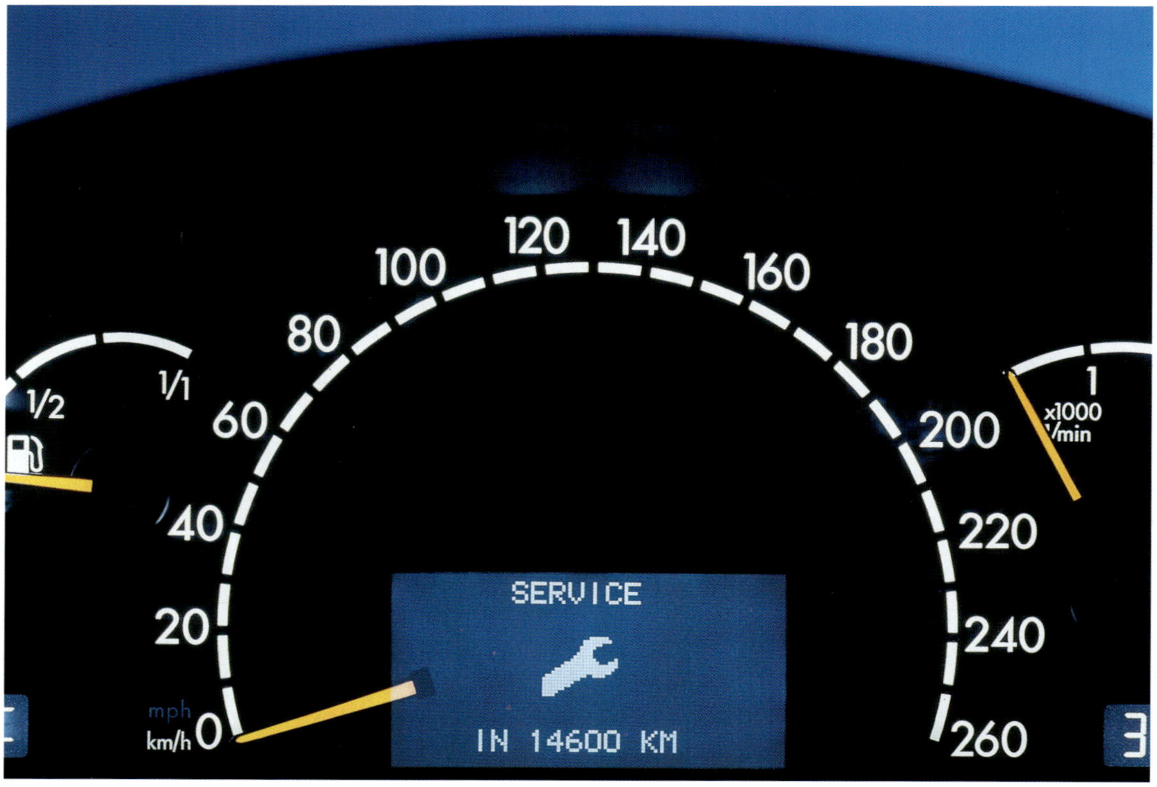

Bedarfsgerechte Wartung: ASSYST berechnet für jedes Auto einen individuellen Wartungsplan und informiert per Zentral-Display im Kombi-Instrument, wann der nächste Werkstattservice notwendig ist.

Das aktive Service-System ASSYST gehört zur Serienausstattung aller Pkw-Motoren von Mercedes-Benz. Auf Basis von Sensordaten berechnet ASSYST die tatsächliche Belastung des Motorenöls und stellt einen bedarfsgerechten Wartungsplan für das Triebwerk auf. Kernstück dieser Technik ist ein Ölstandsensor, der einerseits vor zu hohem oder zu niedrigem Ölstand warnt und andererseits auch erkennt, wenn der Autofahrer frisches Öl nachfüllt. Dafür berechnet ASSYST einen Bonus auf das Wechselintervall. Überdies spürt der Sensor Veränderungen im Öl auf, wie zum Beispiel übermäßigen Metallgehalt oder Verdünnungen durch Wasser und Kraftstoff. Durch zusätzliche Messdaten über Öltemperatur, Kühlmitteltemperatur, Drehzahl, Geschwindigkeit und Motorlast erkennt das System die jeweilige Beanspruchung des Motorenöls und berechnet den individuellen Wartungsplan. Der Autofahrer erfährt per Digitalanzeige im Kombi-Instrument, wie viele Kilometer er noch bis zum nächsten Motorölwechsel zurücklegen kann und wie viele Tage oder Wochen er bis dahin fahren kann.

Dank dieses aktiven Service-Systems verlängern sich die Ölwechselintervalle je nach Fahrweise und Motorbelastung. Dadurch können Autobesitzer rund 20 Prozent der Wartungskosten sparen.

Eine manuelle Ölstandskontrolle mittels Peilstabs ist in den modernen Mercedes-Personenwagen nicht mehr notwendig. Stattdessen genügt ein Knopfdruck am Multifunktions-Lenkrad und die gewünschte Information erscheint auf dem Zentral-Display des Kombi-Instruments.

AUTOTRONIC
Stufenloser Fahrspaß

Auf dem Gebiet der Getriebetechnik leitet Mercedes-Benz mit der A-Klasse ab Herbst 2004 eine neue Ära ein: Erstmals in ihrer Geschichte bietet die Stuttgarter Automobilmarke ein stufenloses Automatikgetriebe an – eine Technik, die vor allem bei Kompaktwagen Vorteile bietet und deshalb in eine viel versprechende Zukunft startet. Die neue AUTOTRONIC arbeitet nach dem Prinzip einer „Continuous Variable Transmission" (CVT), bei der die Übersetzungen stufenlos – mithilfe eines so genannten Kegelscheiben-Variators – verändert werden. Die bei anderen Automatikgetrieben üblichen Zahnradpaarungen gibt es deshalb nicht.

Höherer Fahrkomfort, optimierter Kraftstoffverbrauch, bessere Elastizität und schnellere Beschleunigung – das sind die Hauptvorteile, die das neu entwickelte Automatikgetriebe der A-Klasse bietet:

- **Fahrkomfort**
  Die Übersetzungen werden ruckfrei gewechselt.
  Bei konstantem Tempo verringert sich die Motordrehzahl.
  Bei Bergfahrt wird stets die optimale Übersetzung gewählt.
  Bei Bergabfahrt erfolgt eine stufenlose Bremsunterstützung.
- **Beschleunigung**
  Die Schaltvorgänge erfolgen ohne Unterbrechung der Zugkraft. Der Motor erreicht seine Nennleistung schneller.
- **Elastizität**
  Der Motor arbeitet stets im optimalen Betriebspunkt.

Diese Vorteile sorgen für ein deutliches Plus an Fahrspaß und Fahrdynamik.

Kompakte Einheit: **Die neu entwickelte AUTOTRONIC der A-Klasse arbeitet stufenlos. Ein Drehmomentwandler steigert den Komfort.**

Variator für stufenlose Getriebeübersetzung

Das Kernstück der AUTOTRONIC ist der so genannte Variator, der im Wesentlichen aus zwei Paar Kegelscheiben besteht. Die Fachleute sprechen vom Primär- und vom Sekundärscheibensatz. Beide setzen sich aus einer Fest- und einer Wegscheibe zusammen, wobei die Wegscheiben mithilfe einer Hydraulikpumpe, bei einem Druck von bis zu 67 bar, axial verschiebbar sind. Durch Variation der Drücke an den beiden Wegscheiben wird einerseits die Anpresskraft auf das stählerne Schubgliederband angepasst, und andererseits werden die Laufradien des Bandes auf der Primär- und Sekundärseite verändert. Auf diese Weise lässt sich für jede Fahrsituation stets die günstigste Übersetzung einstellen – spontan, zügig gleitend und somit sehr komfortabel, sodass die Insassen der A-Klasse die Arbeit der AUTOTRONIC kaum wahrnehmen.

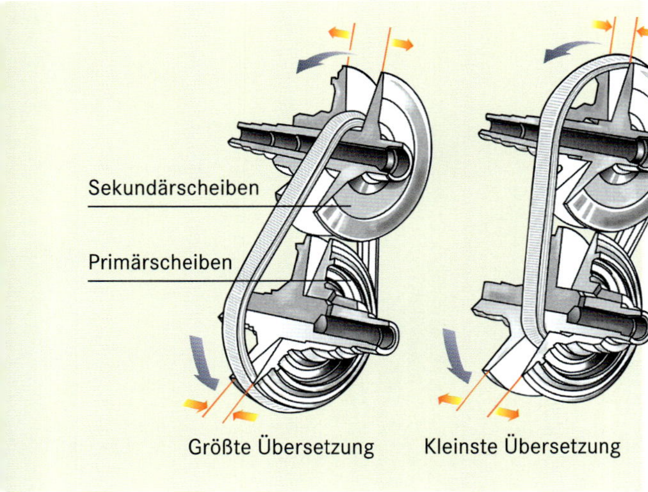

Das Verhältnis zwischen der größten und der kleinsten Übersetzung beträgt 6,41. Damit ist die Spreizung deutlich größer als bei einem konventionellen Fünfgang-Automatikgetriebe. So verschiebt die AUTOTRONIC beispielsweise bei sportlicher Anfahrbeschleunigung die Kegelscheibenhälften so, dass sich das Schubgliederband im Primärbereich maximal spannt und sich zwischen den Sekundärscheiben nach innen verlagert, um die größtmögliche Übersetzung (13,27) einzustellen. Genau umgekehrt ist die Einstellung des Variators bei der kleinsten Übersetzung (2,07), mit der eine besonders wirtschaftliche Fahrweise möglich ist.

Stufenlose Steuerung: Die Übersetzung wird durch Verschieben der Wegscheiben gewechselt.

Das Stahlband, das zwischen den Kegelscheiben arbeitet, hat eine Breite von 30 Millimetern und besteht aus 400 einzelnen Gliedern. Die komplette AUTOTRONIC misst in der Länge nur 345 Millimeter und ist damit das kompakteste stufenlose Automatikgetriebe der Welt. Es besteht aus nur 334 Teilen; die einzigen Zahnräder in dem kompakten Getriebegehäuse gehören zu dem Wendesatz, der den Antrieb der Kegelscheiben umkehrt und so das Rückwärtsfahren ermöglicht.

Starker Spurt: Im Gegensatz zu herkömmlichen Automatikgetrieben schaltet die AUTOTRONIC ohne Unterbrechung der Zugkraft.

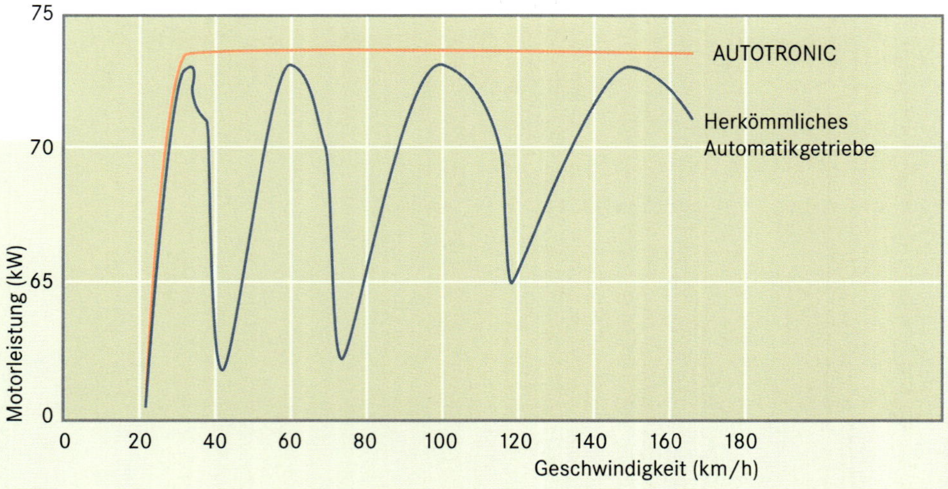

Als weitere Mercedes-typische Besonderheit gilt der Drehmomentwandler zwischen Motor und AUTOTRONIC. Mit seiner Hilfe fährt die A-Klasse besonders komfortabel und zugleich sehr zügig an. Wie bei allen Automatikgetrieben von Mercedes-Benz wird der Wandler in vielen Betriebssituationen überbrückt, um den Schlupf zwischen Pumpen- und Turbinenrad zu kompensieren und damit Leistungsverluste zu verhindern. Die Überbrückungskupplung kann in allen Übersetzungen mit einer bedarfsgerecht steuerbaren Schlupfdrehzahl aktiviert werden und vermeidet auf diese Weise, dass Vibrationen des Triebstrangs übertragen werden.

Getriebesteuerung als aufwändiger Rechenprozess

Für die Steuerung der AUTOTRONIC hat Mercedes-Benz einen leistungsfähigen Mikro-Computer entwickelt, der in das Getriebe integriert ist. Aus den zahlreichen Sensordaten berechnet das elektronische Steuergerät die aktuelle Fahrgeschwindigkeit, das tatsächliche Drehmoment am Eingang des Getriebes, die erforderlichen Ströme für die elektrohydraulische Getriebesteuerung sowie die eigentliche Schaltstrategie, also die Wahl der jeweils besten Übersetzung und die Funktion der Wandlerüberbrückung. Auch andere Einflussgrößen, die für die Schaltstrategie von Bedeutung sind, werden in den Rechenprozess einbezogen. So kann die Getriebesteuerung zum Beispiel die Beladung des Fahrzeugs, Steigungen oder Gefällstrecken sowie Daten über die Längs- und Querbeschleunigungen der A-Klasse und die individuelle Fahrweise berücksichtigen. Auf diese Weise wählt die AUTOTRONIC für jeden Betriebszustand des Wagens und für jeden Fahrerwunsch die richtige Getriebeübersetzung aus.

Die Idee ist einfach, aber genial: Lässt man die Elemente Wasserstoff und Sauerstoff unter kontrollierten Bedingungen miteinander reagieren, erzeugt dieser Prozess elektrische Energie. Auf direktem Wege – mithilfe der Chemie. Als „Kalte Verbrennung" bezeichnen Fachleute diesen Vorgang. Sein Entdecker Sir William Robert Grove beschrieb die Erfindung als „Knallgas-Element", obwohl der Knall dank seines speziellen Versuchsaufbaus freilich ausblieb. Man schrieb das Jahr 1839, als der britische Physiker und Jurist jene Vorrichtung konstruierte, die heute als Brennstoffzelle Furore macht.

Im Jahre 1993 gab Daimler-Benz bekannt, die Forschung auf dem Gebiet der Brennstoffzellen-Technik weiter voranzutreiben und ihre Chancen als Energiequelle für Automobile zu testen. Bereits ein Jahr später, im Mai 1994, war dieses Projekt Realität: Das erste Brennstoffzellen-Fahrzeug stand auf den Rädern. Wissenschaftler hatten das elektrochemische Kraftwerk an Bord eines 3,5 Tonnen schweren Transporters vom Typ Mercedes-Benz MB 100 untergebracht und nutzten die Energie aus der Brennstoffzelle für den Antrieb eines Elektromotors. Daher auch der Name dieses Forschungswagens: NECAR – New Electric Car.

Seitdem hat DaimlerChrysler die Entwicklung der Brennstoffzellen-Technologie ganz entscheidend vorangetrieben und mit insgesamt 20 Prototypen die Machbarkeit des wegweisenden Antriebsprinzips demonstriert. Im Laufe der Entwicklung konnten die Ingenieure Größe und Gewicht der Brennstoffzellentechnik erheblich reduzieren und die Leistung deutlich steigern. Für die Wasserstoffspeicherung und -zufuhr gibt es mehrere Möglichkeiten. Die wesentlichen sind: komprimierter gasförmiger oder flüssiger, auf einer Temperatur von mindestens minus 254 Grad gehaltener Wasserstoff oder Methanol, Benzin, Natriumborhydrid und Metallhydride. Jede Lösung hat ihre Vor- und Nachteile. Deshalb erprobt DaimlerChrysler verschiedene Optionen, um eine kundengerechte Anwendung zu entwickeln.

Heute tragen die Mercedes-Modelle mit Brennstoffzellenantrieb die Aufschrift „Fuel-Cell". 60 Modelle der A-Klasse werden von Mercedes-Kunden im Rahmen internationaler Kooperationen in den USA, Europa, Japan und Singapur erprobt. Mit diesem Schritt startete DaimlerChrysler Anfang 2003 auf dem Weg zur Marktreife dieser zukunftweisenden Antriebstechnologie. Die A-Klasse „Fuel-Cell" bietet das gleiche Platzangebot wie das Serienfahrzeug. Getankt wird reiner Wasserstoff, damit ist die A-Klasse „Fuel-Cell" ein Null-Emissions-Fahrzeug.

Neue Energie: Wasserstoff treibt die A-Klasse „Fuel-Cell" an.

Zwilling auf Rädern

Das Potenzial des Verbrennungsmotors ist nach Ansicht der Mercedes-Fachleute noch längst nicht ausgeschöpft. Insbesondere bieten Benzin- und Dieselmotoren auch durch Kombination mit anderen Antriebssystemen wie dem Elektromotor oder in Verbindung mit neuen, regenerativen Kraftstoffen weitere Möglichkeiten, um den Kraftstoffverbrauch, die CO_2- und die Schadstoff-Emissionen der Personenwagen zu verringern.

Auf dem Weg zur Brennstoffzelle spielt für Mercedes-Benz der Hybrid-Antrieb eine wichtige Rolle. Die Kombination eines herkömmlichen Verbrennungsmotors mit einer oder zwei Elektromaschinen hat gute Zukunftschancen, denn auf diese Weise lassen sich die Vorteile beider Antriebe bestmöglich nutzen: Im unteren Teillastbereich, bei Stop-and-go-Verkehr, beim Anfahren oder in anderen Situationen, wo der Verbrennungsmotor nicht seinen optimalen Wirkungsgrad erreicht, übernimmt der Elektro-Antrieb die Regie und ermöglicht ein emissionsfreies Autofahren. Auf Landstraßen oder Autobahnen dagegen schaltet sich automatisch der Verbrennungsmotor zu.

Fachleute der DaimlerChrysler-Forschung beschäftigen sich schon seit mehreren Jahren mit dieser interessanten Antriebsalternative. Einen Prototypen mit Hybrid-Technik haben sie erstmals 1982 auf die Räder gestellt. Hier war allerdings nur ein Zwei-Zylinder-Boxermotor zuschaltbar, der bei leerer Batterie die Mobilität sicherstellte. Seitdem wurden unterschiedliche Hybridkonzepte in verschiedenen Fahrzeugen eingebaut und optimiert – unter anderem 1993 in einer Limousine der C-Klasse und 1999 in einem Versuchswagen der S-Klasse mit einer Antriebseinheit aus Benzin- und Elektromotor.

Dieses Antriebskonzept haben die Ingenieure konsequent weiterentwickelt und optimiert. Die Hybrid-Technologie der neuesten Generation kombiniert den kraftvollen Mercedes-Sechszylindermotor (180 kW/245 PS) mit zwei Elektromaschinen, die in Parallelanordnung vor dem Automatikgetriebe untergebracht sind und zusammen 55 kW leisten. Damit erfüllt das System hinsichtlich Fahrleistungen und Agilität Mercedes-typische Ansprüche.

Bis zu 20 Prozent geringere Kohlendioxid-Emissionen

Der Hybrid-Antrieb verringert den Kraftstoffverbrauch im europäischen Fahrzyklus um 20 Prozent – bei gleichzeitig deutlich geringeren Abgas-Emissionen. Der Grund: Beim Einparken oder Rangieren, im Stop-and-go-Verkehr oder bei langsamer Fahrt bis etwa 50 km/h schaltet die elektronische Steuerung des Hybrid-Antriebs automatisch von Benzin- auf Elektro-Antrieb um. Auch im Leerlauf – beispielsweise beim Ampelstopp – schaltet sich der Verbrennungsmotor automatisch ab, sodass im Stand weder Geräusch- noch Abgas-Emissionen verursacht werden. Für das Anfahren ist zunächst eine der beiden Elektromaschinen zuständig und sorgt mit einem Drehmoment von 300 Newtonmetern bereits auf den ersten Metern für kraftvolle und zugleich komfortable Beschleunigung. Je nach Leistungsbedarf wird mittels einer automatischen Kupplung der Verbrennungsmotor synchronisiert und zugeschaltet. Die im Heck platzierte Antriebsbatterie wird während der Fahrt mit dem V6-Motor nachgeladen – vor allem beim Bremsen mittels Energierückgewinnung.

Doppelter Antrieb: Beim Hybrid-System von Mercedes-Benz arbeitet ein V6-Benzinmotor mit zwei Elektromaschinen zusammen.

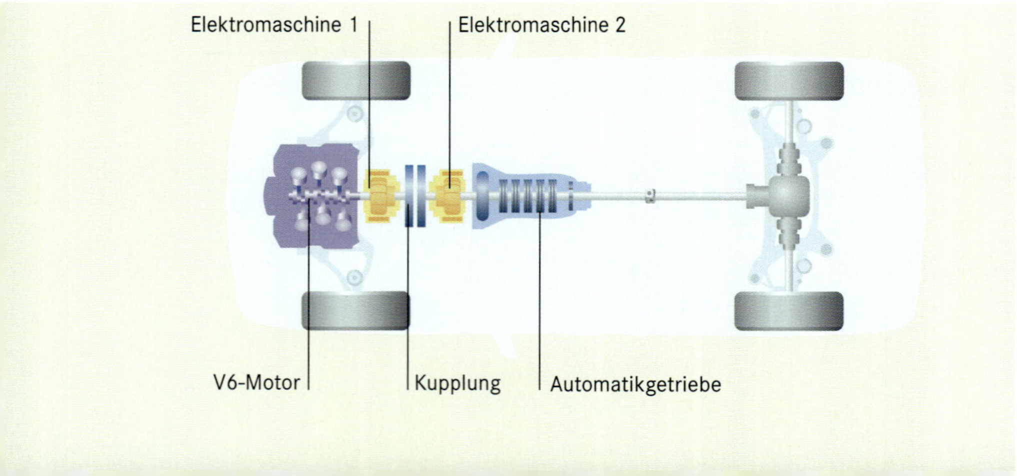

Gebläse vor den Zylindern

Bei den Vierzylinder-Benzinmotoren der C-, CLK-, E- und SLK-Klasse, im Hochleistungs-Sportwagen SLR sowie bei vielen kraftvollen AMG-Modellen setzt Mercedes-Benz die bewährte Kompressortechnik ein, um Drehmoment und Leistung zu steigern.

Der Kompressor arbeitet im Prinzip wie ein Gebläse, das im Ansaugsystem Druck aufbaut. Er arbeitet schon bei niedriger Drehzahl mit hoher Förderleistung. Im Inneren des Laders drehen sich zwei Rotoren, komprimieren dabei die Luft und schaufeln sie von der Saug- zur gegenüberliegenden Druckseite des Motors. Auf ihrem Weg in die Brennräume strömt die verdichtete Luft durch einen Ladeluftkühler und erreicht auf diese Weise die für den Verbrennungsprozess optimale Temperatur und Dichte.

Aufgrund des höheren Luftdurchsatzes und der besseren Zylinderfüllung entwickelt ein Kompressormotor ein deutlich größeres Drehmoment als ein vergleichbarer Saugmotor. Mehr noch: Dank mechanischem Lader lässt sich die Durchzugskraft eines Sechszylinders mit der Wirtschaftlichkeit eines Vierzylindermotors kombinieren.

Bei den modernen Vierzylindermotoren ist der Kompressor Bestandteil des **TWINPULSE**-Systems (▶ Seite 126), das verschiedene Technologien wie mechanische Aufladung, Ladeluftkühlung, variable Nockenwellenverstellung und Lanchester-Ausgleich vereint.

Druckaufbau mit bis zu 23 000 Umdrehungen

Auch im Hochleistungs-Sportwagen Mercedes-Benz SLR McLaren sorgt ein mechanischer Kompressor für opulente Zylinderfüllung. Er arbeitet mit zwei schraubenförmigen Rotoren aus Aluminium, die im Interesse optimaler Reibleistung mit Teflon beschichtet sind. Der Lader ist so kompakt, dass ihn die Motorspezialisten zwischen den beiden Zylinderbänken des V8-Triebwerks platzieren konnten. Trotz der Platz sparenden Bauweise ermöglicht seine innovative Technik einen deutlich höheren Ladedruck als herkömmliche mechanische Aufladesysteme. Denn die beiden Rotoren erreichen eine Höchstdrehzahl von etwa 23 000 Umdrehungen pro Minute und pressen dabei Luft mit maximal 0,9 bar in den Ansaugtrakt des 5,5-Liter-Triebwerks. Oder anders ausgedrückt: Pro Stunde drücken sie etwa 1850 Kilogramm Luft in die acht Brennräume – das sind bis zu 30 Prozent mehr als bei vergleichbaren Systemen. Für die Abkühlung der vom Kompressor verdichteten Luft sorgen beim SLR zwei Wasser-Ladeluftkühler.

Starke Leistung:
Der Kompressor besteht aus zwei schraubenförmigen Rotoren, die mit hoher Drehzahl arbeiten und dabei die angesaugte Luft stark komprimieren.

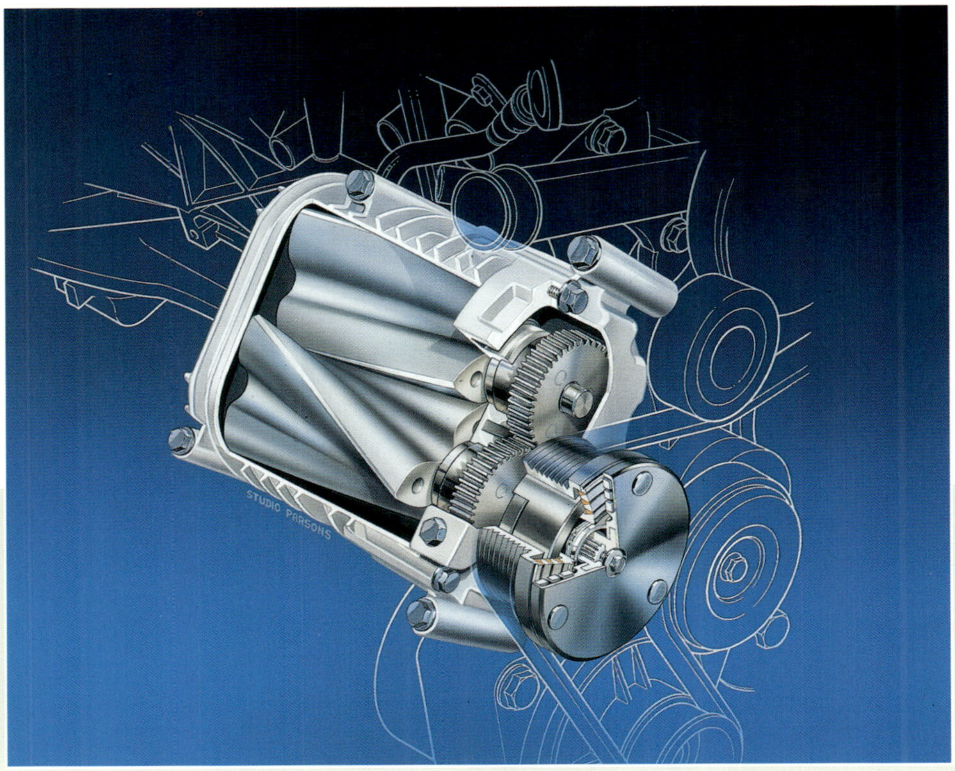

KRAFTSTOFFEINSPRITZUNG BENZINER

Spritzufuhr auf direktem oder indirektem Wege

Bei der Benzineinspritzung übernehmen ein oder mehrere Einspritzdüsen die Aufgabe, den Kraftstoff so fein zu zerstäuben, dass er mit der Ansaugluft entweder im Saugrohr oder direkt vor Eintritt in den Brennraum ein homogenes, brennfähiges Gemisch bildet. Weil eine effiziente und damit rückstandsarme Verbrennung bei der Gemischaufbereitung auch eine zeit- und mengengenaue Dosierung verlangt, ist eine exakte Steuerung der Einspritzdüsen erforderlich. Dies geschieht auf elektronischem Wege. Jedem einzelnen Zylinder wird eine Einspritzdüse zugeordnet – so lässt sich das benötigte Kraftstoff-Quantum nicht nur als Durchschnittswert, sondern zylindergenau zuteilen.

Die wichtigste Steuergröße bei der Gemischaufbereitung ist die Menge der Ansaugluft, die der Motor momentan in seine Brennräume fördert. Da sich diese Luftmenge ändern kann, muss die Einspritzmenge kontinuierlich angepasst werden. Herkömmliche Luftmengenmesser, die in früheren Jahren eingesetzt wurden, haben sich als zu ungenau erwiesen, denn dieses Messverfahren berücksichtigt die aktuelle Dichte der Ansaugluft nicht. Deren Masse verändert sich nämlich abhängig von der Lufttemperatur oder mit dem Luftdruck, zum Beispiel mit zunehmender Höhe bei Passfahrten. Deshalb wurde die so genannte Luftmassenmessung entwickelt: Ein beheizter Draht oder ein elektrisch beheizter und mit Keramik beschichteter Film erfasst die Ansaugluft samt aller notwendigen Parameter.

Die Benzinermodelle von Mercedes-Benz rollen mit luftmassengesteuerten, vollelektronischen Einspritz- und Zündsystemen von den Montagelinien. Die Fachleute sprechen von der so genannten HFM-Motorsteuerung. Um die Zylinderfüllung der Motoren bei der Kraftstoffeinspritzung zu erhöhen, sind bei den TWINPULSE-Vierzylindern beide Nockenwellen variabel verstellbar. Ein spezieller Flügelzellenversteller mit integriertem Steuerventil ermöglicht eine kontinuierliche Einstellung der jeweils günstigsten Steuerzeiten, was sich positiv auf das Drehmomentverhalten bei Volllast, auf den Kraftstoffverbrauch und die Abgas-Emissionen auswirkt.

Direkteinspritzung mit 120 bar Druck

Ebenso wie bei den Dieselmotoren liegt auch bei den Benzinern die Direkteinspritzung im Trend. Bei Mercedes-Benz hat diese Technik eine lange Tradition, denn schon Mitte der fünfziger Jahre präsentierte die Stuttgarter Automobilmarke im legendären 300 SL einen Sechszylindermotor mit Benzin-Direkteinspritzung, die dem „Flügeltürer" zu einem beachtlichen Leistungsplus verhalf.

Moderne Konstruktion:
Der neu entwickelte Vierzylindermotor von Mercedes-Benz ist auch mit Benzin-Direkteinspritzung lieferbar.

Heute stehen bei der Weiterentwicklung dieser Einspritztechnik andere Aspekte im Vordergrund: Kraftstoffverbrauch und Abgas-Emissionen. Mercedes-Benz hat einen neuen Direkteinspritzer entwickelt, der diese Ansprüche erfüllt. Die mit diesem Triebwerk ausgerüsteten Modelle tragen am Heck das Kürzel CGI – es steht für die Begriffe Stratified Charged Gasoline Injection.

Bei der Direkteinspritzung entsteht das Verbrennungsgemisch erst in den Brennräumen. Der Kraftstoff wird mithilfe eines Injektors im Winkel von 42 Grad und – je nach Motorbetrieb – mit einem Druck von 50 bis 120 bar in die Zylinder eingespritzt. Dort bilden die Kraftstofftropfen zusammen mit den Luftteilchen eine Gemischwolke, die von speziell geformten Kolbenmulden zu den Zündkerzen geführt wird. Zum Vergleich: Beim Vierzylindermotor mit herkömmlicher Einspritztechnik beträgt der Kraftstoffdruck rund 3,8 bar.

Um der Gemischwolke im Sinne schneller und möglichst vollständiger Verbrennung einen optimalen Drall zu geben, verfügt der CGI-Motor über zwei getrennte Ansaugkanäle, deren Strömungscharakteristik mithilfe aufwändiger Verfahren entwickelt wurde. Jeweils einer dieser Ansaugkanäle ist zusätzlich mit einer verstellbaren Drallklappe ausgestattet.

Was lange Zeit als technisch problematisch galt, ist heute dank großer Fortschritte auf dem Gebiet der Abgasreinigung und der Motorsteuerung machbar: der für günstigen Kraftstoffverbrauch erforderliche Magerbetrieb des Triebwerks bei gleichzeitigem Einsatz der Katalysatortechnik, die normalerweise ein „stöchiometrisches“ Luft-Kraftstoff-Gemisch im Verhältnis 14,6 : 1 erfordert. Die Lösung ist ein neu entwickelter NO_X-Speicherkatalysator.

Im Teillastbetrieb, bei einem Mitteldruck von vier bis fünf bar, und bei niedrigen Drehzahlen arbeitet der Vierzylinder „mager“, also ungedrosselt und mit hohem Luftüberschuss. Die Ingenieure sprechen von einer „Schichtladung“: Der Kraftstoff wird relativ spät in die vom Kolben verdichtete Luft eingespritzt. Außerhalb dieses Bereichs betreiben sie den Direkteinspritzer mit dem für Katalysatormotoren üblichen Luft-Kraftstoff-Gemisch (Lambda 1).

Der 125 kW/170 PS starke CGI-Motor mit Benzin-Direkteinspritzung verbraucht im NEFZ-Fahrzyklus bis zu 0,7 Liter weniger als das Pendant mit herkömmlicher Kanaleinspritzung. Dank **Kompressor** (▶ Seite 125) stellt der Motor schon bei 3000/min ein hohes Drehmoment von 250 Newtonmetern zur Verfügung und hält bis 4500/min konstant.

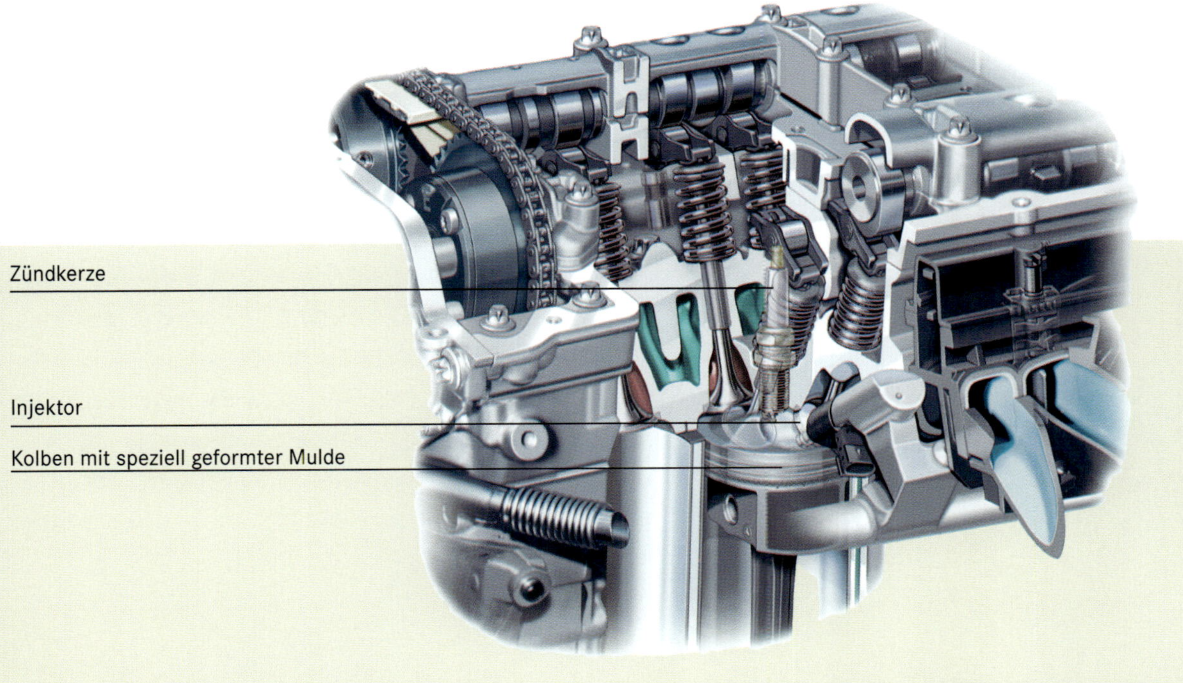

Hoher Druck:
Beim CGI-Motor spritzen Injektoren den Kraftstoff mit einem Druck von bis zu 120 bar in die Zylinder. Dort bilden sich Gemischwolken, die mit Drall zu den Zündkerzen geführt werden.

Druck in der Leitung

Saubere Vierzylinder: Für die A-Klasse hat Mercedes-Benz drei neue CDI-Motoren entwickelt, die auf Wunsch auch mit Partikelfilter lieferbar sind.

Bei der Dieseleinspritzung setzt Mercedes-Benz seit 1997 auf die zukunftweisende Direkteinspritzung per Common-Rail-Technik. Sie löste das bisherige Vorkammerverfahren ab und ist auch anderen Direkteinspritz-Systemen überlegen. Denn herkömmliche Diesel-Direkteinspritzer bauen den Kraftstoffdruck für jeden Einspritzvorgang aufs Neue auf und sind dabei von der Drehzahl und der Last des Motors abhängig. Bei den CDI-Motoren von Mercedes-Benz arbeitet die Kraftstoffpumpe unabhängig von der Einspritzfolge. Sie ist variabel steuerbar und stellt den hohen Druck von derzeit bis zu 1600 bar permanent zur Verfügung – also auch bei niedrigen Drehzahlen.

„Common Rail“ bedeutet „gemeinsame Leitung“. Gemeint ist eine Kraftstoffleitung vor den Zylindern, die als Druckspeicher dient und den Kraftstoff mit konstantem Druck an die Injektoren verteilt. Das sind leistungsfähige Magnetventile, die den Einspritzbeginn und die Kraftstoffmenge für jeden Brennraum einzeln – je nach Vorgabe der elektronischen Motorsteuerung – bedarfsgerecht regeln. Dabei werden alle relevanten Umgebungsparameter erfasst und für die Steuerung der Einspritzung und des Motors genutzt. Schließt der Mikro-Computer die Magnetventile, ist die Kraftstoffeinspritzung sofort wieder beendet. Mit anderen Worten: Druckerzeugung und Kraftstoffeinspritzung erfolgen unabhängig voneinander – ein wesentlicher Pluspunkt des Common-Rail-Systems gegenüber herkömmlichen Verfahren.

Gemeinsame Leitung: Die Common-Rail-Direkteinspritzung arbeitet mit einem Druck von bis zu 1600 bar. Die Hochdruckpumpe wird bedarfsgerecht gesteuert.

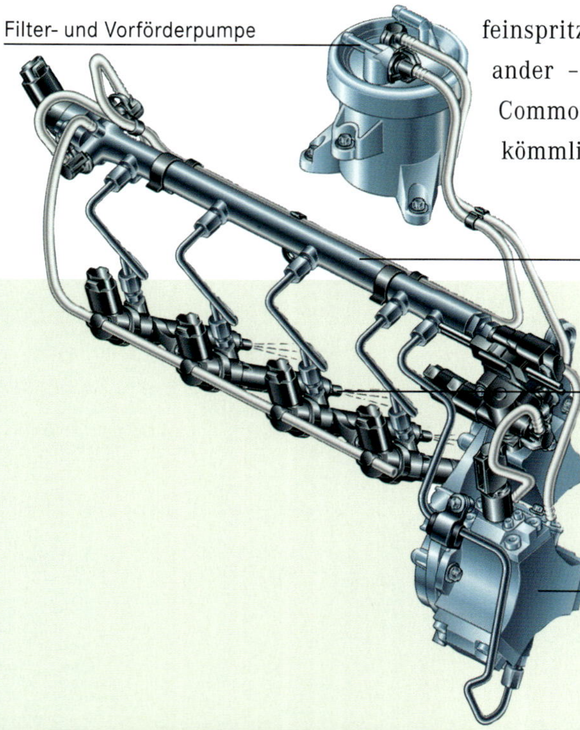

Eine wichtige Grundvoraussetzung für einen optimalen und abgasarmen Verbrennungsprozess schafft die von Mercedes-Benz entwickelte Vierventiltechnik für Dieselmotoren. Sie ermöglicht es, die Einspritzdüsen in einer zentralen Lage zu positionieren, von der sich der Kraftstoff gleichmäßig in alle Richtungen des Brennraums ausbreiten kann. Zweiventilmotoren sind hier prinzipbedingt im Nachteil, weil die größeren Ventilflächen eine solche mittige Anordnung der Einspritzdüse nicht erlauben. Dadurch läuft die Verbrennung unvollständig ab – höhere Abgas-Emissionen sind die Folge.

CDI-Technik in der zweiten Generation

Mit der zweiten Generation der Common-Rail-Dieselmotoren haben die Mercedes-Ingenieure diese Einspritztechnik nochmals verbessert und erzielen weitere Fortschritte in den Disziplinen Drehmoment, Leistung, Verbrauch, Abgasverhalten, Komfort und Zuverlässigkeit.

Durch eine Steigerung des maximalen Zünddrucks von 145 auf 155 bar und einen optimierten Ladungswechsel in den Zylindern verbessert sich die Durchzugskraft und Elastizität der CDI-Modelle im unteren Drehzahlbereich deutlich. Beispiel E 270 CDI: Bei 1000/min stellt der Fünfzylindermotor bereits 205 Newtonmeter zur Verfügung und schon ab 1400/min liefert er 350 Newtonmeter an die Kurbelwelle – das sind über 82 Prozent des maximalen Drehmoments von 425 Newtonmetern, die bei 1800/min erreicht werden.

Den Kraftstoffverbrauch verringern die Mercedes-Ingenieure durch eine verlustarme Regelung der Hochdruckpumpe des Common-Rail-Systems deutlich. Bisher lieferte die Hochdruckpumpe stets die maximale Fördermenge und wurde per Druckregelventil je nach Motordrehzahl und -last geregelt. Dadurch benötigte die Pumpe stets eine hohe Antriebsleistung, die zu Lasten des Verbrauchs ging und zudem die Kraftstofftemperatur in die Höhe trieb. Dieses Manko macht nun eine neu entwickelte Hochdruckpumpe wett. Sie lässt sich bedarfsgerecht mittels Saugdrosselung steuern: Entsprechend des vom Motorsteuergerät berechneten Kraftstoffdrucks werden die Förderelemente der Pumpe nur teilweise gefüllt – die Fachleute sprechen deshalb auch von einer „bedarfsgeregelten Mengensteuerung“. Sie verringert die prinzipbedingten Antriebsverluste – und damit den Kraftstoffverbrauch – deutlich. Im NEFZ-Zyklus betragen die Einsparungen gegenüber den Motoren der ersten CDI-Generation bis zu 0,4 Liter je 100 Kilometer.

Hochdruck-Einspritzung mit bis zu 1600 bar

Ein wichtiges Merkmal der Common-Rail-Motoren der zweiten Generation ist die neu entwickelte Siebenloch-Einspritzdüse anstelle der früher verwendeten Sechsloch-Düse. Der neue Injektor erlaubt eine Verringerung des Düsenloch-Durchmessers um etwa 20 Prozent und eine Reduzierung des Kraftstoffdurchflusses um rund 14 Prozent auf nunmehr 380 Kubikzentimeter pro 30 Sekunden. Das bewirkt eine noch feinere Verteilung des Kraftstoffs in den Brennräumen sowie eine bessere Gemischbildung. Die stärkere Drosselung durch die kleineren Spritzlöcher der Düsen verlängert jedoch die Einspritzdauer, was vor allem bei hoher Leistungsentfaltung nachteilig ist. Aus diesem Grund erhöhen die Mercedes-Ingenieure den Einspritzdruck von bisher 1350 auf 1600 bar und verkürzen somit die Spritzdauer.

Mittels der neuen Einspritzdüsen lässt sich auch die von Mercedes-Benz entwickelte zweiphasige Kraftstoffeinspritzung, die das prinzipbedingte höhere Geräuschniveau eines Direkteinspritzers gegenüber dem eines Vorkammermotors kompensiert, weiter perfektionieren. Wenige Millisekunden vor der eigentlichen Kraftstoffeinspritzung wird eine kleine Menge Diesel in die Zylinder eingespritzt, entzündet sich und sorgt für eine Vorwärmung der Brennräume. Damit sind bessere Voraussetzungen für die anschließende Haupteinspritzung geschaffen: Der Kraftstoff entzündet sich in den vorgewärmten Zylindern schneller, sodass Druck und Temperatur nicht mehr so sprunghaft ansteigen wie bei einem Motor ohne Piloteinspritzung. Dies wirkt sich günstig auf die Verbrennungsgeräusche aus.

Die CDI-Motoren der zweiten Generation gehen mit doppelter Voreinspritzung an den Start. Der leistungsfähige Magnetanker in den 1600-bar-Injektoren ermöglicht noch kleinere Zeitabstände zwischen Pilot- und Haupteinspritzung, sodass nun zweimal hintereinander – innerhalb von weniger als einer Millisekunde – kleine Pilotmengen in die Brennräume strömen und für eine noch bessere Vorwärmung sorgen. Das Ergebnis ist hörbar: Die Verbrennungsgeräusche verringern sich nochmals deutlich.

Moderne Selbstzünder: Beim 110 kW/150 PS starken CDI-Motor (oben) sorgen Ausgleichswellen für vorbildliche Laufruhe. Der Achtzylinder (unten) mit Direkteinspritzung zählt zu den leistungsstärksten Pkw-Dieselmotoren.

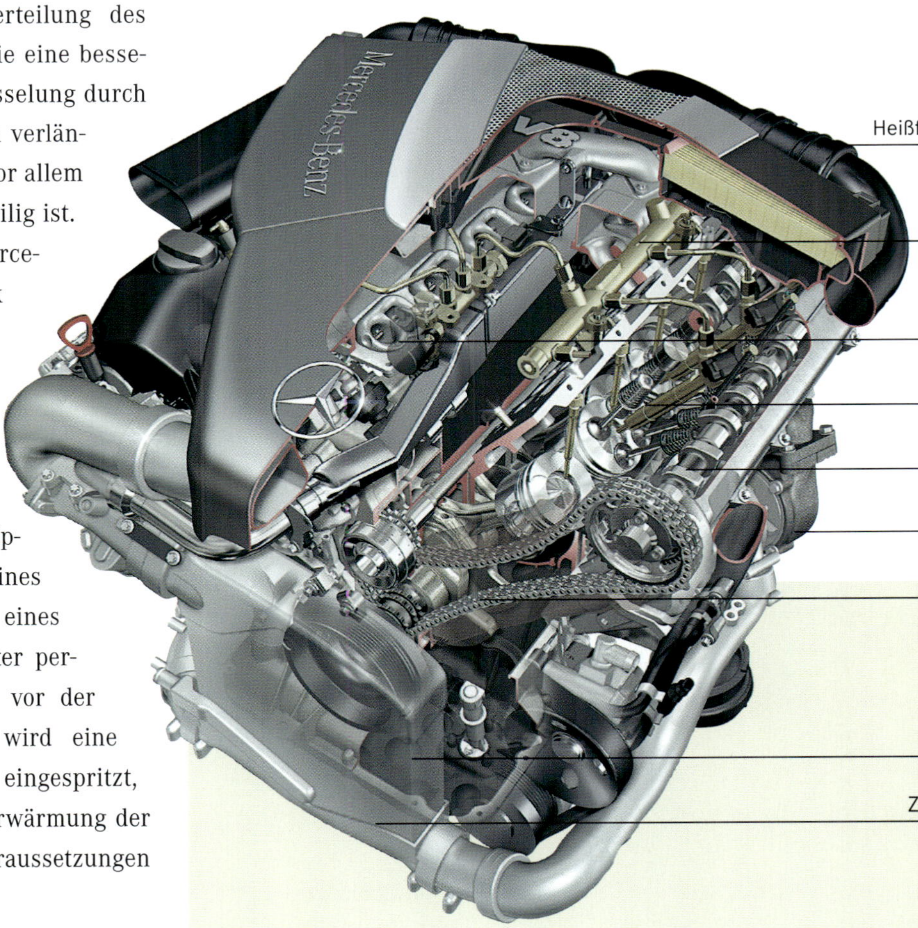

Freies Spiel der Ventile

Bereits mit der für einen Sportwagenmotor üblichen Vierventiltechnik und vier oben liegenden Nockenwellen wurden beim neuen Mercedes-Sechszylinder (200 kW/272 PS) wichtige Voraussetzungen für die vorbildliche Leistungsentfaltung geschaffen. Das allein genügte den Stuttgarter Ingenieuren jedoch nicht. Zusätzlich entwickelten sie ein System, mit dem sich das Zusammenspiel der 24 Ventile bedarfsgerecht – je nach Motorlast – steuern lässt und das auf diese Weise für einen sekundenschnellen Gaswechsel in den Zylindern sorgt: eine stufenlose, kontinuierliche Nockenwellenverstellung.

Der Clou der Mercedes-Neuentwicklung: Sowohl die Winkelstellungen der beiden Einlass- als auch die Auslassnockenwellen lassen sich kontinuierlich um jeweils 40 Grad verändern, damit die Ventile in jeder Fahrsituation zum günstigsten Zeitpunkt öffnen oder schließen können.

Bei geringer Motorlast nutzen die Fachleute diese Technik, um Abgase direkt vom Brennraum wieder in den Einlasskanal strömen zu lassen: Die Nockenwellen werden dabei so gesteuert, dass die Auslassventile während des Öffnens der Einlassventile noch für kurze Zeit geöffnet bleiben. In diesem kurzen Augenblick kann ein Teil der Abgase vom Auslass- in den Einlasskanal gelangen. Der Unterdruck im Saugrohr hilft dabei. Diese Ventilüberschneidung beim Ausschieben der verbrauchten Gase und beim Ansaugen des frischen Verbrennungsgemischs ermöglicht eine effiziente innere Abgasrückführung. Dadurch verringern sich die Energieverluste beim Ladungswechsel in den Zylindern – mit dem Resultat deutlich verminderter Verbrauchswerte. Andererseits wird die Nockenwellenverstellung bei höherer Motorlast auch genutzt, um die Ventilüberschneidung je nach Drehzahl so zu optimieren, dass die Brennräume bestmöglich mit Frischgas versorgt werden – ganz im Interesse hoher Leistungs- und Drehmomentausbeute.

Die Steuerung der Nockenwellen übernehmen elektrohydraulisch betätigte Flügelzellenversteller. Sie befinden sich an den vorderen Enden der Nockenwellen und werden mittels vier integrierter Hydraulikventile gesteuert. Den Antrieb der Einlassnockenwellen übernimmt eine Doppelkette; die Auslassnockenwellen werden direkt von den Einlassnockenwellen über ein verspanntes Zahnradpaar bewegt.

Neben dieser vierfachen stufenlosen Nockenwellenverstellung tragen auch die auf bestmöglichen Durchsatz ausgelegten, strömungsoptimierten Einlasskanäle mit neuartigen **Tumble-Klappen** (▶ Seite 132) zur vorbildlichen Leistungscharakteristik des V6-Motors bei. Auch die modernen Mercedes-Vierzylindermotoren mit **TWINPULSE-System** (▶ Seite 126) sind mit einer variablen Nockenwellenverstellung ausgestattet.

Hightech-Paket:
Im neuen Mercedes-Sechszylinder feiert eine stufenlose, kontinuierliche Nockenwellenverstellung für die Ein- und Auslassseite Premiere.

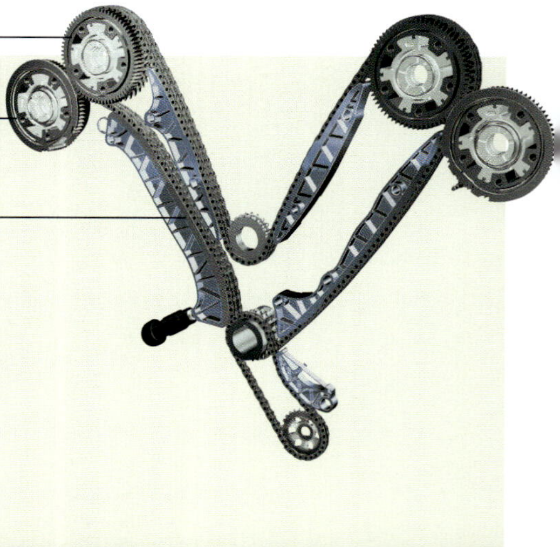

SCHALTGETRIEBE

Dynamik mit sechs Gängen

Handgeschaltete Getriebe sind grundsätzlich als Zahnradgetriebe aufgebaut. In der einfachsten Form besteht das Getriebe aus einer Antriebswelle, die mit der Motordrehzahl läuft, einer darunter liegenden Vorgelegewelle sowie der gleichachsig zur Antriebswelle angeordneten Abtriebswelle. Mit der Antriebswelle ist ein Zahnrad fest verbunden, das mit dem größten Rad der Vorgelegewelle ständig im Eingriff ist. Für jeden indirekten Gang ist ein Zahnradpaar vorhanden, zusätzlich gibt es für den Rückwärtsgang noch ein separat angeordnetes Zahnrad. Bei modernen Schaltgetrieben der Marke Mercedes-Benz kommen ausnahmslos schräg verzahnte Zahnräder zum Einsatz – sie sind ständig miteinander im Eingriff.

Mercedes-Benz hat für Pkw-Modelle ein modernes Sechsgang-Schaltgetriebe entwickelt, das den Fahrkomfort weiter steigert und den Kraftstoffverbrauch senkt. Das Schalten wird durch eine aufwändige Mehrfachkegel-Synchronisation wesentlich erleichtert. Besonderes Augenmerk widmeten die Ingenieure dabei vor allem der so genannten Diagonal-Schaltbarkeit, also dem Hochschalten vom zweiten in den dritten Gang. Hier verringerten sich die Schaltkräfte im Vergleich zum früheren Fünfgang-Getriebe um rund ein Viertel. Zugleich verkürzt sich die Schaltzeit aufgrund der kurzen Wege – ganz im Sinne eines agilen und dynamischen Autofahrens.

Für die C- und CLK-Klasse haben die Mercedes-Fachleute das Sechsgang-Getriebe weiterentwickelt und erzielen vor allem beim Schaltkomfort und bei der Schaltpräzision beachtliche Fortschritte. Die neue DIRECT-CONTROL-Technik: Im Unterschied zur bisherigen Steuerung, bei der die Bewegungen des Schalthebels in der Längs- und in der Querrichtung getrennt an das Getriebe übertragen wurden, übermittelt nun eine einzige Schaltstange beide Bewegungen gleichzeitig. Dadurch konnte auf die bisherigen Umlenkungen verzichtet werden. Das macht sich in der Praxis vor allem durch einen schnellen und leichten Gangwechsel bemerkbar.

Das Sechsgang-Schaltgetriebe mit der neuen DIRECT-CONTROL-Schaltung wird in zwei Ausführungen hergestellt: Die komfortorientierte Version wird in der C-Klasse bei den Limousinen und T-Modellen der Lines CLASSIC und ELEGANCE sowie in den Basisvarianten des Sportcoupés eingesetzt. Eine sportlich optimierte Schaltungssteuerung mit einem um 20 Millimeter kürzeren Schalthebel und rund 20 Prozent kürzeren Schaltwegen erhalten alle Modellvarianten des C 320 sowie Limousine und T-Modell in der Ausstattung mit Sportpaket und Sportpaket AMG. Auch das Sportcoupé in den Ausführungen EVOLUTION und EVOLUTION AMG ist serienmäßig mit der sportlicher abgestimmten Getriebeschaltung ausgerüstet.

Sechs Richtige:
Eine spezielle Mehrfachkegel-Synchronisation erhöht beim Sechsgang-Getriebe von Mercedes-Benz den Schaltkomfort.

Schneller Gangwechsel:
Die neue DIRECT CONTROL-Schaltung der C-Klasse steigert den dynamischen Fahrspaß.

Turbulenz in den Zylindern

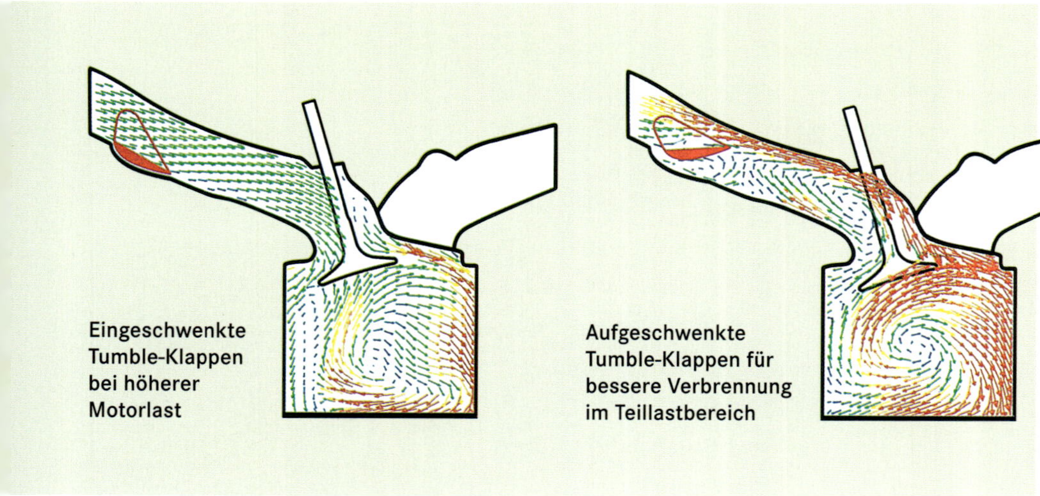

Klappen in den Einlasskanälen: Im Teillastbereich stellen sich die Tumble-Klappen auf und erhöhen die Turbulenz des Kraftstoff-Luft-Gemischs.

Um das Drehmoment im unteren Drehzahlbereich zu steigern, setzt Mercedes-Benz bei vielen seiner Benzinmotoren ein zweistufiges Saugmodul ein. Mit seiner Hilfe lässt sich die Luftzufuhr je nach Last und Drehzahl variieren. Die Länge der Saugrohre, die zu den Zylindern führen, wird mit Klappen verändert: Bei hohen Drehzahlen – ab zirka 3500/min – sind die Klappen geöffnet und die Luft strömt auf kurzem Weg in die Brennräume. Das ermöglicht hohe Leistungen. Bei niedrigen Drehzahlen werden die Klappen geschlossen und die Länge des Saugkanals vergrößert sich. Dadurch entstehen Druckwellen, die den Ansaugvorgang unterstützen und die Drehmomentausbeute im unteren Drehzahlbereich nachhaltig verbessern. Immerhin: Schon ab 1500/min stehen 305 Newtonmeter und damit rund 87 Prozent des maximalen Drehmoments zur Verfügung.

Das Saugmodul des neuen Mercedes-Sechszylinders sind elektropneumatisch angetriebene Klappen am Ende eines jeden Einlasskanals. Sie tragen maßgeblich zur Kraftstoffeinsparung bei. Die Mercedes-Ingenieure sprechen von Tumble-Klappen und beschreiben damit deren Aufgabe: Sie bringen das Gemisch buchstäblich zum Taumeln (engl.: to tumble) und steigern dadurch die Turbulenz der Strömung, die folglich mit höherer Geschwindigkeit in die Brennräume gelangt und sich gleichmäßig verteilt. Das Ergebnis ist eine bessere – sprich: vollständigere – Verbrennung.

Im Teillastbereich schwenken die Tumble-Klappen auf, optimieren die Strömung und erhöhen dadurch die Brenngeschwindigkeit – ein Vorteil, der sich vor allem bei dem durch die Abgasrückführung abgemagerten Gemisch bemerkbar macht und den Kraftstoffverbrauch senkt. Bei höherer Motorlast sind die Tumble-Klappen nicht erforderlich, sodass sie sich vollständig im Saugrohr versenken lassen und den Ansaugvorgang nicht beeinträchtigen. Die situationsgerechte Steuerung der Tumble-Klappen erfolgt auf Basis verschiedener Kennlinien, die im Motor-Computer gespeichert sind.

Durch die Tumble-Klappen in den Einlasskanälen lässt sich der Kraftstoffverbrauch des V6-Motors je nach Drehzahl um bis zu 0,2 Liter je 100 Kilometer verringern – bei gleichzeitig verbesserter Laufruhe.

Klappen im Saugmodul: Ab 3500/min öffnen sich die Klappen, sodass der V6-Motor auf direktem Wege beatmet wird.

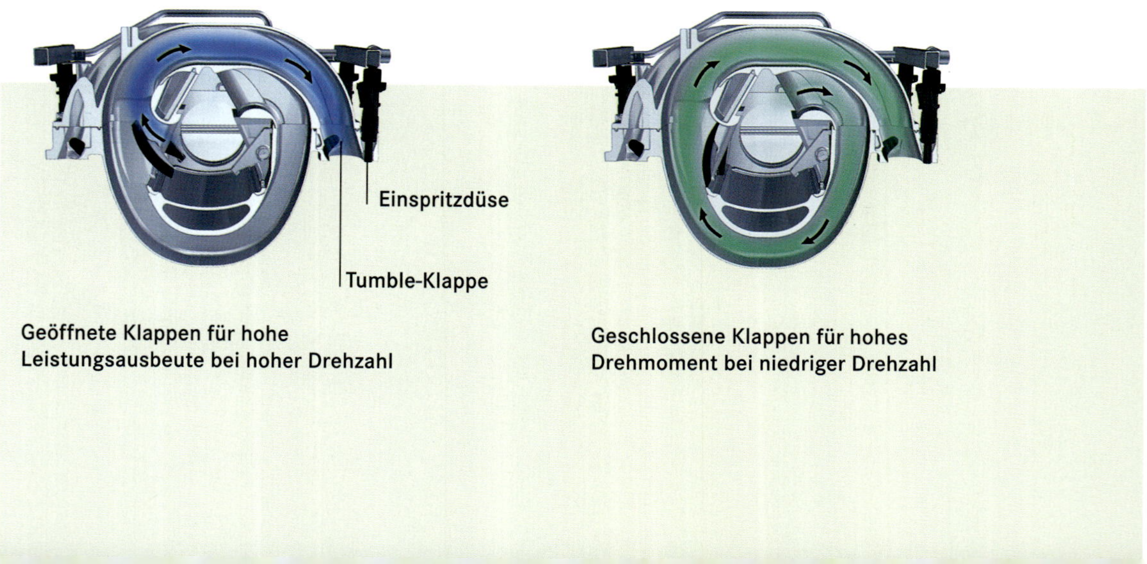

TURBOLADER
Kraftspritze für Motoren

Der Abgasturbolader ist eine mechanische Aufladehilfe zur Verbesserung der Zylinderfüllung mit Verbrennungsluft unter Ausnutzung der Strömungsgeschwindigkeit der Abgase. Er bildet eine separate Einheit, hat seinen Platz meist in der Auspuffleitung und ist in zwei Bereiche unterteilt, die als schneckenförmige Kammern ausgebildet sind: Im ersten (heißen) Bereich befindet sich das Turbinenrad, das von den durchströmenden Abgasen angetrieben wird. Auf der gegenüberliegenden Seite – im kalten Bereich – ist das Verdichterrad angeordnet. Es komprimiert die angesaugte Verbrennungsluft auf einen vorgegebenen Druckbereich. Von hier aus gelangt sie in die Brennräume des Motors. Je größer der Anteil der Verbrennungsluft im Zylinder ist, desto mehr Kraftstoff kann bei jedem Verbrennungszyklus eingespritzt werden – mit dem Ergebnis höherer Drehmoment- und Leistungsausbeute.

Mercedes-Benz setzt Turbolader bei den modernen **Diesel-Direkteinspritzern** (▶ Seite 128) und beim V12-Toptriebwerk für die S-, SL- und CL-Klasse ein. Der Turbolader für die Selbstzünder arbeitet nach dem Prinzip „Variable Nozzle Turbine“ (VNT). Im Klartext: VNT-Turbolader können den Winkel ihrer Leitschaufeln je nach Motorbetrieb elektrisch verstellen und somit die größtmögliche Abgasmenge für die Komprimierung der Ansaugluft und den Aufbau des Ladedrucks nutzen. Bei niedriger Motordrehzahl verringern die Leitschaufeln den Strömungsquerschnitt und der Ladedruck steigt; bei hohen Motordrehzahlen wird der Querschnitt hingegen vergrößert und die Drehzahl der Turbolader nimmt ab. Bessere Zylinderfüllung und damit höheres Drehmoment sind weitere Vorteile der variablen, bedarfsgerechten Turboladersteuerung.

Biturbo-System im Mercedes-Zwölfzylinder

Für die souveräne Kraftentfaltung des V12-Motors sind zwei Turbolader zuständig, deren Stahlguss-Turbinen auf beiden Seiten Platz sparend in die Abgaskrümmer integriert wurden. Hier haben sie die beste Position für einen hohen Wirkungsgrad. Mittels Wastegate-Steuerung werden die den Turbinen zugeführten Abgasströme dem jeweiligen Motorbetriebspunkt angepasst; Wastegate-Ventile sind in jeden Turbolader integriert und arbeiten elektropneumatisch je nach Befehl des Motorsteuergeräts.

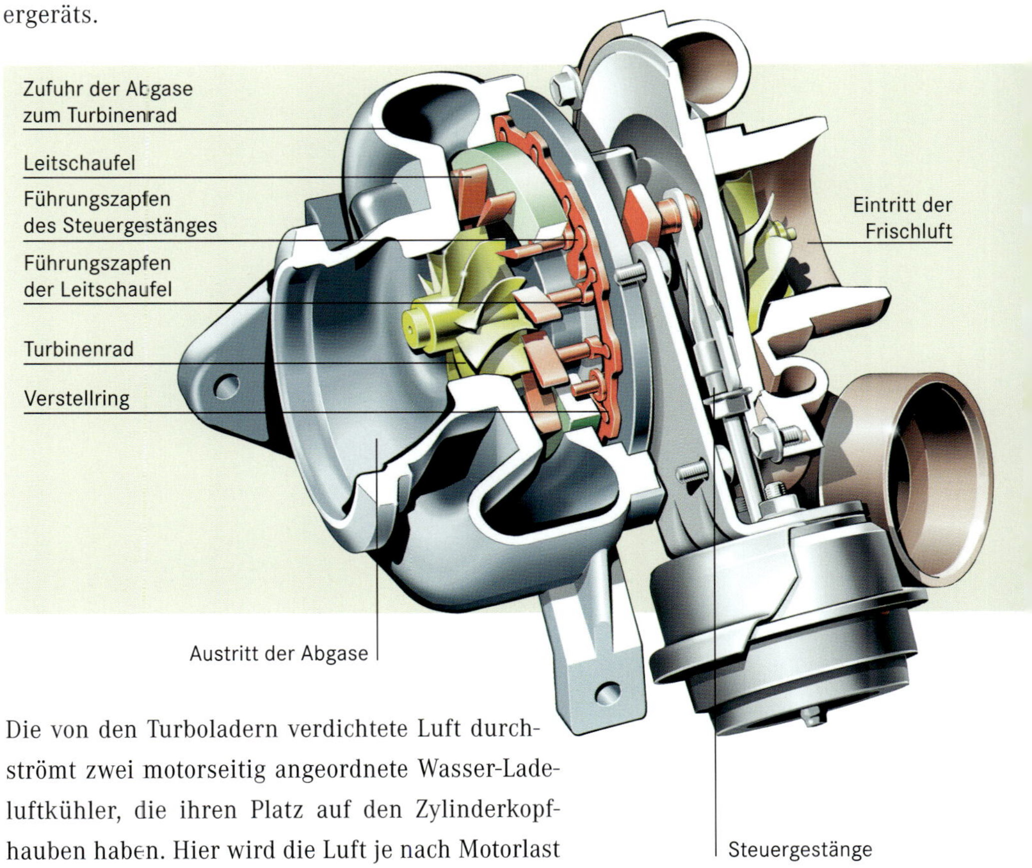

Variable Steuerung: Beim VNT-Turbolader der Dieselmodelle werden die Leitschaufeln je nach Motorbetrieb eingestellt, um stets die bestmögliche Zylinderfüllung zu erreichen.

Die von den Turboladern verdichtete Luft durchströmt zwei motorseitig angeordnete Wasser-Ladeluftkühler, die ihren Platz auf den Zylinderkopfhauben haben. Hier wird die Luft je nach Motorlast um bis zu 100 Grad Celsius gekühlt und erreicht auf diese Weise die für den Verbrennungsprozess optimale Temperatur und Dichte. Die Wasser-Ladeluftkühler sind Bestandteile eines speziellen Niedertemperatur-Kreislaufs.

Der Blick auf die Drehmomentkurve des Mercedes-Zwölfzylinders zeigt, wie wirkungsvoll das auf schnelles Ansprechverhalten ausgelegte Biturbo-System arbeitet: Schon ab 1800/min entwickelt der Motor sein höchstes Drehmoment von 800 Newtonmetern, das er bis 3500/min konstant hält. Dafür bauen die Turbolader einen Ladedruck von einem bar auf. Die Spitzenleistung von 368 kW/500 PS wird bei 5000/min erreicht.

FAHRWERKSTECHNIK

Lebensretter mit drei Buchstaben: ESP®

Vor mehr als zehn Jahren begann die Serienentwicklung eines Systems, das heute als Meilenstein der Pkw-Technik gilt: ESP®, das elektronische Stabilitäts-Programm. Ingenieure von Mercedes-Benz und Bosch haben es erfunden und damit einen wichtigen Beitrag für die Verkehrssicherheit geleistet. Aktuelle Unfalldaten beweisen dies.

Sicher um die Kurve:
ESP® stabilisiert das Auto und hält es in der Spur.

Arjeplog, Nordschweden, im März 1994: Auf dem zugefrorenen Hornovan-See drehen zwei Mercedes-Testwagen ihre Runden. Während der eine spurtreu über die Kreisbahn fährt, hat der Fahrer des zweiten Wagens deutliche Probleme, Kurs zu halten. Immer wieder bricht das Heck auf der eisglatten Piste aus, immer wieder heißt es, gegenzulenken und aufs Neue zu beschleunigen.

Am Rande der Teststrecke beobachten Journalisten aus aller Welt die Fahrmanöver. Sie erleben die Weltpremiere eines automobiltechnischen Meilensteins, den Mercedes-Benz und die Robert Bosch GmbH gemeinsam entwickelt haben: An Bord des spurstabilen Versuchswagens arbeitet das aktive Fahrsicherheitssystem **ESP®** (▶ Seite 149).

Knapp ein Jahr nach der Presse-Präsentation in Arjeplog ging diese zukunftsweisende Technik bei Mercedes-Benz in Serie: Das Coupé S 600 war weltweit das erste Automobil mit ESP®, wenige Monate später folgte der Einsatz des Systems in der Limousine der S-Klasse und im Roadster SL. Heute gehört das elektronische Stabilitäts-Programm zur Serienausstattung aller Personenwagen von Mercedes-Benz und leistet einen wichtigen Beitrag zur Unfallvermeidung. Keine andere Automobilmarke bietet ein so lückenloses Programm an aktiver Fahrsicherheit.

ESP®-Brems-Impuls
Automatische Brems-Impulse des elektronischen Stabilitätsprogramms ESP® halten das Auto sicher in der Spur.

SCHNELLES ZUSAMMENSPIEL: SO ARBEITET DAS STABILITÄTS-PROGRAMM

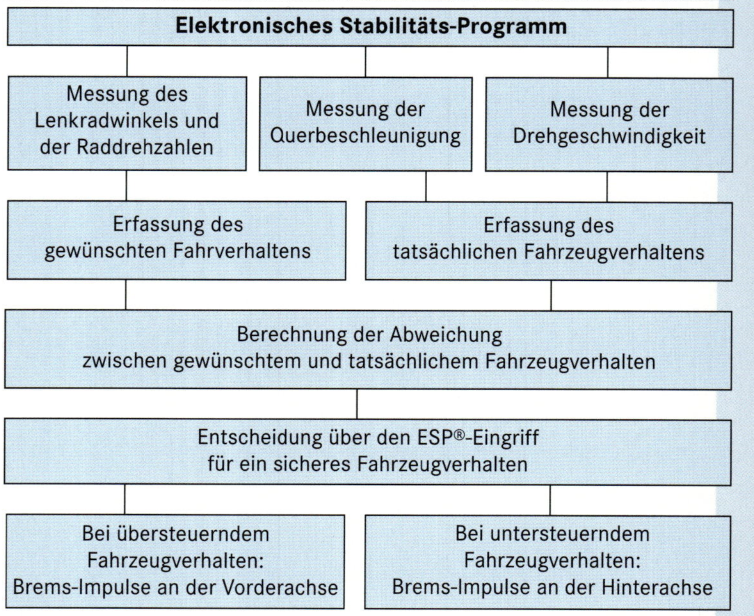

MERCEDES-PATENT AUS DEM JAHRE 1959

Mehr als acht Jahre intensiver Forschungs- und Entwicklungsarbeit waren dem Serienstart des Systems vorausgegangen. Rechnet man die Ideenphase der Mercedes-Ingenieure dazu, so vergingen mehr als drei Jahrzehnte bis zur Realisierung dieser Technik: Schon 1959 ließ sich Professor Fritz Nallinger, Chefingenieur und Vorstandsmitglied von Daimler-Benz, eine „Regeleinrichtung" patentieren, die das Durchdrehen der Antriebsräder durch Eingriff in Motor, Getriebe oder Bremse verhindern sollte.

Die Idee war gut, doch sie blieb lange Zeit nur Theorie. Es gab dafür weder die notwendige Sensorik noch die Steuerung, die den stabilisierenden Eingriff sekundenschnell vornehmen konnte. Erst als die Mikro-Elektronik weitere Fortschritte gemacht und das Anti-Blockier-System (ABS) seine Alltagstauglichkeit bewiesen hatte, kam auch Professor Nallingers Idee auf Touren: Auf Basis der ABS-Technik entwickelte Mercedes-Benz die Antriebs-Schlupf-Regelung (ASR), die das Spiel der Längskräfte zwischen Reifen und Fahrbahn nicht nur beim Bremsen, sondern erstmals auch beim Beschleunigen regelte und dabei sowohl auf die Bremse als auch auf das Motormoment einwirkte. 1987 feierte ASR in einem Mercedes-Personenwagen Premiere.

Gemeinsames Merkmal dieser Systeme ist es, den Radschlupf mithilfe moderner Mikro-Elektronik und Hydraulik zu erfassen und zu begrenzen, um die so genannte Längsdynamik eines Automobils zu verbessern. Doch damit gaben sich die Mercedes-Ingenieure auf Dauer nicht zufrieden. Ihr nächstes Ziel war, die Fahrsicherheit in allen Situationen zu verbessern – also auch in Kurven, bei Ausweichmanövern oder bei anderen querdynamischen Fahrzeugbewegungen, die ein hohes Schleuderrisiko bergen.

VON ABS ÜBER ASR ZU ESP®

Deshalb startete man ein weiteres ehrgeiziges Entwicklungsprojekt: Unter dem Arbeitstitel „Querschlupfregelung" suchten die Ingenieure nach technischen Möglichkeiten, die Schleuderbewegungen eines Personenwagens zu erfassen und durch gezielte Eingriffe in Fahrwerk, Motor und Getriebe zu verringern. Nach umfangreichen Computersimulationen und Voruntersuchungen gingen 1987 die ersten Versuchswagen mit einem solchen System auf Testfahrt und spulten in den folgenden Jahren tausende Erprobungskilometer ab.

Die Serienentwicklung begann im Jahre 1992. Mehr als 40 Ingenieure von Mercedes-Benz und Bosch arbeiteten gemeinsam an dem zukunftweisenden Projekt. Sieben Jahre später wurde das System Bestandteil der Serienausstattung aller Mercedes-Personenwagen – und sorgt für ein deutliches Sicherheitsplus.

UNFALLQUOTE UM 20 PROZENTPUNKTE GESUNKEN

Das beweist die Analyse der Unfalldaten des Statistischen Bundesamtes: Die Unfallquote der im Zeitraum 2002/2003 neu zugelassenen Mercedes-Modelle verringerte sich gegenüber 1999/2000 um 20 Prozentpunkte und sank damit deutlich stärker als beim Durchschnitt anderer Autohersteller. Mit anderen Worten: Mercedes-Personenwagen verunglücken dank ESP® seltener. „Die Auswertung der Unfallstatistik zeigt, dass unser elektronisches Stabilitäts-Programm einen wichtigen Beitrag zur Unfallvermeidung leistet und deshalb für die Verkehrssicherheit ebenso unverzichtbar ist wie ABS, Gurt und Airbag", kommentierte Dr. Hans-Joachim Schöpf, Leiter der Pkw-Entwicklung bei Mercedes-Benz, die erfreuliche Unfallbilanz Ende 2003.

Das große Sicherheitspotenzial des Systems wird bei der Analyse der so genannten Fahrunfälle deutlich. Damit werden die Verkehrsunfälle bezeichnet, bei denen Autofahrer ohne Einfluss anderer die Kontrolle über ihre Fahrzeuge verlieren und zum Beispiel ins Schleudern geraten. Bei dreiviertel aller Fahrunfälle kommen die Autos von der Fahrbahn ab – und verunglücken meist folgenschwer: Im Jahre 2003 waren rund 43 Prozent aller im Straßenverkehr Getöteten und 20 Prozent der Verletzten Opfer von Fahrunfällen.

Eine repräsentative 50-Prozent-Stichprobe der amtlichen Unfallstatistik zeigt, dass sich der Fahrunfallanteil der Mercedes-Personenwagen nach dem Serieneinsatz des Stabilitäts-Programms um über acht Prozentpunkte verringerte. Lag die Quote in den Zulassungsjahren 1998/1999 bei rund 20 Prozent, so sank sie dank serienmäßigem ESP® auf zwölf Prozent. Bei Automobilen anderer Marken verringerte sich der durchschnittliche Fahrunfallanteil hingegen weitaus geringer: von durchschnittlich 19,1 auf 18,2 Prozent.

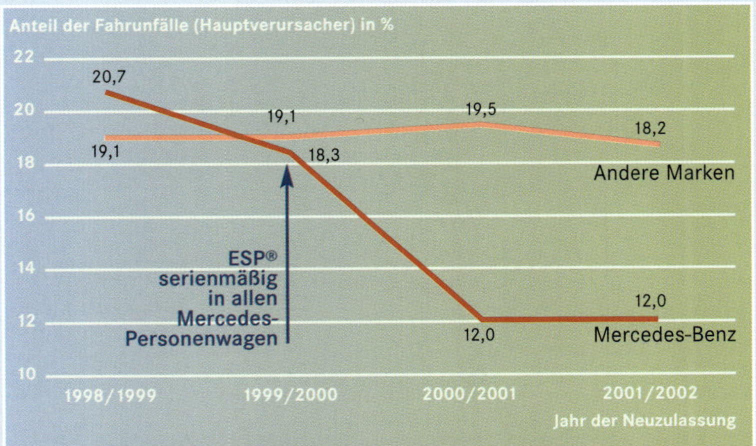

Quelle: Anonymisierte Auswertung der Unfallstatistik des Statistischen Bundesamtes durch Mercedes-Benz

Die Mercedes-Unfallforschung bestätigt den hohen Sicherheitsgewinn durch das Elektronische Stabilitäts-Programm. Weil ESP® hilft, schleudernde Autos zu stabilisieren und sicherer in der Spur zu halten, verringert sich das Risiko extrem gefährlicher Seitenkollisionen mit Bäumen, Masten oder anderen Hindernissen am Fahrbahnrand. Solche Unfälle durch Querschleudern zählen zu den folgenschwersten Seitenkollisionen. Ebenso ist der Anteil der Überschlagunfälle bei Mercedes-Personenwagen mit ESP® deutlich geringer als bei Fahrzeugen ohne dieses Fahrsicherheitssystem; er verminderte sich dank ESP® um rund zwölf Prozentpunkte.

Kommt es dennoch zu einem Unfall, fällt die durchschnittliche Verletzungsschwere der Insassen in Modellen mit ESP® geringer aus als in anderen Automobilen. Der Anteil der Kollisionen mit höchster Verletzungsschwere ging nach dem serienmäßigen Einsatz des Elektronischen Stabilitäts-Programms bei Mercedes-Benz von 15 auf fünf Prozent zurück.

Auf der Ideallinie

Ausgezeichneter Abroll- und Schwingungskomfort, sicheres Fahrverhalten bis in den Grenzbereich, sportliche Agilität und präziser Geradeauslauf – an diesen fahrdynamischen Pluspunkten der Mercedes-Personenwagen hat neben Innovationen wie **ABC** (▶ Seite 140), **AIRMATIC** (▶ Seite 142) und **ESP®** (▶ Seite 149) auch die Achstechnik maßgeblichen Anteil.

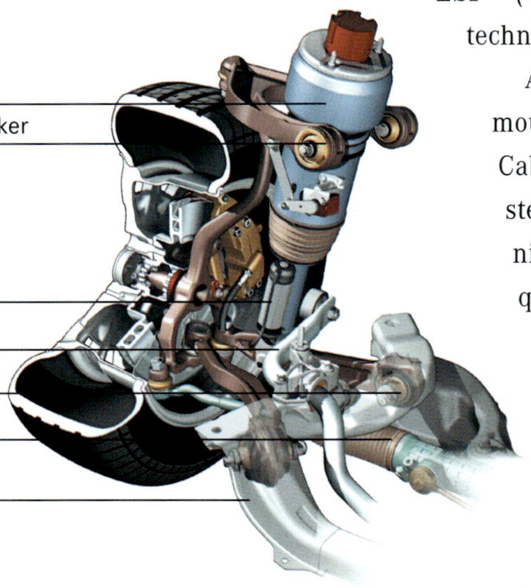

Vorderachse:
Die moderne Vierlenkertechnik kommt in der E-, S-, SL-, CL- und CLS-Klasse zum Einsatz.

An den Vorderachse der Limousinen, T-Modelle, Coupés, Cabriolets und SL-/SLK-Roadster haben die Mercedes-Ingenieure das frühere Doppelquerlenker-System durch eine aufwändigere Drei- oder Vierlenkertechnik ersetzt, die in puncto Radführung, Lenkpräzision und Komfort weitere Fortschritte ermöglicht. Beispiel E-Klasse: Die Aufgaben bei der Radführung teilen sich die unteren Federlenker und Zugstreben mit Dreieckslenkern im oberen Bereich der Vorderachse. Beide Lenkerebenen sind durch Achsschenkel miteinander verbunden. Die vierte Komponente, die der Vierlenkerachse ihren Namen gibt, sind die Spurstangen.

Die stahlgefederten Modellvarianten der E-Klasse sind an der Vorderachse mit Schraubenfedern, Einrohr-Stoßdämpfern und Drehstab-Stabilisator ausgestattet.

In der C-, CLK- und SLK-Klasse setzt Mercedes-Benz eine Dreilenker-Vorderachse mit McPherson-Federbeinen ein.

Auch für frontangetriebene Automobile wie die A-Klasse ist die Federbein-Vorderachse nach dem McPherson-Prinzip vorteilhaft. Mercedes-Benz hat die Technik weiterentwickelt: Wird das Rad normalerweise vom Federbein, von der Spurstange sowie einer Sturzstrebe mit Querstabilisator geführt, so zeichnet sich die Vorderachse der A-Klasse durch zusätzliche starre Dreieckslenker aus. Sie übernehmen die Radführungsaufgabe des Querstabilisators, der durch Drehstabgestänge und neu entwickelte Gummilager mit den Federbeinen verbunden ist. Diese Lösung bietet bessere Möglichkeiten zur Abstimmung des Fahrwerks – vor allem in puncto Elastokinematik und Abrollkomfort – und erleichtert zudem die präzise Einstellung von Nachlaufwinkel und Sturz.

Fünf Lenker im Raum

An der Hinterachse bleibt Mercedes-Benz bei der Mehrzahl seiner Pkw-Modelle der bewährten Raumlenkertechnik treu, die erstmals 1983 in Serie ging und nach wie vor in vielen Punkten als unübertroffen gilt. Sie basiert auf Praxisuntersuchungen und Computersimulationen über das optimale Bewegungsverhalten der Hinterräder eines Personenwagens. Betrachtet man das Rad im Raum, also losgelöst von jeglicher Achsanbindung, so stehen ihm prinzipiell sechs Bewegungsmöglichkeiten offen: Es kann sich entlang der drei Achsen des räumlichen Koordinatensystems vor- und zurückbewegen. Doch ein solches unkontrolliertes kinematisches Eigenleben wollen die Fahrwerksentwickler verhindern und die Freiheit des Rades so einschränken, dass es sich nur auf einer genau festge-

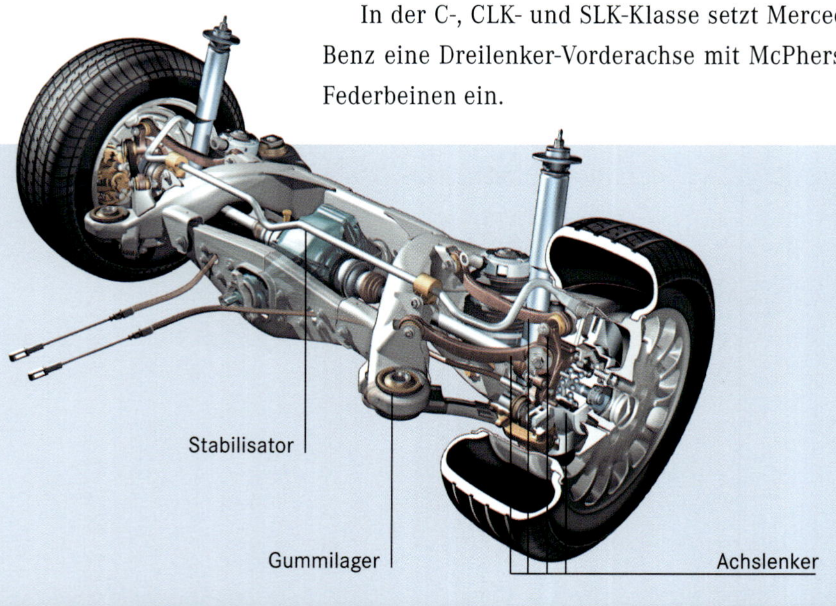

Hinterachse:
Das Raumlenkerprinzip hat Mercedes-Benz 1983 entwickelt – es ist nach wie vor unübertroffen.

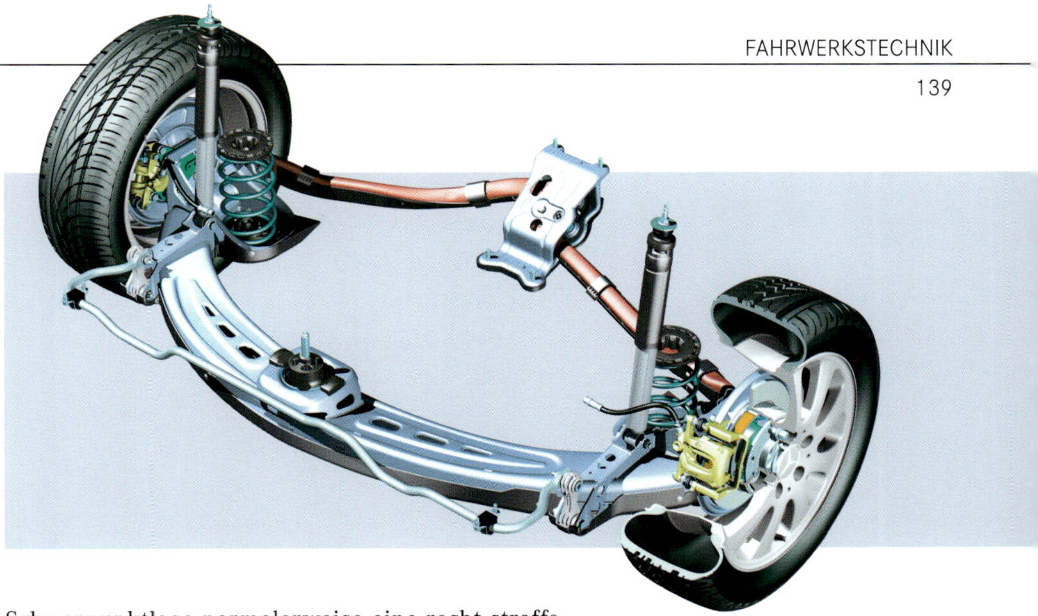

legten Raumkurve bewegt. Deshalb befestigen sie das Rad an fünf elastisch gelagerten, voneinander unabhängigen Lenkern, die es in fünf seiner räumlichen Bewegungsmöglichkeiten einschränken. Durch diese aufwändige Lenkerkonstruktion bleibt jedem Rad der Hinterachse im Prinzip nur eine Bewegungsfreiheit erhalten: das kontrollierte Ein- und Ausfedern.

So bietet die Raumlenker-Hinterachse nach Ansicht der Mercedes-Ingenieure in puncto Radführung, Komfort und Fahrsicherheit die besten Eigenschaften – und besitzt nach wie vor ein großes Zukunftspotenzial.

Parabel-Hinterachse für die A-Klasse

Die Hinterachse der A-Klasse ist eine Neuentwicklung, die bereits durch ihre Bezeichnung neugierig macht: sphärische Parabel-Hinterachse. Sie ist das Ergebnis einer mehrjährigen, aufwändigen Entwicklungs- und Erprobungsarbeit der Mercedes-Ingenieure und trägt maßgeblich zu der vorbildlichen Fahrdynamik und dem hohen Fahrkomfort der neuen A-Klasse bei.

Das Kernstück der intelligenten Konstruktion ist ein nach vorn gekrümmter Achskörper. Er tritt an die Stelle herkömmlicher Achslenker und dient zur Befestigung der Räder. Die Verbindung zur Karosserie erfolgt über die getrennt angeordneten Federn und Stoßdämpfer, über den Drehstabilisator sowie über ein mittig angeordnetes Elastomer-Zentrallager. Für Radführung und Seitenkraftabstützung ist ein spezielles Gestänge zuständig, das nach dem britischen Erfinder-Genie James Watt benannt wird. Die beiden Streben des Watt-Gestänges sind am hinteren Teil des Achskörpers angelenkt und in der Mitte über eine drehbare Koppel mit der Karosserie verbunden.

Präzise Radführung und sehr gute Wankabstützung gelten als die größten Vorteile der neu entwickelten Hinterachse. Sie machen sich vor allem bei einem innovativen Fahrzeugkonzept wie der A-Klasse bemerkbar, das wegen seiner speziellen Schwerpunktlage normalerweise eine recht straffe Fahrwerksabstimmung erfordert. Dank der besonderen Achstechnik können Federung und Dämpfung deutlich komfortabler abgestimmt werden, ohne Einbußen bei den hervorragenden fahrdynamischen Eigenschaften des Mercedes-Kompaktwagens. Die Sturzwinkel der Räder bleiben in jeder Fahrsituation konstant, sodass vor allem bei Kurvenfahrt höhere Seitenkräfte zwischen Reifen und Fahrbahn übertragen werden können als bei einer herkömmlichen Lenkerachse. Auch dieser Effekt verbessert das untersteuernde Eigenlenkverhalten und trägt somit zur hohen Fahrsicherheit der A-Klasse bei.

Eine wesentliche Eigenschaft der sphärischen Parabel-Hinterachse ist das hoch liegende Momentanzentrum – das ist der Drehpunkt, um den sich die Karosserie bei Kurvenfahrt zur Seite neigt. Der Abstand zwischen dem Momentanzentrum und dem darüber liegenden Schwerpunkt des Fahrzeugs ergibt den Hebelarm, der die Stärke der Wankbewegungen beeinflusst. Bei der neuen Mercedes-Hinterachse befindet sich der Momentanpol 280 Millimeter über der Fahrbahn und liegt damit näher am Schwerpunkt des Fahrzeugs. Der kurze Hebelarm verhindert starke Wankneigungen.

Das Momentanzentrum bleibt in jeder Fahrsituation konstant auf gleichem Niveau. Selbst bei maximaler Zuladung der A-Klasse verlagert sich dieser Drehpunkt nur um rund 48 Millimeter nach unten.

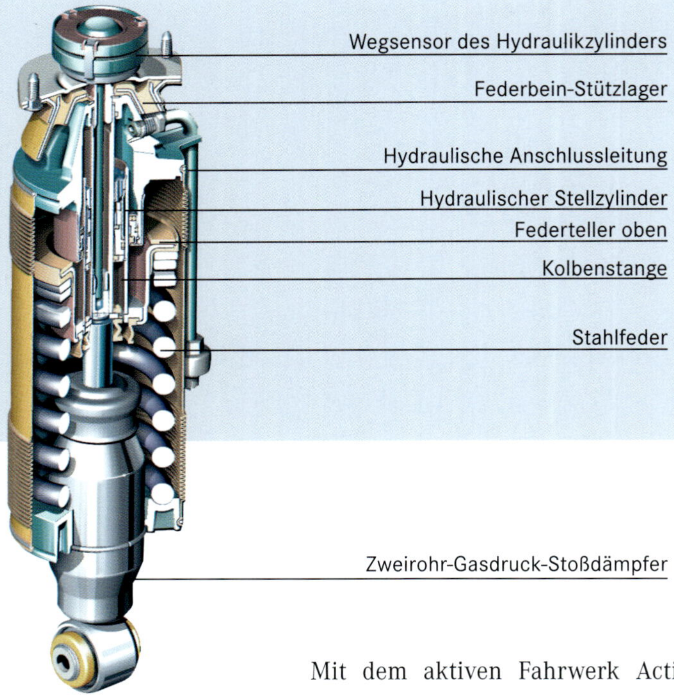

Kraftregelung:
In den Federbeinen des ABC-Systems sind spezielle Hydraulikzylinder untergebracht, mit denen die Federkräfte je nach Fahrsituation erhöht werden.

Mit dem aktiven Fahrwerk Active Body Control (ABC) hat Mercedes-Benz im Jahre 1999 das Alphabet der Automobiltechnik neu definiert. Die zukunftsweisende Neuentwicklung, die damals nach über 20 Jahren Forschungs- und Entwicklungsarbeit in den Top-Coupés der CL-Klasse Weltpremiere feierte, beantwortet die traditionelle Gretchenfrage bei der Abstimmung eines Pkw-Fahrwerks: Soll man die von der Straße verursachten Schwingungen der Räder durch sportlich-straff eingestellte Stoßdämpfer gering halten, oder soll man die Dämpfung zum Nachteil von Fahrsicherheit und Fahrdynamik möglichst komfortabel-weich auslegen?

Beim Active Body Control stellt sich dieser Zielkonflikt nicht mehr: Das System passt die Fahrwerkseinstellung automatisch der jeweiligen Fahrsituation an.

Hoher Komfort wird bei hoher Fahrdynamik erreicht – oder umgekehrt. Zudem bietet ABC per Knopfdruck die Möglichkeit, zwischen den Charakteristiken „Sport“ und „Komfort“ zu wählen.

Die Hauptrolle bei dieser aktiven Fahrwerksregelung spielen hydraulisch regelbare Stellzylinder, die zusammen mit passiven Stoßdämpfern und Schraubenfedern in den Federbeinen Platz finden und sich die Aufgaben der Fahrwerksregelung teilen: Die aktiv beeinflussbaren Elemente verringern Aufbauschwingungen bis zu fünf Hertz, die sich beispielsweise auf unebenen Fahrbahnen durch Hub- und Wankbewegungen, bei Kurvenfahrt durch starke Seitenneigung oder beim Bremsen durch das typische Nicken der Karosserie bemerkbar machen. Solche Schwingungen reduziert Active Body Control im Vergleich zur Stahlfederung je nach Fahrsituation deutlich. Für die höher frequenten Schwingungen der Räder (6 bis 20 Hertz) sind passive Gasdruck-Stoßdämpfer und Schraubenfedern zuständig, deren Dämpfkräfte niedriger gewählt werden können als bei konventionellen Fahrwerken. Das wirkt sich positiv auf den Abroll- und Schwingungskomfort aus.

13 Sensoren und zwei Computer im Einsatz

Die Funktionsweise von Active Body Control basiert auf dem perfekten Zusammenspiel von Elektronik, Hydraulik und Mechanik:

- An jeder Achse messen jeweils zwei Sensoren die aktuelle Niveaulage des Fahrzeugs. Die Vertikal- und Querbeschleunigung erfassen Sensoren im Heck, unter dem Beifahrersitz, an der Mittelkonsole und im Vorbau der Karosserie. Insgesamt sind 13 Sensoren im Einsatz.

- Zwei leistungsfähige Mikro-Prozessoren steuern das komplette System. Aufwändige Regelalgorithmen errechnen aus den Sensordaten die Stellgrößen für die Hydraulikzylinder in den Federbeinen.
- Eine Tandempumpe baut den Druck im Hydrauliksystem auf. Der Druck innerhalb des Systems wird ständig überwacht und mittels Überdruckventil auf 200 bar begrenzt.
- Speicher an jeder Achse halten Öl bereit, sodass bei dynamischer Fahrweise blitzschnell die Energie zur Regelung von Federung und Dämpfung parat ist. Der Ölfluss zu den Federbeinen wird jeweils über zwei Regel- und Sperrventile gesteuert. Sie arbeiten mit einer Regelgeschwindigkeit von nur wenigen Millisekunden.

Durch Active Body Control erlangen Fahrsicherheit, Fahrkomfort und Fahrdynamik eine noch höhere Qualität. Das zeigt zum Beispiel der Vergleich zwischen dem SL 500 und seinem stahlgefederten SL-Vorgängermodell: In Kurven oder beim schnellen Ausweichen vor einem Hindernis auf der Fahrbahn bietet Active Body Control gegenüber einem herkömmlichen Fahrwerk deutliche Vorteile, weil das System die Wankneigung der Karosserie auf ein Minimum reduziert und den Aufbau anschließend blitzschnell stabilisiert. Dies bestätigen die Messergebnisse bei einem schnellen Spurwechsel mit Tempo 65. Hier verringert sich der Schwimmwinkel der Karosserie dank ABC um knapp 48 Prozent.

Zusätzlich erfüllt das System den Wunsch nach einem besonderen, jederzeit spürbaren fahrdynamischen Erlebnis per Knopfdruck: Der Autofahrer kann zwischen einem sportlichen und einem komfortorientierten Kennfeld wählen, das die Wirkungsweise der aktiven Aufbaukontrolle spürbar verändert.

Online-Berechnung des Gewichts

Überdies zeichnet sich das aktive Fahrwerk durch eine so genannte Beladungsadaption aus: Es erfasst auch die tatsächliche Beladung des Fahrzeugs und bezieht diesen Wert in die Berechnung der aktiven Fahrwerksregelung ein. Anhand der Plungerwege und der Federwege, die Sensoren während der Fahrt ständig messen, berechnet der ABC-Computer ständig das jeweilige Fahrzeuggewicht und greift demzufolge auf Regelalgorithmen zurück, die bei höherer Zuladung stärkere Hub- und Nickbewegungen der Karosserie kompensieren.

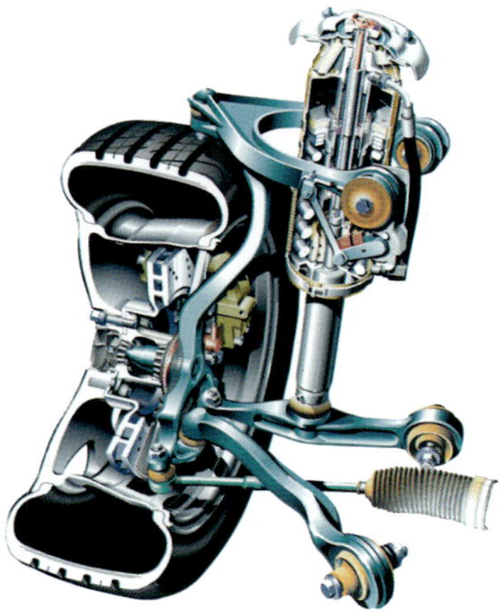

Aktivprogramm:
Anhand einer Vielzahl von Sensordaten erkennt ABC die aktuelle Fahrsituation und passt binnen Sekundenbruchteilen die Einstellung der Federbeine (oben) an Vorder- und Hinterachse entsprechend an.

AIRMATIC DC

Luftpolster an den Achsen

Drucksache:
Die Gummibälge in den Federbeinen der AIRMATIC DC sind mit komprimierter Luft gefüllt, die Räder und Karosserie abfedert. Ein Taster an der Mittelkonsole (oben) ermöglicht die individuelle Einstellung der Federraten.

Die AIRMATIC DC ist eine Weiterentwicklung des Luftfedersystems, das Mercedes-Benz seit Ende 1998 in der S-Klasse einsetzt. Es gehört zur Serienausstattung des E 500 und ist für die anderen Modellvarianten der E-Klasse auf Wunsch lieferbar. Die Zusatzbuchstaben „DC“ stehen für die englischen Begriffe „Dual Control“ und betonen die neuartige Doppelfunktion der Anlage, die jetzt mittels moderner Mikro-Elektronik erstmals Federung und Dämpfung steuert:

- Für die **Dämpfung** setzt Mercedes-Benz das bewährte Adaptive Dämpfungs-System (ADS II) ein, das die Stoßdämpferkraft stets bedarfsgerecht regelt und dabei Fahrbahnzustand, Fahrweise und Beladung berücksichtigt.
- Für die **Federung** sind spezielle Gummibälge in den Federbeinen zuständig. In ihrem Inneren befindet sich komprimierte Luft, die Räder und Karosserie weicher – und damit komfortabler – abfedert. Bei normaler Fahrweise herrscht in dem AIRMATIC DC-System ein Druck von sieben bis neun bar.

Neu an dieser Anlage ist die Möglichkeit, das Luftvolumen während der Fahrt aktiv zu steuern. So schaltet die AIRMATIC DC bei schneller Kurvenfahrt oder bei anderen hohen fahrdynamischen Anforderungen einen Teil des Luftvolumens kurzzeitig ab und stellt dadurch eine härtere Federrate ein. Der Effekt: Die Wank- und Nickbewegungen der Karosserie verringern sich, was sich positiv auf die Fahr- und Kurvenstabilität der Limousine auswirkt. Bei normaler Fahrt bleibt hingegen das gesamte Luftvolumen aktiv, sodass bei weicher Grundfederung ein Maximum an Komfort erreicht wird.

Das sekundenschnelle Zu- oder Abschalten des so genannten Komfort-Luftvolumens und die automatische Anpassung der Stoßdämpferkraft steuert ein Mikro-Computer auf Basis verschiedener Sensorsignale und gespeicherter Algorithmen. Seine Befehle werden anschließend auf verschiedene Weise ausgeführt:

- **Federung:** Bei dynamischer Fahrweise trennen Schaltventile in den Federbeinen den komfortbestimmenden Teil des Luftvolumens ab, der an der Vorderachse direkt in die Federbeine integriert ist. An der Hinterachse sind die zusätzlichen Luftspeicher aus Platzgründen separat – an der vorderen Querbrücke des Fahrschemels – befestigt und durch Gewebeschläuche mit den Federbeinen verbunden.
- **Dämpfung:** Schaltbare Magnetventile in den Stoßdämpfern erlauben eine situationsgerechte

Veränderung der Zug- und Druckdämpfung, sodass sich die Bewegungen der Karosserie deutlich verringern. Der so genannte Skyhook-Algorithmus regelt die Dämpfkräfte an jedem Rad so, dass die aus der Radbewegung resultierenden Krafteinwirkungen auf die Karosserie verringert werden. Je nach Steuerbefehl können die Ventile in der extrem kurzen Zeit von weniger als 0,05 Sekunden eine von vier Kennlinien einstellen.

Bei geringen Karosseriebewegungen fährt die E-Klasse in der ADS-Stufe 1. Überschreitet die Aufbaugeschwindigkeit ein bestimmtes Maß, wechselt das System in den Skyhook-Algorithmus und schaltet mittels seiner schnellen Magnetventile permanent zwischen der zweiten und dritten Dämpfungsstufe hin und her, um die Wank- und Nickbewegungen der Karosserie zu kompensieren.

Überdies kann der Autofahrer die Schaltschwellen zwischen den vier ADS-Stufen und die Federrate durch Druck auf den Niveauschalter in der Mittelkonsole beeinflussen und auf Wunsch ein etwas sportlicheres Kennfeld wählen, bei dem die härteren Federungs- und Dämpfungsstufen früher aktiviert werden. Außerdem senkt die AIRMATIC DC die Karosserie um 15 Millimeter ab.

Die automatische Rundum-Niveauregulierung sorgt dafür, dass auch bei hoher Beladung stets die gleichen Federwege zur Verfügung stehen. Während der Fahrt arbeitet dieses System geschwindigkeitsabhängig und senkt die Karosserie ab Tempo 140 an beiden Achsen automatisch um 15 Millimeter ab, um auf diese Weise den Luftwiderstand zu verringern und die Fahrstabilität zu verbessern.

Doppelfunktion:
In der E-Klasse ist ein volltragendes Luftfedersystem lieferbar, das erstmals Federung und Dämpfung steuert.

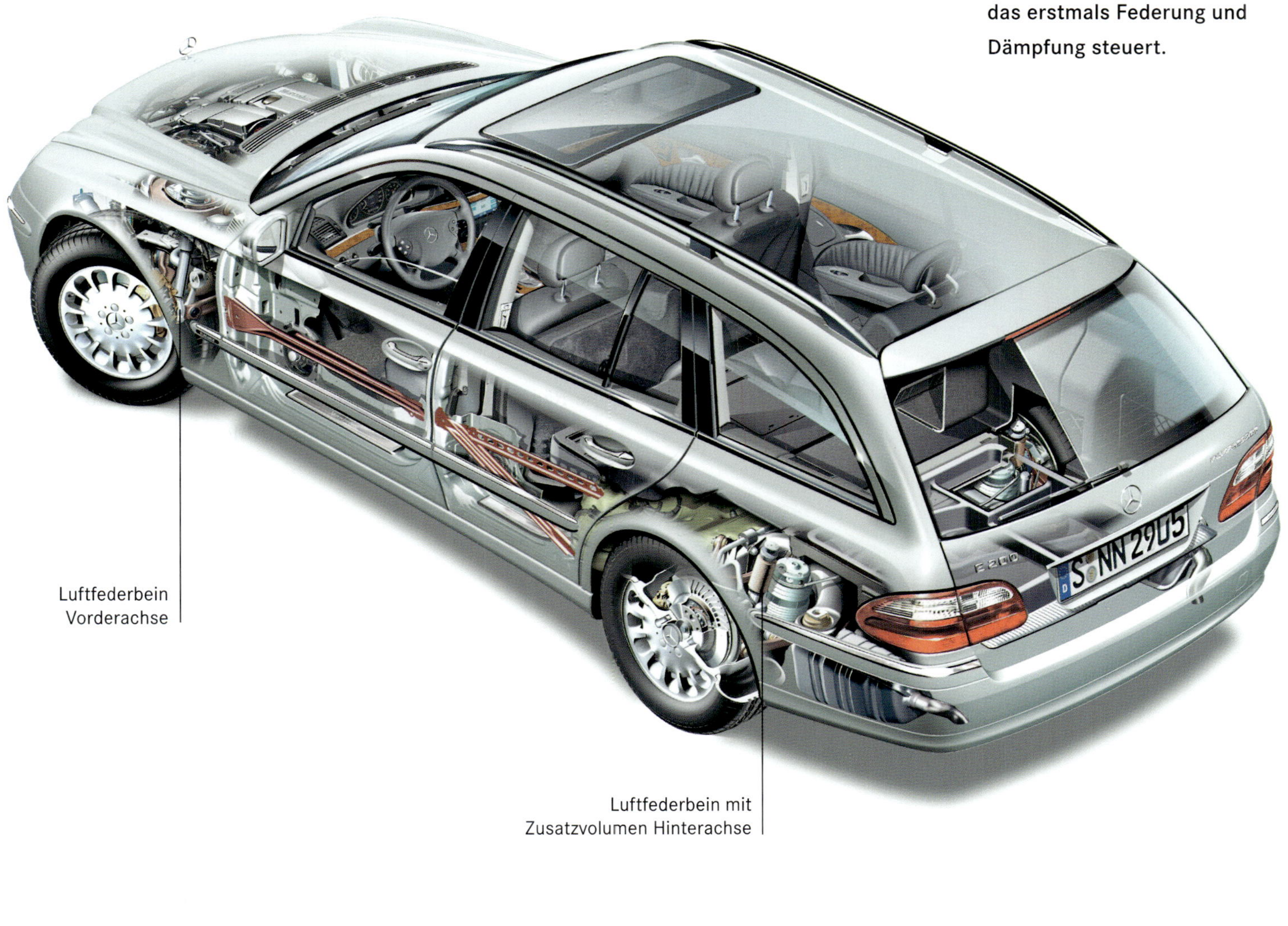

Lenken statt rutschen

Ausweichmanöver: Dank Anti-Blockier-System bleibt das Auto in kritischen Situationen lenkbar.

Im Jahre 1970 präsentierte Mercedes-Benz als weltweit erste Automobilmarke eine wegweisende Technik, die Autofahrern mehr Sicherheit beim Bremsen bietet: das Anti-Blockier-System, kurz ABS. Bis die Stuttgarter Ingenieure das System erstmals in einem Serienautomobil anbieten konnten, vergingen allerdings noch weitere acht Jahre der Entwicklung. Denn es erwies sich als schwierig, den funktionierenden Prototyp zu jenem Grad an technischer Reife und Zuverlässigkeit zu bringen, der für eine Serienfertigung erforderlich ist. Schwierig vor allem, weil dafür eine weitere Revolution stattfinden musste – die Revolution der **Elektronik** (▶ Seite 88). Erst die Erfindung integrierter Schaltkreise erlaubte es, robuste, aber kleine Computer zu bauen, die in kürzester Zeit die Daten von den Radsensoren erfassen und die Ventile zur Regulierung des Bremsdrucks ansteuern konnten. ABS gehört heute bei jedem Mercedes-Personenwagen zur Serienausstattung.

Warum sich Mercedes-Benz in Zusammenarbeit mit Teldix und Bosch intensiv mit der Entwicklung eines Anti-Blockier-System beschäftigte, erklärte das damalige Vorstandsmitglied von Daimler-Benz, Professor Dr. Hans Scherenberg, am 9. Dezember 1970, als er der staunenden Öffentlichkeit ABS erstmals auf der Versuchsbahn in Stuttgart-Untertürkheim präsentierte: „Es genügt nicht, eine hervorragende Bremse zu bauen. Der Fahrer muss die Bremse auch richtig betätigen." Und das konnte nur ein Bremssystem garantieren, das gravierende Fahrerfehler selbsttätig korrigiert. „Vor allem Ungeübte sind gelegentlich überfordert", stellte Professor Scherenberg zur ABS-Premiere fest. „Aber auch der besonnene Fahrer, der seine Fahrweise so einrichtet, dass er nicht in gefährliche Grenzsituationen hineinkommt, kann durch das Verhalten anderer Verkehrsteilnehmer völlig unverschuldet zu einer Gewalt- oder Panikbremsung gezwungen werden. Durch ungewolltes Blockieren der Räder verliert auch er dabei unter ungünstigen Verhältnissen die Kontrolle über sein Fahrzeug."

Bremsen und ausweichen

Aus dieser Erkenntnis entwickelte sich schließlich der beeindruckende Siegeszug des ABS, das ein Blockieren der Räder bei Vollbremsungen verhindert und dafür sorgt, dass das Auto lenkbar bleibt. Deshalb können Autofahrer zur Vermeidung eines Unfalls gleichzeitig bremsen und lenken – und damit gezielt ausweichen. ABS arbeitet auf trockenem Asphalt ebenso zuverlässig wie bei Nässe oder Glatteis. Da die Reifen neben den Bremskräften nur dann ausreichend Seitenkräfte übertragen können, wenn sie sich drehen (und nicht blockieren), gewährleistet ABS die Richtungsstabilität und die Lenkbarkeit des Fahrzeugs bei jeweils maximaler Verzögerung.

Die Information über die Raddrehzahlen erhält der ABS-Computer von Sensoren an den Rädern. Anhand der Drehzahländerungen berechnet er die Verzögerung des Wagens. Auf elektrische Befehle hin dirigieren Magnetventile den jeweils maximal möglichen Bremsdruck. Droht ein Rad zu blockieren, vermindert das elektrohydraulische System den Bremsdruck bis zu einem festgelegten Schwellenwert unterhalb der Blockiergrenze und erhöht ihn in einem weiteren Regelschritt wiederum bis zum Maximum.

In Zusammenarbeit mit dem ebenfalls von Mercedes-Benz entwickelten **Brems-Assistenten** (▶ Seite 147) bietet das Anti-Blockier-System ein hohes Maß an Sicherheit beim Bremsen.

Zehn Jahre nach der Ersteinführung des Systems in der S-Klasse im Jahre 1978 waren bereits eine Million Mercedes-Personenwagen mit ABS ausgerüstet. Der weltweite Siegeszug des Systems hatte begonnen. Zum letzten Mal verzeichnete eine Mercedes-Preisliste das System am 3. Juni 1991 als Sonderausstattung – für 1521,90 Mark. Seit Oktober 1992 gibt es das Anti-Blockier-System bei allen Mercedes-Personenwagen serienmäßig.

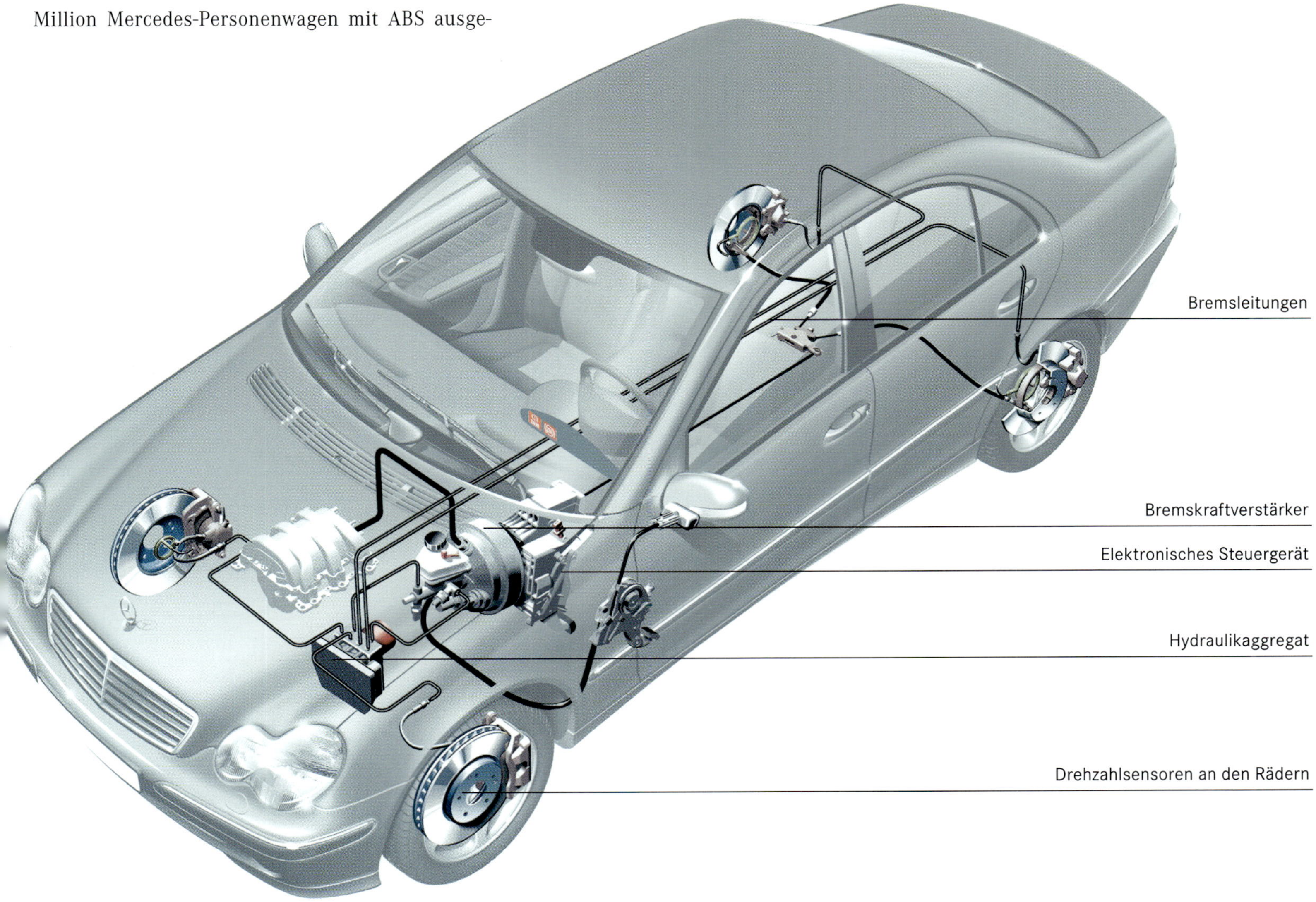

Bremshilfe:
Die Regeltechnik des Anti-Blockier-Systems basiert auf Radsensoren, die das Blockieren der Räder erkennen. Ein Mikro-Computer berechnet daraufhin den jeweils richtigen Bremsdruck, damit der Wagen lenkbar bleibt. In modernen Mercedes-Personenwagen bilden ABS und ESP® eine serienmäßige Einheit.

ANTRIEBS-SCHLUPF-REGELUNG

Nur nicht durchdrehen

Anfahrtest:
Durch gezielte Brems-Impulse an den Rädern mit schlechter Bodenhaftung verbessert die Antriebs-Schlupf-Regelung das Beschleunigen auf rutschigem Untergrund.

Die vom **Anti-Blockier-System** (▶ Seite 144) gelieferten Sensorsignale über die Raddrehzahlen stehen auch der Antriebs-Schlupf-Regelung (ASR) zur Verfügung, die heutzutage bei Mercedes-Benz Bestandteil des serienmäßigen **elektronischen Stabilitäts-Programms** (ESP®) (▶ Seite 149) ist.

ASR aktiviert sich allerdings nicht, wenn ein Rad zu blockieren droht, sondern umgekehrt, wenn ein Antriebsrad durchdreht. Dabei greift das System gleich doppelt ein: Zum einen bremst es das haftungslose Rad durch gezielte kurzzeitige Brems-Impulse so lange ab, bis es wieder greift. Zum anderen unterstützt nach Bedarf auch eine Reduzierung des Motor-Drehmoments diese Wirkung durch Vermeidung „überschüssiger“ Kraft. ASR arbeitet in allen Geschwindigkeitsbereichen, bewährt sich aber vor allem als wirkungsvolle Anfahrhilfe auf rutschigem oder losem Untergrund. ESP® und ASR ergänzen sich: Während ASR die Längsdynamik des Fahrzeugs – beispielsweise beim Anfahren oder Beschleunigen – verbessert, beeinflusst ESP® auch die Querdynamik.

Über vier Sensoren (einer pro Rad) erfasst die Antriebs-Schlupf-Regelung die Drehzahlen aller Räder und verarbeitet diese Daten blitzschnell. Gibt der Fahrer zu viel Gas und dreht eines der angetriebenen Räder durch, wird es per ASR so lange abgebremst, bis wieder ein günstiger Antriebsschlupf erreicht ist. Beim Anfahren kann dadurch das auf griffigem Untergrund stehende Rad einen höheren Teil des Antriebsmoments übertragen. Während der Fahrt wird durch das Abbremsen des zum Durchdrehen neigenden Rades der Antriebsschlupf reduziert, um dadurch mehr Richtungsstabilität zu gewinnen. Noch besser: Beginnen beide Räder auf glattem Untergrund durchzudrehen, erkennt ASR ein für die momentanen Verhältnisse zu hohes Antriebsmoment. Über das elektronische Gaspedal wird nun innerhalb weniger Millisekunden in die Motorsteuerung eingegriffen und damit das Antriebsmoment verringert, selbst wenn der Fahrer – im Extremfall – Vollgas geben sollte.

BREMSEN

Für höchste Ansprüche

Bei der Bremsenentwicklung wurden in den letzten Jahren beachtliche Fortschritte erzielt. Die Automobile mit dem Stern verfügen über standfeste und wirksame Hochleistungs-Bremsanlagen, die ein hohes Maß an Fahrsicherheit garantieren. Den vorläufigen Höhepunkt der Bremsentechnik markiert der Supersportwagen Mercedes-Benz SLR McLaren. Denn: An Vorder- und Hinterachse des modernen „Flügeltürers" sorgen innen belüftete Bremsscheiben aus faserverstärkter Keramik für zuverlässige Verzögerung. Ihre Entwicklung basiert zum einen auf den Ergebnissen der DaimlerChrysler-Werkstoffforschung und zum anderen auf den von Mercedes-AMG im Tourenwagen- und GT-Sport gewonnenen Erkenntnissen über solche Hightech-Bremsscheiben.

Bei der Herstellung der SLR-Bremsscheiben werden Keramik, Kohlefaser, Kohlepulver und Harz unter hohem Druck in Form gepresst und bei Temperaturen von rund 1000 Grad Celsius gebacken. Die Vorteile dieses Verbundwerkstoffs sind beachtlich: Neben einem extrem sensiblen Ansprechverhalten zeichnen sich die Bremsscheiben des SLR durch eine hohe Temperaturbeständigkeit von bis zu 1400 Grad Celsius aus, was zu einer bei Serienautomobilen bisher nicht erreichten Standfestigkeit beim Abbremsen aus hoher Geschwindigkeit führt. Dabei wird eine Bremsleistung von bis zu 2000 PS erreicht.

Weitere Pluspunkte des neuartigen Bremsenwerkstoffs sind zum Beispiel die hohe Lebensdauer der Bremsscheiben von bis zu 300 000 Kilometern, das gegenüber herkömmlichen Bremsscheiben um bis zu 60 Prozent geringere Gewicht und der vorbildliche Bremskomfort.

Die Konstruktion der Bremssättel wurde speziell auf die faserverstärkten Keramikbremsscheiben abgestimmt. So entwickelte Mercedes-Benz eigens für den schnellen Gran Turismo Achtkolben-Festbremssättel, die an der Vorderachse exzellente Verzögerungswerte ermöglichen. An den Hinterrädern des SLR arbeiten Vierkolben-Festbremssättel. Für die optimale Kühlung der Bremsen sorgen spezielle Leitbleche, die Kühlluft aktiv auch an die Außenseite der Bremszangen leiten.

Die Bremsscheiben des Mercedes-Benz SLR haben einen Durchmesser von 370 (vorn) bzw. 360 (hinten) Millimetern. Insgesamt steht eine Bremsbelagfläche von 440 Quadratzentimetern zur Verfügung – ein Spitzenwert, der in Verbindung mit dem hoch belastbaren Hightech-Werkstoff der Bremsscheiben maximale Verzögerungen von bis zu 1,3 *g* ermöglicht. Daraus ergeben sich auch für die Bremswege Bestleistungen: Durchschnittlich kommt der Mercedes-Benz SLR McLaren bei einer Vollbremsung aus 100 km/h bereits nach 34,9 Metern zum Stillstand.

Brems-Assistent für kritische Situationen

Auch die Mehrzahl der anderen Mercedes-Modelle ist an Vorder- und Hinterachse mit groß dimensionierten Scheibenbremsen ausgestattet. Serienmäßig ist in allen Modellen auch der von Mercedes-Benz entwickelte Brems-Assistent. Er tritt automatisch in Aktion, wenn Autofahrer in kritischen Momenten schnell, aber nicht kraftvoll genug aufs Bremspedal treten. In diesen Fällen baut der Brems-Assistent binnen Sekundenbruchteilen automatisch die maximale Bremskraftverstärkung auf und verkürzt dadurch den Anhalteweg des Wagens erheblich. Tests dokumentieren eindrucksvoll die Wirkung dieses Systems: Bei trockener Fahrbahn benötigten die meisten Fahrer aufgrund des zu sanften Tritts aufs Bremspedal bis zu 73 Meter für eine Vollbremsung aus Tempo 100. Mit Brems-Assistent standen die Räder dagegen bereits nach nur 40 Metern still. Das entspricht einer Verkürzung des Bremswegs um rund 45 Prozent. Der Brems-Assistent ist Bestandteil des **elektronischen Stabilitäts-Programms** (ESP®) (▶ Seite 146).

Testfahrt:
Bei der Extremerprobung der Mercedes-Modelle werden die Bremsscheiben so stark beansprucht, dass sie rot glühen. Sie halten diesen und anderen Strapazen stand.

Verbundwerkstoff:
Der Hochleistungs-Sportwagen SLR McLaren geht mit Bremsscheiben aus faserverstärkter Keramik an den Start.

Bypass im Stoßdämpfer

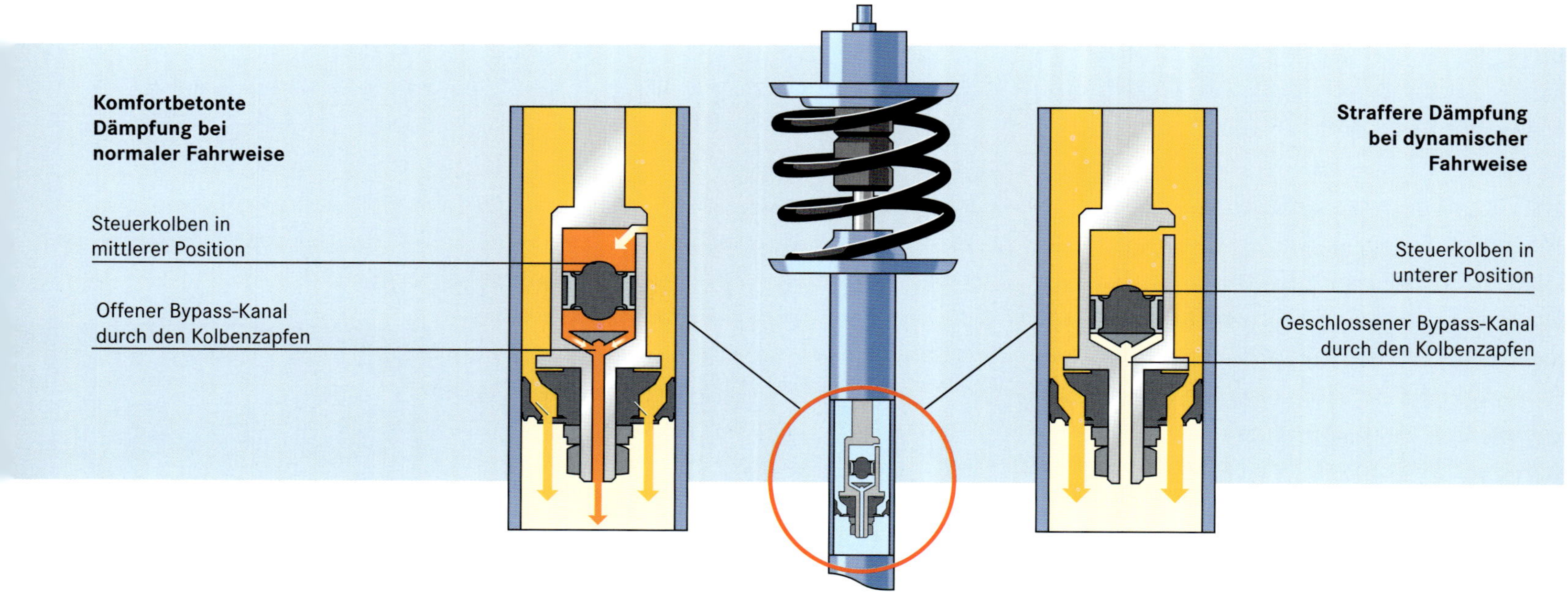

Dynamisch oder komfortabel: Das selektive Dämpfungssystem der A-Klasse passt die Stoßdämpferkraft der Fahrsituation an. Ein spezielles Ventil und ein Bypass im Dämpferkolben machen es möglich.

Als weitere Besonderheit bietet das Fahrwerk der A-Klasse ein neuartiges selektives Dämpfungssystem; es feiert seine Weltpremiere im Automobilbau und löst auf ebenso einfache wie intelligente Weise einen Zielkonflikt bei der Fahrwerksabstimmung, der die Ingenieure seit langem beschäftigt: Die Frage, ob man die Stoßdämpfer im Interesse von Fahrsicherheit und Fahrdynamik eher straff abstimmen soll oder ob statt dessen eine weichere, komfortablere Auslegung besser sei?

Mit dem serienmäßigen selektiven Dämpfungssystem der neuen A-Klasse entspricht Mercedes-Benz beiden Anforderungen. Es arbeitet auf hydromechanischem Wege und kommt ohne aufwändige Sensorik und Elektronik aus.

Um die Funktionsweise der Neuentwicklung zu verstehen, ist ein kurzer Blick in das Innenleben eines modernen Stoßdämpfers notwendig: Hier wird die gewünschte Dämpfwirkung erzielt, indem bei Radbewegungen Öl durch ein Ventil am Dämpferkolben gedrückt wird. Dabei sorgen elastische Ventilscheiben für die definierte Widerstandscharakteristik des Stoßdämpfers.

Bei dem neuen selektiven Dämpfungssystem fließt ein Teil des Ölstroms durch ein zusätzliches Ventilgehäuse, das oberhalb des eigentlichen Dämpferkolbens angeordnet ist. In seinem Inneren arbeitet der so genannte Steuerkolben; er teilt das Ventilgehäuse in zwei Bereiche.

Bei geringen Hubbewegungen des Stoßdämpfers, also bei normaler Fahrweise, befindet sich der Steuerkolben in mittlerer Position und hält dadurch einen Bypass-Kanal offen, der einem Teil des Ölstroms den Weg durch den Kolbenzapfen öffnet (siehe Grafik). Dieses Öl fließt am Dämpfungsventil vorbei, sodass sich der hydraulische Gesamtwiderstand des Stoßdämpfers vermindert. Der Effekt: Eine „weichere" Stoßdämpfer-Charakteristik sorgt für hohen Abrollkomfort.

Bei stärkerer Anregung des Stoßdämpfers – beispielsweise bei dynamischer Kurvenfahrt oder bei Ausweichmanövern – drückt das Öl den Steuerkolben in dem Ventilgehäuse nach unten oder nach oben und verschließt damit automatisch den Bypass-Kanal. Der Effekt: Es steht die volle Dämpfkraft zur Verfügung und die A-Klasse wird bestmöglich stabilisiert.

ELEKTRONISCHES STABILITÄTS-PROGRAMM

Sicher um die Kurve

Das elektronische Stabilitäts-Programm ESP® arbeitet nach dem Prinzip eines „Beobachters“: Sensoren erfassen Fahrer- und Fahrzeugverhalten, senden ihre Daten an einen leistungsfähigen Mikro-Computer, der mit einem mathematischen Modell gefüttert ist. So wird der tatsächliche Istzustand des Wagens mit einem für die jeweilige Situation angemessenen Sollzustand verglichen und die Schleudergefahr erkannt.

Physikalisch gesehen ist dieses Schleudern nichts anderes als die Drehung des Automobils um seine eigene Hochachse. Je schneller diese Drehung abläuft, desto größer sind Schleuderbewegung und Unfallrisiko. Nur: Für die zuverlässige Messung der Drehgeschwindigkeit bedurfte es eines komplizierten Systems, das es damals nur in der Luft- und Raumfahrttechnik gab: eines so genannten Dreh- oder Gierratensensors, der aber für den automobilen Einsatz zu störanfällig und zu teuer war. Deshalb entwickelten die Fachleute für das Stabilitäts-Programm ein vergleichbares Messelement, das aus einem kleinen stählernen Hohlzylinder besteht. Quarze versetzen ihn in definierte Schwingungen, die sich durch die Drehbewegung des Wagens verschieben. Um diese Verschiebung zu kompensieren, benötigt man eine elektrische Spannung, deren Wert das Messsignal für die Drehgeschwindigkeit des Autos ist.

Neben der Drehgeschwindigkeit verarbeitet der ESP®-Computer zusätzliche Sensor-Informationen über den jeweiligen Wunsch des Fahrers und das tatsächliche Verhalten des Autos:

- Der **Lenkradwinkelsensor** misst den Lenkradeinschlag und erfasst auf diese Weise, wo der Fahrer hinfahren möchte.
- Die **Raddrehzahlsensoren** registrieren die Geschwindigkeit des Fahrzeugs und die Tendenz der Räder, die Fahrbahnhaftung zu verlieren.
- Der **Querbeschleunigungssensor** erkennt, wenn das Auto in Querrichtung abdriftet.
- Der **Drehgeschwindigkeitssensor** ist das Herzstück des elektronischen Stabilitäts-Programms. Er misst die Drehbewegung des Wagens. Weicht sie von der errechneten „Ideallinie“ ab, wird eine drohende Schleudergefahr erkannt.
- Der **Vordrucksensor** erfasst den vom Fahrer vorgegebenen Bremsdruck.

Zusätzlich ist das ESP®-Steuergerät per CAN-**Datenbus** (Controller Area Network) (▶ Seite 97) mit Motor und Automatikgetriebe verbunden, sodass es jederzeit auch die aktuellen Daten über das Motordrehmoment, die Gaspedalstellung und die Getriebeübersetzung erhält.

Während der Fahrt vergleicht der ESP®-Computer das tatsächliche Fahrzeugverhalten ständig mit den programmierten Sollwerten. Weicht das Auto von der sicheren „Ideallinie“ ab, greift das System blitzschnell nach einer speziell entwickelten Logik

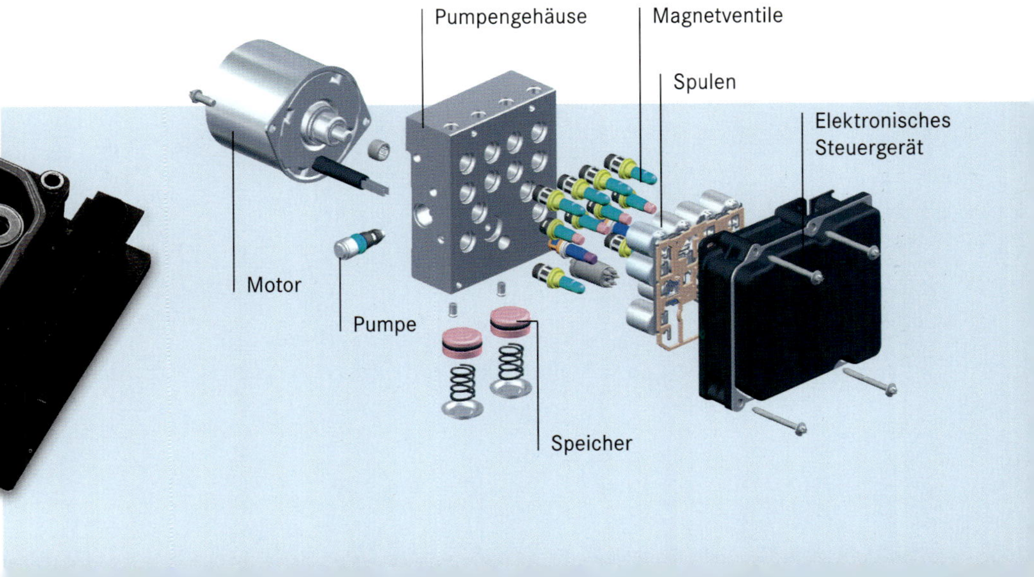

In einer Einheit:
Beim ESP®-System der neuesten Generation sind elektronisches Steuergerät und Hydraulik zusammengefasst. Sensoren erfassen den Fahrzeugzustand (kleines Foto oben).

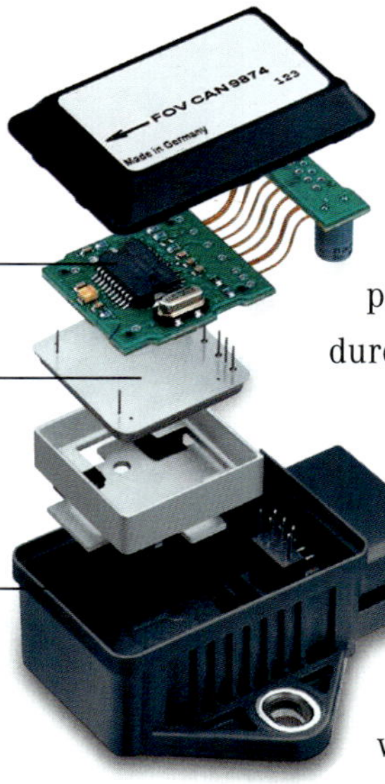

Sensibler Messfühler: Der Drehgeschwindigkeitssensor ist das Herzstück des Stabilitäts-Programms.

ein und kann das Auto auf zweierlei Weise wieder auf den richtigen Kurs bringen: durch genau dosierte Brems-Impulse an Vorder- oder Hinterachse sowie durch Verringerung des Motordrehmoments.

Dabei korrigiert ESP® im Rahmen der physikalischen Grenzen sowohl Fahrfehler als auch Schleuderbewegungen, die durch Glätte, Nässe, Rollsplitt oder andere widrige Fahrbahnzustände verursacht werden, bei denen der Autofahrer normalerweise kaum noch eine Chance hat, seinen Wagen durch Lenk- oder Bremsmanöver in der Spur zu halten. Deshalb ist das System – im Gegensatz zur **Antriebs-Schlupf-Regelung** (▶ Seite 146) – jederzeit einsatzbereit: beim Bremsen, beim Beschleunigen oder beim gleichmäßigen Dahinrollen.

Fahrstabilität durch kurze Brems-Impulse

Drängt das Fahrzeug beispielsweise bei schneller Kurvenfahrt mit der Hinterachse zu stark nach außen, so reduziert der ESP®-Computer zunächst das Antriebsmoment und erhöht damit die Seitenführungskräfte der hinteren Räder. Reicht dieser Motoreingriff nicht aus, bremst das System zusätzlich das kurvenäußere Vorderrad so lange gezielt ab, bis sich die Schleuderbewegung verringert. Die Brems-Impulse wirken der kritischen Drehbewegung entgegen und stabilisieren somit das Fahrzeugverhalten. Die gleichzeitige Verringerung der Geschwindigkeit dient als zusätzlicher Sicherheitseffekt.

ESP-Bremseneingriff

Radquerkräfte

Giermoment

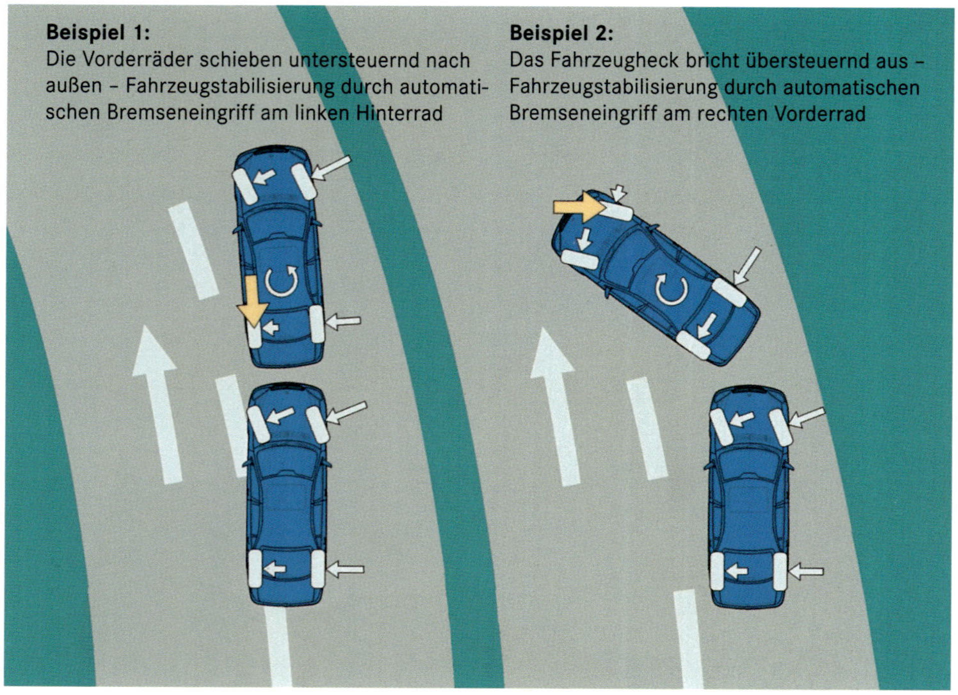

Luftdruckkontrolle mit ESP®-Technik

Die ESP®-Sensoren übernehmen auf Wunsch auch die Überwachung des Reifenluftdrucks. Dadurch ist es möglich, den Autofahrer mittels Displayanzeige im Kombi-Instrument vor Druckverlust in einem Reifen zu warnen. Die Technik: Um den Luftdruck in den Reifen zu berechnen, vergleicht das Stabilitäts-Programm kontinuierlich die Abrollumfänge der Reifen, die von Fahrgeschwindigkeit und vom Reifenluftdruck abhängig sind. Da ESP® die Raddrehzahlen permanent erfasst und die Werte miteinander vergleicht, erkennt das System auffällige Abweichungen sehr schnell. Zusätzlich überprüft das Steuergerät automatisch auch andere fahrdynamische Messgrößen wie Querbeschleunigung, Gierrate und Radmomente, um den Luftdruckverlust in einem Reifen zu diagnostizieren. Eine Messung des tatsächlichen Luftdrucks in jedem Reifen wird von diesem System nicht vorgenommen.

Mit seiner leistungsfähigen Sensorik bildet ESP® die technische Grundlage für andere Sicherheitssysteme, die Mercedes-Benz kürzlich vorstellte. Sowohl das aktive **Kurvenlicht** (▶ Seite 44), das die Unfallgefahr bei Nachtfahrten verringert, als auch der vorausschauende Insassenschutz **PRE-SAFE** (▶ Seite 68) und die elektrohydraulische Bremse **SBC™** (▶ Seite 154) nutzen die Daten der ESP®-Sensoren, um die jeweilige Fahrsituation zuverlässig zu erkennen und den Pkw-Insassen in kritischen Momenten höchstmögliche Sicherheit zu bieten.

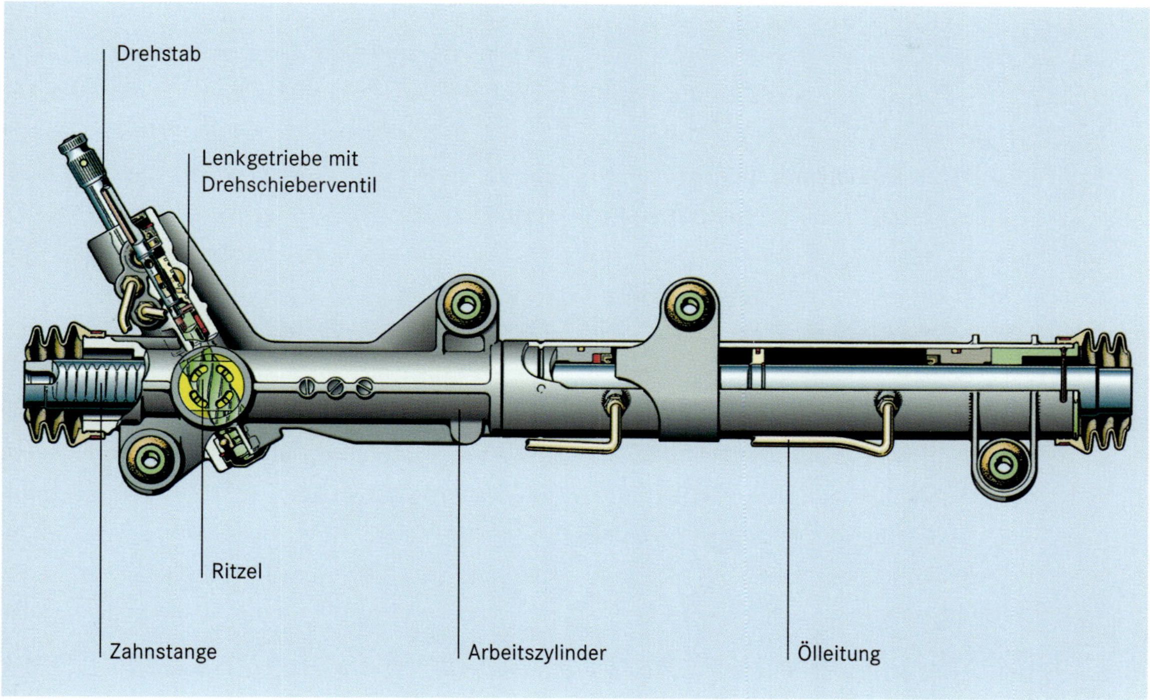

Zahnstange:
Die Lenkung der modernen Mercedes-Personenwagen basiert auf dem Zahnstangenprinzip, das sich durch hohe Präzision und geringes Gewicht auszeichnet.

Die moderne Zahnstangen-Lenkung hat bei Mercedes-Benz das frühere Kugelumlaufsystem weitgehend abgelöst. Aus gutem Grund: Mithilfe des moderneren Technik sparen die Mercedes-Ingenieure rund sechs Kilogramm ein, weil das Zahnstangensystem ohne Lenkstockhebel, Lenkstange, Lenkzwischenhebel und Verstärkungsplatte auskommt. Statt dessen sind die Spurstangen ohne Umlenkpunkte mit dem Lenkgetriebe verbunden, was sich zugleich auch durch ein direktes und präzises Lenkverhalten bemerkbar macht.

Das Getriebe der Zahnstangenlenkung besteht im wesentlichen aus einem Ritzel (Zahnrad) und der Zahnstange, die in speziellen Gleitbüchsen geführt und mit den beiden äußeren Spurstangen verbunden ist. Die Drehungen des Lenkrads werden über das Ritzel auf die Zahnstange übertragen und in Schiebebewegungen der Spurstangen (nach links oder rechts) übersetzt. Auf diese Weise führt das System die Lenkbefehle des Autofahrers prompt und mit hoher Genauigkeit aus.

Als zusätzliches Komfort-Extra liefert Mercedes-Benz eine geschwindigkeitsabhängige Servolenkung, bei der sich das Lenkmoment unterhalb von 100 km/h kontinuierlich je nach Fahrgeschwindigkeit verringert. Ein elektronisch gesteuertes Ventil macht es möglich: je niedriger das Tempo, desto größer der Servo-Effekt. Deshalb sind beim Einparken nur noch halb so große Lenkkräfte erforderlich als auf der Autobahn, wo die so genannte Parameterlenkung einen guten Straßenkontakt vermittelt.

Lenkung mit Elektromotor

Auch die neue A-Klasse zeichnet sich durch eine geschwindigkeitsabhängige Servolenkung aus – serienmäßig. Hier setzt Mercedes-Benz erstmals eine elektromechanische Lenkung ein, bei der die Lenkkraftunterstützung mithilfe eines Elektromotors erzeugt wird. Er ist direkt mit dem Getriebe der Zahnstangenlenkung verbunden. Diese neu entwickelte Technik überzeugt durch eine Reihe von Vorteilen: geringeres Gewicht, kompaktere Abmessungen, höherer Wirkungsgrad und geringerer Energiebedarf. Die wichtigsten Pluspunkte sind aber zweifellos die zusätzlichen Funktionen, die diese moderne Lenkung ermöglicht. So ist der Elektromotor mit einem Mikro-Computer ausgestattet, der in das Datenbus-Netzwerk der A-Klasse integriert ist. Hier ruft er regelmäßig aktuelle Daten über die Fahrgeschwindigkeit, die Motordrehzahl, den Lenkwinkel und das Drehmoment am Torsionsstab ab. Anhand dieser Informationen lässt sich die Servo-Unterstützung geschwindigkeitsabhängig dosieren – die Fachleute sagen „parametrieren".

Die direkte Lenkübersetzung und die hohe Dynamik des neu entwickelten Systems sorgen für ein präzises Lenkgefühl. Ein aktiver Rücklauf hilft bei der Zentrierung der Lenkung. Da sich der Elektromotor nur bei Betätigung der Lenkung einschaltet, ist der Energiebedarf des Systems geringer als bei einer hydraulischen Lenkung. Das macht sich durch günstigeren Kraftstoffverbrauch bemerkbar. Schließlich arbeitet die neue elektromechanische Lenkung ohne Hydrauliköl und lässt sich deshalb einfacher montieren und reparieren.

Das sicherheitswirksame und Platz sparende **Sandwich-Konzept** (▶ Seite 49) der A-Klasse ermöglicht die Anordnung des Lenkgetriebes vor der Radmitte. Dadurch verbessert sich das Ansprechverhalten der Lenkung zusätzlich, sodass der Mercedes-Kompaktwagen nicht nur sicher und souverän beherrschbar ist, sondern auch durch leichtes, unproblematisches Handling und sicheres, untersteuerndes Eigenlenkverhalten hohen Fahrspaß vermittelt.

Sensoren und Motoren: Die Lenkung der A-Klasse erzeugt die Servo-Unterstützung mithilfe eines Elektromotors. Sie arbeitet geschwindigkeitsabhängig.

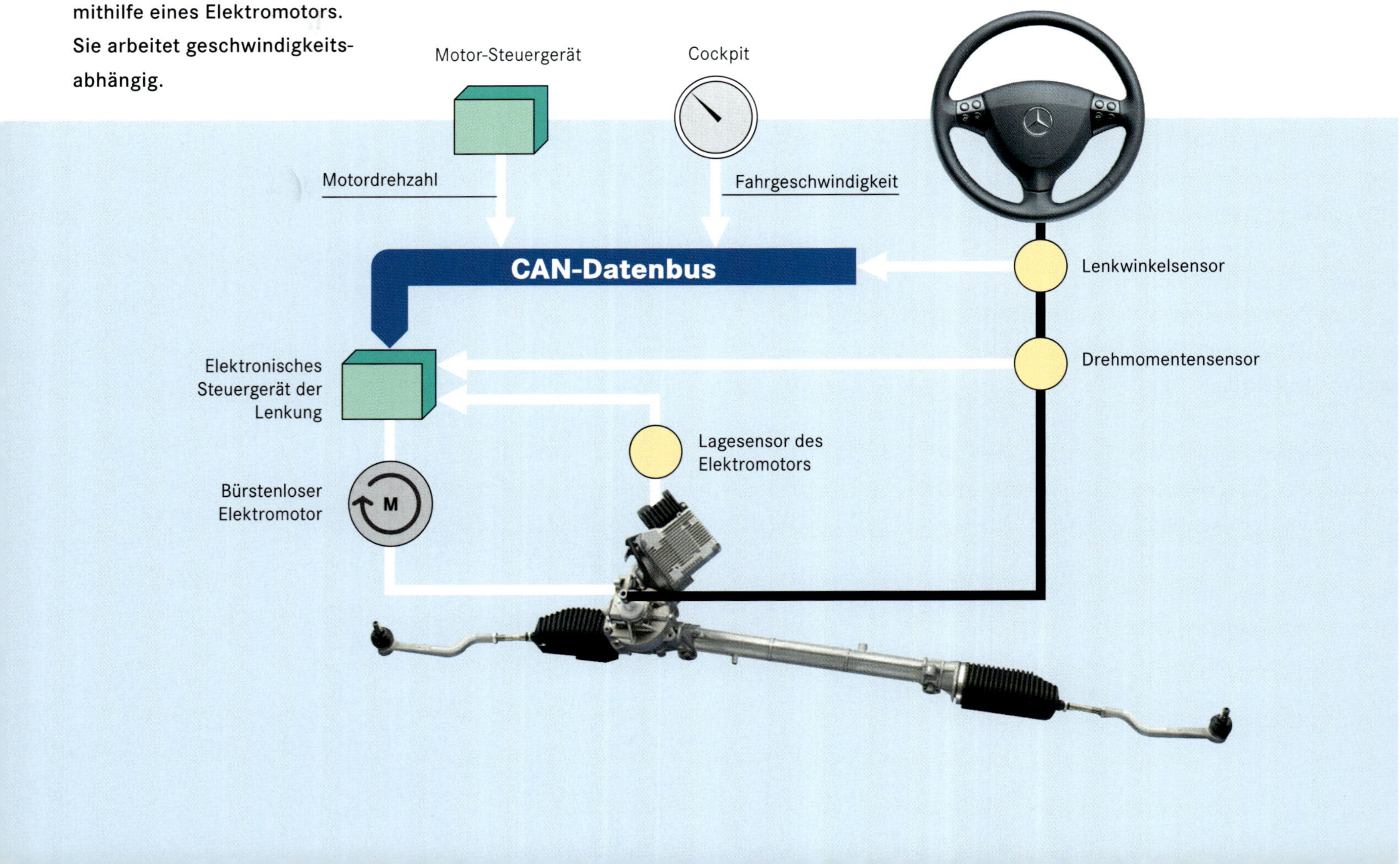

REIFENDRUCKKONTROLLE

Funksender an den Rädern

Nach Erkenntnissen der Unfallforschung sind in Deutschland fast zwei Drittel aller Personenwagen mit falschem Reifenluftdruck unterwegs. Das kann Folgen haben: Bei zu geringem Luftdruck in den Pneus wird die Lenkung unpräzise, Spurtreue, Kurven- und Bremsverhalten verschlechtern sich. Aber auch zu hoher Luftdruck hat Nachteile: Bei einem Überdruck von mehr als 0,3 bar wölbt sich der Reifen hoch und verliert durch reduzierte Aufstandsfläche an Haftung und auch spürbar an Abrollkomfort.

Über den Luftdruck in den Reifen vieler Mercedes-Modelle wacht auf Wunsch die Elektronik. Ihre Sensoren befinden sich in den Reifenventilen und messen sowohl Luftdruck als auch Lufttemperatur im Inneren der Pneus. Da Kabelverbindungen zu den Rädern nicht möglich sind, entwickelten die Ingenieure eine drahtlose Übertragungstechnik, die im Funkfrequenzbereich von 433 Megahertz arbeitet. Jede Rad-Elektronik ist mit einem Sender ausgestattet, der die Messdaten rund einmal pro Minute ausstrahlt. Spezialantennen in den Radkästen empfangen die Funktelegramme und leiten sie per Kabel an einen Mikro-Computer weiter. Das Steuergerät im Fußraum des Beifahrers unterscheidet die Signale der vier Elektroniksysteme an den Rädern aufgrund ihrer individuellen Kennung und kann den Autofahrer deshalb gezielt über den Luftdruck in jedem der vier Reifen informieren.

Hat der Autofahrer den vorgeschriebenen Luftdruck eingestellt, muss er das Kontrollsystem per Knopfdruck an der Mittelkonsole aktivieren, sodass es die jeweiligen Soll-Werte speichert. Danach arbeitet die Anlage selbstständig und meldet sich nur bei einem etwaigen Druckverlust per Display-Anzeige. Die Überwachung der Reifen ist immer aktiv – also auch bei geparktem Auto. Verliert einer der Pneus Luft, erscheint im Zentral-Display des Kombi-Instruments automatisch ein Warnhinweis, dessen jeweilige Dringlichkeit durch unterschiedliche Farben signalisiert wird.

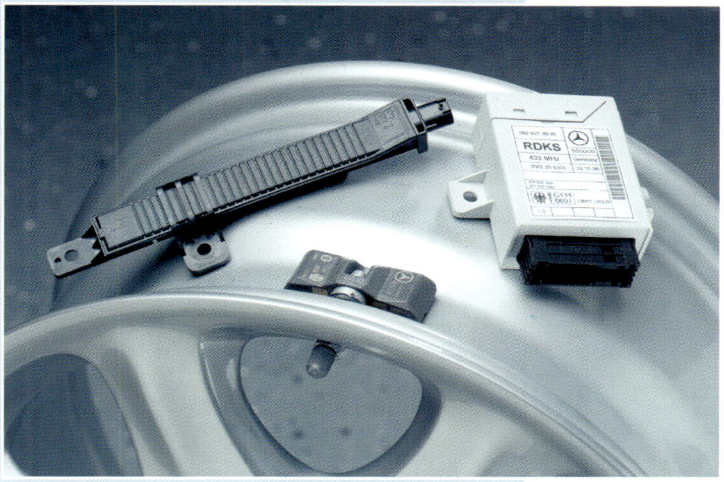

Druckmessung:
Messfühler an jedem Rad (ganz oben) überwachen den Reifenluftdruck. Die Werte erscheinen auf dem Zentral-Display im Cockpit (oben).

SENSOTRONIC BRAKE CONTROL

Meilenstein der Bremsentechnik

Kurvenfahrt:
Weil SBC™ die Bremskräfte für jedes Rad individuell berechnet, bietet es beim Bremsen in der Kurve deutliche Vorteile.

Das elektrohydraulische Bremssystem Sensotronic Brake Control (SBC™) ging erstmals im Jahre 2001 bei Mercedes-Benz in Serie. Bei dieser Technik wird der Bremswunsch des Autofahrers auf elektronischem Wege an einen Mikro-Computer übermittelt, der zugleich verschiedene Sensordaten über den aktuellen Fahrzustand verarbeitet und auf dieser Grundlage für jedes Rad den optimalen Bremsdruck berechnet und dosiert. Durch die noch schnelleren und noch feiner dosierten Brems-Impulse wird auch die Funktionsweise des **elektronischen Stabilitäts-Programms** (ESP®) (▶ Seite 149) verbessert; ein Fahrzeug, das auszubrechen droht, kann komfortabler stabilisiert werden.

Zu den wichtigsten Leistungsmerkmalen der Sensotronic Brake Control zählen die extrem hohe Dynamik beim Druckaufbau sowie die genaue Beobachtung des Fahrer- und Fahrzeugverhaltens mittels aufwändiger Sensorik. So bietet das innovative System ein Plus an Fahrsicherheit. Eine Notbremssituation erkennt SBC™, wenn der Fahrer abrupt den Fuß vom Gaspedal nimmt. Das System erhöht in diesem Fall den Druck in den Bremsleitungen und legt so die Beläge an die Bremsscheiben an, die dann beim Tritt aufs Bremspedal sofort mit voller Kraft zupacken können.

Bei Nässe sorgt Sensotronic Brake Control durch regelmäßige kurze Brems-Impulse dafür, dass der Wasserfilm auf den Bremsscheiben abgestreift wird und SBC™ bei einer Bremsung mit vollem Wirkungsgrad arbeiten kann. Diese automatische Trockenbremsfunktion wird immer dann aktiviert, wenn der Scheibenwischer eine bestimmte Zeit lang läuft. Die fein dosierten Brems-Impulse nimmt der Fahrer nicht wahr.

Überdies sorgen zusätzliche Assistenzfunktionen für noch mehr Sicherheit und noch höheren Komfort:

- Der **Anfahr-Assistent** (SBC™ Hold) verhindert am Berg oder an steilen Auffahrten, dass der Wagen ungewollt vor- oder zurückrollt. Nachdem das Auto bis zum Stillstand abgebremst wurde, genügt es, das Bremspedal noch etwas weiter zu treten, um diese Funktion zu aktivieren. Das Fahrzeug wird dann von der SBC™-Bremse gehalten – auch wenn der Fahrer den Fuß vom Bremspedal nimmt. Im Kombi-Instrument leuchtet der Schriftzug „SBC H“ auf. Gibt der Autofahrer Gas, löst der Anfahr-Assistent die Bremse.
- Mithilfe des **Stau-Assistenten**, der im Stand oder beim Rollen bis 15 km/h mit dem TEMPOMAT-Hebel aktiviert wird, muss der Autofahrer bei Stop-and-go-Verkehr bis zu einer Geschwindigkeit von 60 km/h nur noch das Gaspedal bedienen; nimmt er den Fuß vom Gaspedal, bremst SBC™ den Wagen mit konstanter Verzögerung bis zum Stillstand ab und hält ihn im Stand. Im Kombi-Instrument leuchtet der Hinweise „SBC S“ auf.

Herkömmliche Bremsentechnik

E-Klasse mit Sensotronic Brake Control

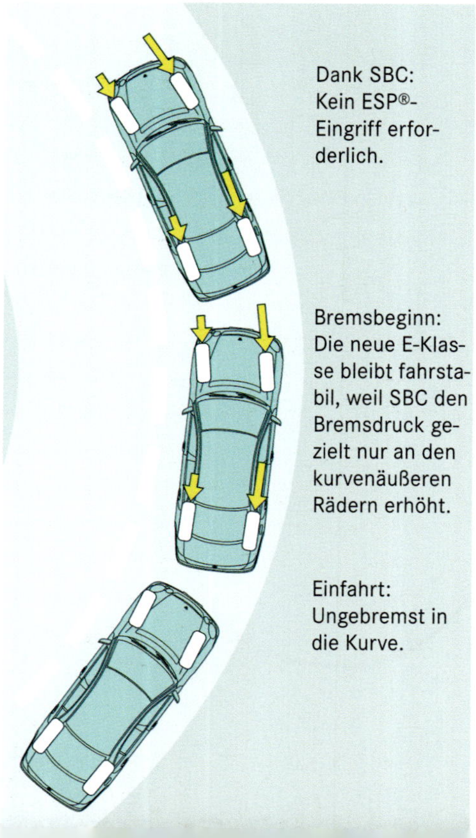

TIREFIT

Ersatz für den Ersatzreifen

Mercedes-Benz hat eine praxistaugliche Alternative für das Ersatzrad entwickelt: TIREFIT. Weil Reifenpannen heutzutage immer seltener werden, ersetzen die Ingenieure der Stuttgarter Automarke das bis zu 20 Kilogramm schwere Ersatzrad durch das praktische Reifen-Reparaturset, das insgesamt nur rund 2,2 Kilogramm auf die Waage bringt. Überdies steht bei Ausrüstung des Autos mit dem Reifendichtmittel die Reserveradmulde als zusätzlicher Stauraum zur Verfügung und vergrößert das Ladevolumen des Gepäckabteils deutlich.

Der praktische Pannenhelfer basiert auf einer umweltverträglichen Latex-Lösung, die sich besonders sauber handhaben lässt – ohne Werkzeug und Wagenheber. Der Autofahrer füllt TIREFIT über das Reifenventil ein, pumpt den Pneu mittels einer elektrischen Luftpumpe auf und kann anschließend mit einer Geschwindigkeit von höchstens 80 km/h weiterfahren. In der Mercedes-Werkstatt muss der abgedichtete Reifen gegen einen fabrikneuen Pneu ausgetauscht werden.

Bei den besonders häufigen Beschädigungen der Lauffläche, die in der Praxis den Großteil aller Reifenpannen ausmachen, funktioniert das Reifendichtmittel mit über 90-prozentiger Zuverlässigkeit. Es gibt jedoch durchaus Situationen, in denen das Dichtmittel keine Wirkung zeigt: Geplatzte Pneus, zentimetergroße Risse durch Messerstiche oder andere extreme Reifenbeschädigungen lassen sich auf diese Weise nicht abdichten. In solchen Fällen hilft der gebührenfreie Anruf beim Mercedes-Benz Customer Assistance Center, das Tag und Nacht im Einsatz ist und die Pannenhilfe organisiert.

Pannenhelfer:
Das TIREFIT-System besteht aus einer Latex-Lösung und einer elektrischen Luftpumpe. Beides lässt sich Platz sparend im Kofferraum unterbringen.

ALLES ÜBER DIE SLK-KLASSE

Menschen, Modelle, Motoren:
Der neue Mercedes-Sportwagen im Detail vorgestellt

Wie kaum ein anderes Auto zeigt der SLK, dass Autofahren auch eine Sache der Leidenschaft und der Lebensfreude sein kann. Der Bildband „Die neue SLK-Klasse“ beschreibt auf 160 farbigen Seiten die Entwicklung und Erprobung des neuen Sport-Roadsters. Spannende Reportagen entführen in die Welt der Mercedes-Versuchsingenieure und erlauben einen exklusiven Blick hinter die Kulissen der ansonsten streng geheimen Testgelände – von Nordschweden bis Südafrika, von Spanien bis Texas.

Großformatige Fotos, informative Grafiken und farbige Illustrationen erklären anschaulich und detailliert die technischen Innovationen des beliebten Sportwagens – von AIRSCARF bis V6-Motor, von THERMOTRONIC bis Variodach.

Und nicht zuletzt dokumentiert die Begegnung des neuen Roadsters mit dem legendären 190 SL die langjährige Roadster-Tradition der Marke Mercedes-Benz.

Die neue SLK-Klasse
Menschen, Modelle, Motoren:
Alles über den Mercedes-Sportwagen
160 Seiten, gebunden mit Schutzumschlag
zahlreiche farbige Abbildungen
ISBN: 3-930723-09-3

Aus dem Inhalt:

- Faszination: Roadster-Fahrspaß in neuer Perfektion.
- Fahrspaß: Technik-Innovationen für ein dynamisches Fahrvergnügen.
- Sicherheit: Vorbildlicher Insassenschutz à la Mercedes-Benz.
- Design: Ein Roadster gut in Form.
- Komfort: Hightech-Innovationen für ein neues Roadster-Erlebnis.
- Tradition: Die neue SLK-Klasse, ihr erfolgreiches Vorgängermodell und der legendäre 190 SL im Vergleich.

SICHER AUTO FAHREN

Technik, Training, Theorie

Mercedes-Benz leistet seit mehr als sechs Jahrzehnten wichtige Beiträge, um die Sicherheit auf den Straßen zu erhöhen. Ob Knautschzone, Gurtstraffer, Airbag, Brems-Assistent, elektronisches Stabilitäts-Programm (ESP®) oder PRE-SAFE – die Erfindungen der Mercedes-Ingenieure setzen Maßstäbe für die gesamte Automobilentwicklung und tragen nachweislich zu einer Verringerung der Unfallzahlen bei.

„Sicher Auto fahren“ erklärt anhand vieler Farbfotos und detaillierter Grafiken die Hightech-Innovationen der Mercedes-Sicherheitstechnik. Der Band bietet darüber hinaus einen Überblick über alle Aspekte der automobilen Sicherheit – von der Physik bis zur Medizin, von der Fahrtechnik bis zum Fahrverhalten, von der Unfallforschung bis zur Unfallvermeidung.

Konkrete Tipps und praktische Hinweise für mehr Fahrsicherheit machen das Buch zu einem nützlichen Ratgeber und Nachschlagewerk für jeden Autofahrer.

Sicher Auto fahren
Technik, Training, Theorie:
Fahrtipps für mehr Sicherheit
ca. 184 Seiten, gebunden mit Schutzumschlag
zahlreiche farbige Abbildungen
ISBN: 3-930723-45-X

Weitere Informationen unter www.hamppverlag.de